镜与灯人文译丛

情感社会学

Emotions Matter

［加拿大］戴尔·斯宾塞　凯文·沃尔比　艾伦·亨特　编
张　军　周志浩　译

图书在版编目(CIP)数据

情感社会学 / 斯宾塞等著——南京:江苏凤凰教育出版社,2015.8
(镜与灯人文译丛)
ISBN 978-7-5499-5386-8

Ⅰ.①情… Ⅱ.①斯…等 Ⅲ.①情感—社会学 Ⅳ.①B842.6

中国版本图书馆 CIP 数据核字(2015)第 200207 号

Emotions matter:A Relational Approach to Emotions,edited by Dale Spencer,Kevin Walby,andAlan Hunt © University of Toronto Press 2012.
Original edition published by University of Toronto Press,Toronto,Canada.

"镜与灯人文译丛"编委会

主　编：许　钧　吴文智

副主编：顾华明　王瑞书　朱永贞

编　委：许　钧　吴文智　顾华明　王瑞书　朱永贞
　　　　许　多　吴葆勤　张　平　孙兴春

主编的话

作为一个外国文学翻译者与研究者,有太多的机会接触大量外国文化,并深深为世界各民族文化的缤纷多彩、丰富浩荡所折服。在这世界文化丰富多彩的浩浩荡荡中,各民族文化的独特性与多元化彼此交融、互相渗透,并在此过程中不断发展着和变化着。这种发展与变化又进一步促发了各民族文化之间的激荡、交流、碰撞、吸收、借鉴、扬弃、融合与改造,进一步催发出更加无愧于时代和人民的优秀文化作品,使得各民族文化在不断丰富自己内涵的同时,也丰富着全人类的文化宝库,使之日新月异,从而推动了人类社会的不断向前、不断发展。

在这样一种浩浩荡荡的交融与发展中,无论是个体,还是群体,任何把自己禁锢、封存、隔绝起来,意欲独善其身的做法与想法,无疑都是愚昧的、不可取的。只有置身其中,勇敢面对,从这种交融与碰撞中博采众长,吸取自己发展所需要的营养才是正确选择。问题是,面对这样丰富多彩、浩浩荡荡的海一样的文化大潮,如何更加方便和自如地去选择我们自己的需要,并不是那么容易做到的事情。毕竟,就大多数人来说,直接阅读国外文化作品,依然要受诸多条件,特别是语言障碍的限制与影响。因此,不断推荐、翻译与出版更多的优秀国外文化作品给我们的大众,正是我们翻译工作者与文化出版人责无旁贷的职责。这套由江苏省翻译协会与江苏凤凰教育出版社联手打造的《镜与灯人文译丛》，就是肩负着这样的职责，来为我们新时期的民族文化创新与未来文化发展战略服务的。

《镜与灯人文译丛》取名于美国文学理论家艾布拉姆斯的著作《镜与灯》。镜者，映像其中，意在反映外在事物；灯者，明示外物，意在指示外物的发展变化。《文丛》之所以取名于此，一者表达入选著述皆为对外在现实或精神世界的心灵映照，一者意为入选著作可提供理论上或思想上的指引。

综观世界各民族文化，不论是古代的，还是现代的，也不论是东方的，还是西方的，一切文化思想的形成，都是人类智慧的结晶，都是人类文明发展的象征。研究借鉴世界各民族文化，对于光大人类文明，开拓智慧领地，扫除愚昧落后，振兴本民族文化，无疑具有重要意义。人们只有用人类创造的一切知识来丰富自己的头脑，才能成为无坚不摧的力量驾驭者。对于国外文化中的科学理性精神、现代人文精神与人道主义、近代民主政治与法制思想、现代市场经济理论、西方现代理论、可持续发展的思想和战略等，我们要以充分的民族文化自信，敢于敞开胸怀，大胆接纳，在激荡中学习借鉴，在碰撞中扬弃升华，在交融中丰富发展。我们完全有能力坚持"以我为主、为我所用"的原则，博采各种优秀文化之长，向世界展示中国现代文化建设的成就。我们也完全有能力把我们的民族文化建设成符合时代要求的、代表人类文化发展最高水平的社会主义现代化文化。这，就是我们中华民族的文化自信。

《镜与灯人文译丛》译介西方优秀、积极的社会学、心理学、哲学或跨学科的著作，旨在反映当前国外理论界与学术界的优秀成果和研究方法。镜，鉴也，景也。借鉴国外精华思想，领略国外学术风骚，是出版的重要使命。灯,光也,明也。引入国外优秀学术成就,照亮未来学术之路,亦是出版的重要责任。江苏凤凰教育出版社秉承多年专业出版的理念,积极探索学术领域的发展和进步,举大教育概念,行大教育事业,始终致力于开发教育学术领域的先进思想,展示人文领域的先进成就。

《镜与灯人文译丛》的引进出版得到了江苏省翻译界各位专家学者的全力支持和有益指导,相信本《文丛》的出版必定会给我们的文化界与学术界带来不凡的亮点。

长江学者,南京大学教授、博士生导师,中国翻译协会常务副会长

2014.9.19 于南京

目 录

致谢 ………………………………………………………………… 001
投稿者 ……………………………………………………………… 001
引言 ………………………………………………………………… 001

第一部分　情感社会学中的概念性问题

第一章　情感的严酷考验 ………………………………………… 014
第二章　社交的幸福 ……………………………………………… 039
第三章　在情感管理中"体会一种感情" ………………………… 063
第四章　不合理的痛苦：介绍一个概念和研究议程 …………… 085
第五章　情感限度内的宗教：柏格森与康德 …………………… 101
第六章　作为情感政治的人道主义 ……………………………… 124
第七章　文明进程和情感生活：当代情感的强化与空洞化 …… 137
第八章　情感问题的深入和理解 ………………………………… 157

第二部分　情感与实证调查

第九章　情感如何起重要作用：对象、组织和质谱实验室的情感氛围
　　　　 ………………………………………………………………… 176
第十章　情感异常与精神障碍 …………………………………… 195
第十一章　多配偶还是多方痛苦？开放式关系中的嫉妒 ……… 215
第十二章　感受国际化：体验品牌和城市国际化的情结 ……… 231
第十三章　自闭症的自传和超越人类的情感地理学 …………… 250
参考文献 …………………………………………………………… 268

情感社会学

戴尔·斯宾塞,凯文·沃尔比,艾伦·亨特编

情感社会学最近经历了一场复兴,对社会科学提出了一些新的问题:我们应该怎样定义并研究情感?情感是如何与关于结构、权力和机构的永久的社会学争论息息相关的?《情感社会学》(Emotions Matter)这部书将全世界顶尖的学者聚在一起,以便达成进而拓宽从社会学视角对情感的理解。

本书作者超越了把情感视为一种特殊的心理状态这一简化方法,而是在社会关系的体验中把情感进行概念化处理。本书实证和理论分析的章节阐述了情感如何与交互性的社会学理论、身体、性别和交流进行关联。拓展社会学的研究范围,鼓励对相关学科的讨论,《情感社会学》(Emotions Matter)提供了各种相关性视角,它们阐释了情感对社会学想象的至关重要性。

戴尔·斯宾塞(DALE SPENCER)是亚伯达大学社会学系一名班廷博士后研究人员。

凯文·沃尔比(KEVIN WALBY)是维多利亚大学社会学系的助理教授。

艾伦·亨特(ALAN HUNT)是卡尔顿大学社会学和人类学系的名誉教授。

致谢

我们要感谢加拿大社会科学和人文研究委员会为情感非常重要研究会提供了资金,这一研究会让本书的写作得以启动。我们要感谢卡尔顿大学艺术和社会科学学院、研究生院、副校长办公室(研究)以及各个系的资金支持。我们同样感谢维多利亚大学社会科学学院。没有他们的支持,我们不可能将这个项目开展起来。

我们要感谢多伦多大学出版社的评论者们。也要谢谢弗吉尔·达夫(Virgil Duff)和道格·希尔德布兰德(Doug Hildebrand)帮助我们实现这本学术著作的出版,把我们带进了一个美丽的新的世界。

我们要感谢选编的各位作者,不仅因为他们的文章,还有他们在研究会上表现出的热情。感谢艾梅·康波(Aimee Campeau)帮助我们组织了这个研究会。感谢肖恩·P.希尔(Sean P. Hier)和克里斯·赫尔(Chris Hurl)对于引言部分以及每章的结论部分所做的评论。

投稿者

萨拉·艾哈迈德(Sara Ahmed)是伦敦大学金史密斯学院种族和文化研究学教授。她的著作有《重要的差异：女性主义理论和后结构主义》(*Differences that Matter：Feminist Theory and Postmodernism*，1998)、《奇特的相遇：后殖民中具身化的他者》(*Strange Encounters：Embodied Others in Post－Coloniality*，2000)、《情感的文化政治》(*The Cultural Politics of Emotion*，2004)、《酷儿现象学：东方，客体，他者》(*Queer Phenomenology：Orientations，Objects，Others*, 2006)、《幸福的前景》(*The Promise of Happiness*，2010)、《被接纳的：体制生活中的种族主义和多元化》(*On Being Included：Racism and Diversity in Institutional Life*，即将出版)。

索尼娅·布克曼(Sonia Bookman)是曼尼托巴大学社会学系的副教授。她在曼彻斯特大学获得社会学博士学位。研究领域包括品牌、消费者文化和城市生活。她目前从事温尼伯市交换区的品牌研究项目。

艾尔萨·克雷格(Ailsa Craig)是研究艺术、社会性别和生理性别的社会学家。她是富布赖特(Fulbright)校友，纽芬兰纪念大学社会学专业的助理教授。她的著作有《实践文化》(*Practicing Culture*，2007)，她在《物质文化杂志》(*The Journal of Material Culture*)以及《诗学》(*Poetics*)杂志上发表文章数篇。

乔伊丝·戴维森(Joyce Davidson)是安大略省金斯顿皇后大学地理学副教授。自从《恐惧症的地理位置》(*Phobic Geographies*)(阿什盖特，2003)出版以来，她一直从事关于健康、具身化以及独特情感和"失调"情感的研究。她组织了第一届和第二届的情感地理交叉学科会议（兰开斯特，2002；皇后大学，2006）她也是《爱思维尔杂志》(The Elsevier Journal)、《情感、空间和社会》(Emotion, Space and Society)杂志的创始编辑，并合编了《情感地理学》(Emotional Geographies)（阿什盖特，2005）以及《情感、地点和文化》(Emotion, Place and Culture)（阿什盖特，2009）。

吉莉恩·德里(Jillian Deri)是不列颠哥伦比亚省温哥华西蒙弗雷泽大学社会学系的博士研究生，同时拥有女性研究、社会经济学和地理学学位。她合作发表了关于变性运动员和酷儿文化的著作，同时围绕高空舞蹈的痛苦开展研究。

安德里亚·杜塞(Andrea Doucet)是布鲁克大学社会学和女性研究的教授。她的著作有《男性可以当母亲吗？》(Do Men Mother?)（多伦多大学出版社，2006），与珍妮特·西尔塔嫩(Janet Siltanen)合著了《性别关系：交叉性和超越性》(Gender Relations: Intersectionality and Beyond)（牛津，2008）。她与娜塔莎·莫特纳(Natasha Mauthner)共同撰写了关于反身性、女性主义视角下的方法论、主体性、叙事分析的聆听指南。

艾伦·亨特(Alan Hunt)是卡尔顿大学的名誉教授。他的著作有《治理道德》(Governing Morals)（剑桥大学出版社，1999）以及《消费情感的支配》(Governance of the Consuming Passions)（麦克米伦，1996）。早期著作有与加里·威克姆(Gary Wickham)合著的《福柯和法律》(Foucault and Law, 1994)、《法律和社会的探索》(Explorations in Law and Society, 1993)、《法学中的社会学运动》(The Sociological Movement in Law, 1978)。目前正在撰写关于如何利用焦虑进行管理的著作。

杰克·卡茨(Jack Katz)是加州大学洛杉矶分校的社会学教授。目前他正在撰写有关洛杉矶好莱坞地区种族分布变化的著作，包含了这一地区一百五十年来的社会历史的转变，当今邻里关系的价值怎样通过当地居民的赚钱方式、家庭关系的建立以及惯例被确立的方式形成的，政治、零售业文化、社会学理论怎样代表或是歪曲了城市的现实生活。

J.斯科特·肯尼(J.Scott Kenney)是纽芬兰纪念大学社会学的副教授。他的研究方向包括异常行为、受害者心理学、社会心理学和情感研究。先前的研究包括受害人的家庭成员和恢复性司法会议。目前他正致力于"不合理的痛苦"研究,以及互济会会员之间的意义建构研究。

亚历山大·勒费布尔(Alexandre Lefebvre)是悉尼大学哲学和历史调查学院以及社会与政治科学学院的讲师。他撰写了《法律的形象:德勒兹、柏格森、斯宾诺莎》(*The Image of Law: Deleuze, Bergson, Spinoza*)(斯坦福大学出版社,2008),合编了《柏格森、政治和宗教》(*Bergson, Politics, and Religion*)(杜克大学出版社,2012)。

娜塔莎·莫特纳(Natasha Mauthner)就读于阿伯丁大学。她在健康、幸福、性别、工作、家庭、学术界的知识生产以及定性研究的方法论、认识论问题方面发表了若干篇文章。

米克·史密斯(Mick Smith)是加拿大皇后大学哲学和环境研究专业的副教授。他的著作有《地方的伦理:激进生态学、后现代性、社会理论》(*An Ethics of Place: Radical Ecology. Postmodernity, and Social Theory*)(纽约州立大学,2001)和《反对生态主权:伦理、生态政治和拯救自然世界》(*Against Ecological Sovereigny: Ethics, Biopolitics, and Saving the Natural World*)(明尼苏达州立大学出版社,2011)。

戴尔·斯宾塞(Dale Spencer)是亚伯达大学社会学系的一名班廷博士后研究人员。他的研究方向包括具身化、情感学、暴力学以及被害研究。他的著作有《终极格斗和体现:暴力、性别和综合格斗》(*Ultimate Fighting and Embodiment: Violence, Cender and Mixed Martial Arts*)(劳特利奇出版社,2011),与卡伦·福斯特(Karen Foster)合著了《重构对年轻生命的干预》(*Reimagining Intervention in Young Lives*)(不列颠哥伦比亚大学出版社,2012)。

劳拉·苏斯基(Laura Suski)是温哥华岛大学社会学系的教授。她也在人文学系和全球研究项目中担任教学工作。她拥有约克大学社会和政治思想专业的博士学位。目前她的研究兴趣包括政治情感分析、作为启蒙项目的人道主义、全球伦理中的家庭和儿童观念,以及消费和审美的新型理论。

凯瑟琳·西奥多修斯(Catherine Theodosius)是萨福克大学英国校区科学技术与保健学院保健学专业的讲师。她的主要研究领域是情感社会学和情感劳动。最近的著作是《医疗保健中的情感劳动》(*Emotional Labour in Healthcare*)(劳特利奇出版社,2008),2010年,该书在亚特兰大举办的美国麻醉医师协会会议上被授予杰出贡献荣誉奖。目前她正在编写一部有关健康和幸福的教科书,并在合著一部关于保护弱势群体的著作。

佩吉·A.素茨(Peggy A. Thoits)是布卢明顿印第安纳大学的社会学教授。她的研究兴趣是精神疾病、压力与社会支持过程,以及情感研究。她的研究集中在心理决定因素和多元角色认同的结果、情感异常的社会分配,以及个体在何种情况下将自己视为精神病或抵制这种标签。

凯文·沃尔比(Kevin Walby)是维多利亚大学社会学专业的助理教授。他的著作有《令人同情的遭遇:性别、工作、男性之间的网络陪同》(*Touching Encounters: Sex, Work, and Male-for-Male Internet Escorting*)(芝加哥大学出版社,即将出版),与拉森(M. Larsen)合编了《代理访问:加拿大的权力、政治和信息自由》(*Brokering Access: Power, Politics, and Freedom of Information Process in Canada*)(英国哥伦比亚大学出版社,即将出版)。最近在如下刊物发表了论文:《国际社会学》(*International Sociology*)[与海尔(S. Hier)合著]、《英国犯罪学杂志》(*British Journal of Criminology*)[与皮彻(J.Piche)合著]、《惩罚与社会》(*Punishment and Society*)[与皮彻(J.Piche)合著]、《治安与社会》(*Policing and Society*)[与莫纳汉(J. Monaghan)合著],以及《社会运动研究》(*Social Movement Studies*)[与莫纳汉(J. Monaghan)合著]。他是《监狱里的囚犯杂志》(*The Journal of Prisoners on Prisons*)"囚犯的斗争栏目"的编辑。

梅拉妮·怀特(Melanie White)是新南威尔士大学社会科学院和国际关系学院的高级讲师。合编了《柏格森、政治和宗教》(*Bergson, Politics, and Religion*)(杜克大学出版社,2012)。

引言

凯文·沃尔比,戴尔·斯宾塞,艾伦·亨特

本书的各章节来自2009年5月卡尔顿大学组织的研讨会内容。这次研讨会得到了加拿大社会科学和人文研究委员会的资助,为情感社会学的研究者们提供了交流机会。本书提出了情感研究的多种相关性视角,很多与社会学有关,其余的则与地理学、批判犯罪学以及文化研究关系密切。

在机场等待搭载研讨会参会者的抵港航班时,我们举着"情感问题研讨会"的牌子,迎来了一些嘲弄(主要来自男性)和困惑的目光。有个年长的女性走向凯文(Kevin),在他耳边悄悄说:"你知道,情感真的很重要。"那一刻我们记忆犹新,不仅仅是因为提到情感,外行人的反应是复杂的,即便是专业学者似乎也持有怀疑态度。对情感如何重要这个问题的反应是多样的,同事们猜测"情感与社会学无关",也有人质疑"情感……难道不是心理学家在研究吗"?对于社会科学家来说,情感如何重要并非总是不言自明的。本书关注的重点是情感研究的各种社会学方法,同时也鼓励跨学科之间的探讨。

尽管越来越多的社会学家从理论上将情感与社会结构关联起来(参见Clay-Warner and Robinson, 2008; Barbalet, 1998),情感社会学是在互动社会学影响下发展起来的分支,通常被称为"微观社会学"。情感社会学同时借鉴文化研究等更新的分支学科。情感研究者的研究方法多种多样,彼此之间却鲜有对话,不同国家的学者更是如此,导致的结果之一就是情感在社会学领域的定义缺乏概念上的清晰度。除此之外,情感理论家之间存在相当大的分歧。情感研究者彼此之间不是难以沟通,就是对每部新的作品争论不休。

尽管存在争议,或许正是因为这些争议,情感的社会研究成为颇有成效的领域。虽然情感社会学的普及经历了起起伏伏,可情感对理解社会生活仍然至关重要。希林(Shilling, 2002)提出的观点也是我们反复强调的,"传统社会学家关注的是情感对社会秩序中道德内容的作用以及个体的道德行为能力。没有这方面的关注,就相当于缺少了这一学科中最重要的部分"(28)。更广义地说,情感对从社会学角度理解行为、文化以及自我至关重要。本书的章节以与当前情感研究相关的社会学概念为基础,同时也提出了新的观点。我们交流不同的情感研究方法,不只是为了进行磋商,同时也推动了理论和方法论的进一步发展。

情感为何以及如何重要

情感社会学近来经历了某种意义上的文艺复兴。尽管情感和社会学对这一新兴学科的发展至关重要,可两者之间的关系在 20 世纪中叶并不融洽。直到 1975 年,阿莉·霍克希尔德(Arlie Hochschild)引入了"情感劳动"的概念,以及托马斯·希夫(Thomas Scheff)组织了美国第一个社会学协会情感会议,这一领域的研究才重获正统的地位(参见 Wouters, 1992)。美国社会学协会情感部门一直致力于争取这一领域研究的正统地位。

本书的主线是将情感构想为社会关系的普遍经验,而不是特殊情况。社会关系既不能被简化为个体状态,也并非全部由社会结构决定。社会关系之所以不能成为社会结构的附属物,原因是社会行为可以避免,且社会结构可以具体化。如今社会学文献中关于情感的大部分探讨是纯粹分析型的(如 Turner and Stets, 2005),并没有过多关注行动中的情感。本书提出的理论和方法论从相关性视角考察作为身体的、知觉的和处于社会结构(参见 Barbalet, 1998)中的情感体验。部分章节运用多种方法技巧研究同一场合的情感变化。

从相关性视角研究情感的方法:(1) 不能将情感简化为个体和社会

结构,而是必须分析这两个层面之间的互动关系;(2) 与对单一状态中的情感的关注相比,更关注周围环境中的同时出现的多种情感;(3) 更关注情感的作用,而非定义;(4) 必须借鉴社会学或相关理论来指导分析;(5) 应该借鉴社会学和人类学的方法论传统考察互动过程中的情感。

我们的主要目标是提出一个相关性视角用于社会学及相关学科的情感研究。为了避免将情感、情绪、感情混为一谈,同时也为了将研究的焦点集中在个体与社会建构之间的交互关系上,我们必须借用社会学文献并采用其他针对情感研究的相关性视角。此外,本书提出了与权力相关的情感问题。尽管巴巴莱特(Barbalet, 2002)的编著的确强调了用相关性视角思考情感的重要性,但是没有提及权力与后结构理论的结合及其对情感社会学的影响。其中有一小部分文献是关于情感和权力的。例如,肯珀和柯林斯(Kemper and Collins, 1990)提出,日益"微观"的情感过程是社会差异和分层的基础。克拉克(Clark, 1990)指出,情感是存在性别差异的,标志着职场中的不平等。富里迪(Furedi, 2004)提出,一种推动人们意识到自己的情感"危机"具有治疗作用的文化,已经为自我和他人的调整创造了新的平台。克莱-沃纳和罗宾逊(Clay-Warner and Robinson, 2008)的著作将情感研究与社会心理学分离开来,从而转向结构分析。至于某些将人类情感视为病理学研究对象的机构是怎样控制人类行为的,情感社会学尚有很多方面需要关注。以下章节试图进一步探讨权力与情感政治之间的关系。

本书的结构

《情感社会学》(Emotions Matter)一书由两部分组成。第一部分探讨概念性问题。这些章节阐明日常生活中,尤其是群体层面涉及的情感概念。在第一章中,杰克·卡茨(Jack Katz)探讨了情感如何在同时在场的双方交互过程中循序渐进地产生,从而进一步丰富实用主义传统。他认为,每天的合作社交会产生身体和心灵的情感诉求。卡茨(Katz)拓展了舒茨(Schutz)和梅洛-庞蒂(Merleau-Ponty)的现象学研究,记述了人们经历的情感方面的严峻考验,并将行为与其他人的习惯、常规、活动结合起来,探讨了人们从事的工作。

萨拉·艾哈迈德(Sara Ahmed)在第二章中提出将幸福视为一种社交形式的观点。她认为情感是交际的,那么社交行为可以从同伴的局限性和乐趣两方面来看待。幸福需要压制争端,结果对被边缘化的人们产生了重大的影响。艾哈迈德(Ahmed)列举了"女性主义的煞风景"和"愤怒的黑人女性"这两个例子,对她们来说,社交行为公然冒犯了某些人的幸福(讽刺的是,这些人的幸福通常需要通过他人的不幸福得以实现)。在第三章中,凯瑟琳·西奥多修斯(Catherine Theodosius)将达马西奥(Damasio, 2000)关于情感的神经心理学著作定位于生物—心理—社会层面,向当前对具体情感本质进行社会科学层面上的理解提出了挑战,同时也提供了深刻的见解。西奥多修斯(Theodosius)批判性地探讨了霍克希尔德(Hochschild)关于表层伪装和深层伪装的著作,以及阿彻(Archer, 2000)关于内心对话的概念。

其他章节借鉴了社会学之外的学者以解决困扰情感定义中的概念性问题。在第四章中,斯科特·肯尼(Scott Kenney)和艾尔萨·克雷格(Ailsa Craig)提出了"不合理的痛苦"的概念,来描述那些出于对羞愧和侮辱的畏惧而隐藏的痛苦。肯尼(Kenney)和克雷格(Craig)借鉴了酷儿理论的发展成果,利用"不合理的痛苦"这一概念来探讨女同性恋和男同性恋的痛苦。在第五章中,亚历山大·勒费布尔(Alexandre Lefebvre)和梅拉妮·怀特(Melanie White)回顾了康德(Kant)和柏格森(Bergson)的作品,揭示了这些哲学家对情感社会学作出的贡献。勒费布尔(Lefebvre)和怀特(White)认为,康德(Kant)和柏格森(Bergson)不仅批判且避免了情感和理智的对立,同时也通过各自对宗教的探讨评估了情感的本质、功能和来源。在第六章中,劳拉·苏斯基(Laura Suski)探究了情感的历史发展,重点是与人道主义项目有关的道德情感。苏斯基(Suski)的研究集中于同情心和苦难的争论。

曾经有人建议,在情感著作中应考虑特定情感的历史因素(参见Dixon, 2003),本书部分章节分析了情感的社会—历史根源。在第七章中,艾伦·亨特(Alan Hunt)借鉴了威廉斯(Williams, 1977)和伊莱亚斯(Elias, 1978)的著作,设想特定时代的情感发展倾向与某些特定情感相关。亨特(Hunt)与情感历史社会学领域的其他主要思想家看法一致(Stearns, 2000),他不主张将情感按时期划分,而是分析了当代发达资本主义社会的情感氛围,并将这一分析描述为两个不同过程之间紧张关系的展示:一个过程显示了情绪性的增强,另一个过程产生了情感氛围的空洞。

本书的第二部分为情感和实证调查。在第八章中,安德里亚·杜塞(Andrea Doucet)和娜塔莎·莫特纳(Natasha Mauthner)探讨了情感、反身性和研究方法,标志着从对概念性问题的讨论过渡到具体的情感研究。他们从女性主义关于认识论问题的争论中得到启发,这些争论在研究者的相处中产生,杜塞(Doucet)和莫特纳(Mauthner)倡议社会科学家关注情感对野外工作、数据分析以及写作等事务的重要性。部分章节探讨了被情感研究的主流方法忽略的特定互动背景。在第九章中,基于地球科学系的一个实证调查,凯文·沃尔比(Kevin Walby)和戴尔·斯宾塞(Dale Spencer)主张将情感视为人际关系以及与客体关系的体验,从而加深对工作的组织方式的理解。借鉴了地质科学家与名为"Shiri"的质谱仪之间关系的描述,沃尔比(Walby)和斯宾塞(Spencer)对于情感和组织的分析阐明了人际关系如何形成以及以物体为中心的社交环境中的情感体验。在第十章中,佩吉·索茨(Peggy Thoits)进一步阐述了"情感异常"的概念,以考察一些被视为偏离情感规范的心理失常。索茨(Thoits)提出情感规范由意识形态形成,这一观点也说明临床医生对心理失常出现的不同意见可能源于他们的意识形态差别。

鉴于概念对理解情感的相关成因至关重要,本书的部分章节分析了各种个体情感及其特定影响。比如,在第十一章中,吉莉恩·德里(Jillian Deri)探讨了多元关系中的嫉妒之心,这种情感很少在情感社会学文献中进行分析。德里(Deri)指出,目前处理嫉妒的现存方法是基于异性恋规范方面的知识以及性别知识的,这些知识已不适应多元生活方式的复杂性。德里(Deri)集中探讨了嫉妒的情境本质以及对嫉妒的体验涉及的其他类型的人际关系。在第十二章中,索尼娅·布克曼

(Sonia Bookman)剖析了城市日常生活中世界主义的品牌、消费、文化配置之间的关系。基于星巴克和第二杯的人种学研究,她断定人们是在具体化的消费过程中进行交流互动的;通过"情感世界主义"产生"感情的结构",从而使人们在城市中定位自己。在最后一章中,戴维森(Davidson)和米克·史密斯(Mick Smith)通过四十五个自传性的陈述,强调了孤独症谱系障碍(ASD)患者体验的与"自然"物及地点的情感关系。基于阐释现象学,戴维森(Davidson)和史密斯(Smith)完全改变了对ASD患者的设想(比如,他们是反社会的,"没有感情的"),他们指出,ASD患者个人所处的位置是在比人类世界更广阔的空间内,以情感上的和有意义的关系为特征的。

第一部分 情感社会学中的概念性问题

本章阐述了情感社会学中的主要理论趋势,并将投稿者与这些趋势联系起来。正如组成《情感社会学》(*Emotions Matter*)的稿件在汲取许多不同的概念性资源的同时,从相关性视角对情感进行研究,因此,对这一领域的起源的研究也多种多样。

可以说,情感一开始就在社会学中占据着显著的地位。14 世纪被公认的社会学创始人伊本·赫勒敦(Ibn Khaldun)非常重视群体凝聚力和感染力。赫勒敦(Khaldun,1989)提出,群体凝聚力是人们为了避免羞愧而产生的。① 他对情感的关注只是他对社会组织广泛关注的很小一部分,这样的社会组织拒绝接受自然学和神学对人类发展的解释。

对于苏格兰道德哲学家来说,情操和情感也是其必不可少的研究对象。亚当·斯密(Adam Smith,1759,2006)的《道德情操理论》(*Theory of Moral Sentiments*)是一部描述自我和主体性的不朽之作。斯密(Smith)认为,情操,比如同情心,在维持社会秩序中起到了主要作用。他认为存在一种道德义务来抵制他所称的"自私的情感",这种"自私的情感"会破坏个体需要遵循的礼节和国家法律。鉴于他针对情感和良好的管理所写的内容,我们可以很明显地看出斯密(Smith)的《道德情操理论》(*Theory of Moral Sentiments*)为他广为流传的著作《国富论》(*Wealth of Nations*)打下了基础。尽管卡尔·马克思(Karl Marx)关于异化的研究内容并没有对情感做出明确的解释,但是马克思(Marx)颠覆了斯密(Smith)对礼节和财富的评论,从而解释了资本主义生产模式如何创造特殊主体地位。亨特(Hunt)和苏斯基(Suski)所写的章节就顺着道德情感的历史背景这一论述主线进行阐述。

情感对于社会学的一些基本立场也具有重要意义(参见 Shilling,1997),此类研究可以参考孔德(Comte)和涂尔干(Durkheim)关于秩序的论著,以及齐美尔(Simmel)和韦伯(Weber)关于个体的论著。在早期的法国社会理论中,"社会"这一被视为超越并且高于个体的实体,被给予了更多的关注。孔德(Comte)指出,要采取行动的冲动来自情感而

---

① 更多关于赫勒敦(Khaldun)的观点,请参见斯皮卡德(Spickard,2001)和达乌迪(Dhaouadi,1990)。

非智力。涂尔干(Durkheim)在其说法的基础上进一步提出,情感通过象征形式和集体形式几乎很快蔓延传播。对于涂尔干(Durkheim)来说,集体欢腾——对共有情感的分享,是宗教思想和群体团结的基础。较之孔德(Comte)和涂尔干(Durkheim)从社会整体的角度来考察相关问题,齐美尔(Simmel)和韦伯(Weber)则从个人的创造力潜能和想象力潜能来研究情感。受尼采(Nietzsche)的活力论的影响,他们聚焦超自然的和自我决断的个体。齐美尔(Simmel)创建了关于情感和社会能力的理论。韦伯(Weber)提出,一个理性的社会体制通过破除幻想来削弱作为行为动力的情感,但他也认为理性行为控制情感。德国和法国思想家关注点的差异在于情感的位置(Shilling, 1997)。孔德(Comte)和涂尔干(Durkheim)认为,情感是在个体的外部被激发的,这些情感把人们捆绑在一个道德共同体之中。齐美尔(Simmel)和韦伯(Weber)认为,情感来自个体并且被现代社会形态所剥夺。

在20世纪之交,思想家们在社会学的边缘掀起了一场有关情感的运动。亨利·柏格森(Henri Bergson)把情感视作生活展现的开放趋势或创造性趋势的一部分,而习惯和职责则与封闭的趋势相关联。对于柏格森(Bergson)来说,情感可以使人们超越对习惯的简单重复,从而到达社会形态和生活本身的新的境界。正如柏格森(Bergson, 1935, 1956: 45)所言:"创造首先表示情感这一含义……"本书中勒费布尔(Lefebvre)和怀特(White)撰写的那一章沿袭了柏格森(Bergson)的思想。与实用主义传统密切相关,并且与社会学也有一丝关联的另一位学者威廉·詹姆士(William James),把情感定位为理性的延续,并且认为情感决定选择。对于詹姆士(James)来说,情感,不管是在目标定位还是能力激发方面,都是产生所有行为的具体体验。库勒(Cooley)和米德(Mead)通过与实用主义的对话,加深了他们关于情感的理解。本书中杰克·卡茨(Jack Katz)所写的章节丰富了实用主义者的传统,并且将其与现象学相结合。在早期,情感社会学受益于与学者们的对话,这些学者未必认同社会学,但特别强调把情感作为一个相互关联的现象来看待。

在存在主义哲学中,尼采(Nietzsche)和海德格尔(Heidegger)都强调情感的重要性。尼采(Nietzsche,2007)谈到了仇富,并且将其视为犹太教和基督教共有的宗教教义的一部分。尼采(Nietzsche)认为犹太教和基督教共有的宗教教义建立在慈善的基础之上,这种教义阻碍了对自信的追求。仇富,被定义为一种不容易完成的报复欲望,与对自我的冒犯做出短期反应的怨恨不同,它与结构性力量有着更多的联系。"仇富"这一概念对于从理论上阐明权力斗争和治理过程中的历史关系非常有用。① 对于海德格尔(Heidegger, 1926, 1962)来说,情感以一种特定的方式塑造一个——与恐惧、厌倦、愉悦和憎恨同样重要的客体。海德格尔(Heidegger)的《存在与时间》(*Being and Time*)一书指出,情感与其他事物之间存在相关性;个体情感不仅影响我们与他人的关系,也受其影响(参见 Heidegger, 2001)。海德格尔(Heidegger)的著作引发了一种继续塑造情感心理学的现象学思潮(参见 Ahmed,以及 Davidson and Smith,本书)。

尽管当今的情感社会学以不同的方法论策略为标志(参见第二部分的简介)而具有碎片化特征,但不同的理论传统依旧存在。交互主义传统和当今美国的情感社会学之间的联系尤为紧密。美国社会学领域的两位知名人物阿莉·霍克希尔德(Arlie Hochschild)和兰德尔·柯林斯(Randall Collins),都借鉴了戈夫曼(Goffman)论述拟剧论和仪式的涂尔干社会学理论(Durkheimian)方面的著作。阿莉·霍克希尔德(Arlie Hochschild)还重新唤起了人们对社会学领域中情感的兴趣。在《被管理的心灵》(*The Managed Heart*)一书中,霍克希尔德(Hochschild,1983)认为社会保持着一种情感文化,这种文化包含了在基本活动范围内描写正确的态度、感情和情感反应的情感意识形态(参见 Hochschild, 1979)。人们是通过社会化习得感情规则的。感情规则规定个体应该如何感受并表现规则,阐明了情感显性表达发生的时间和方式。本书中的西奥多修斯(Theodosius)、肯尼(Kenney)、克雷格(Craig)、沃尔比(Walby)、斯宾塞(Spencer)以及索茨(Thoits)撰写的章节都谈到了情感管理这一理念。当情感管理作为有偿工作的时候,它

---

① 更多关于仇富的概念,请参见梅尔策(Meltzer, 2002)和穆索尔夫(Musolf, 2002)。

就成了情感劳动。在情感社会学领域,霍克希尔德(Hochschild)引发了非常重要的女性主义潮流,同时也扩充了马克思(Marx)关于异化和资本主义生产模式的结构学派理论。关于"情感劳动"(参见Brook, 2009; Bolton, 2009)的持续讨论,证明了一直以来,霍克希尔德(Hochschild)对从社会学层面理解情感、性别和工作做出了多么至关重要的贡献。

柯林斯(Collins, 1975, 1981, 2004)的互动仪式链理论认为,共同在场、互相认识、共同关注的焦点、节奏同步以及团体的象征激发了情感。当个体参与集体活动或者参与同一个事件时,互动仪式就产生了。柯林斯(Collins)探究了迫使他们去参加或不去参加互动仪式的情感能量的堆积。随着情感能量的堆积,仪式就呈现出更大的价值。在柯林斯(Collins, 2004)看来,情感能量带给参与者"自信、快乐、力量、热情和行动时的主动"(48-9)。情感上的愉悦感强化了人们的共同关注点以及共享的气氛。

在互动仪式和欢腾一直作为研究的出发点这一框架内,霍克希尔德(Hochschild)和柯林斯(Collins)的著作,论及了涂尔干(Durkheim)[其观点得到戈夫曼(Goffman)的提炼]对现今的情感心理学的普遍影响。然而,霍克希尔德(Hochschild)和柯林斯(Collins)的研究超越了经典著作的论断。具体地说,在互动仪式链作为组织机构的基础这一研究范围内,柯林斯(Collins)的著作将微观情感体验与宏观过程结合起来。在汲取马克思(Marx)观点的基础上,柯林斯(Collins)已超出涂尔干(Durkheim)社会学理论视角的研究范围,更多地解释了异化。

霍克希尔德(Hochschild)和柯林斯(Collins)是美国社会学研究的代表。也有相当一部分针对情感社会学领域的学术兴趣源自英国。英国情感社会学更多地受到欧洲社会学理论和现象学传统的影响。比如说,巴巴莱特(Barbalet, 1998)和艾哈迈德(Ahmed, 2004)都提出了情感研究的相关性视角。前者将自己的研究定位为经典社会学理论,而后者则将自己的研究定位于现象学范畴。巴巴莱特(Barbalet, 1998)强调行为的情感基础。情感并不是被当成特殊的情感来体验,而是社会交易的一部分。巴巴莱特(Barbalet)最重要的贡献在于他提出了"集体情感"这一概念。"情感氛围"并不要求所有人都去体验同样的情感,一个群体内的情感并不相同,它取决于群体内那些人的社会地位。他的著作不再考虑情感传染模型〔可见于涂尔干(Durkheim)和柯林斯(Collins)的著作中〕,他认为群体情感是在不同的强度下得到体验的。

借鉴现象学传统,艾哈迈德(Ahmed,2004)提出了一个结构主义特征不太明显的情感模型。她指出,情感会在个体之间流动,从而使一些主体结盟并反对其他主体。情感流通得越多,他们越能够表达感情。通过情感的流通,个体和世界越发变得具体,进而成形。情感在个体和其他个体因为发生联系而导致的问题化过程中起着至关重要的作用,这就产生了集体的影响。艾哈迈德(Ahmed)的贡献正是在她的研究超越了由内而外和由外而内的情感本体论(一个在现存的情感社会学和情感心理学理论中很普遍的问题)。情感在一种情感经济中流通,而且正是借助情感、"我"、"我们"、"其他人"之间的界限才得以形成的(参见 Ahmed, Kenney and Craig,本书)。

不管是过去还是现在,情感社会学中都有很多概念模型。情感社会学发展史上的一个共性就是强调情感作为社会关系的一部分。《情感社会学》(Emotions Matter)一书就这一方向进行了进一步阐述。我们并没有说只有以上提到的学者们才对这个领域做出了显著贡献。还有许多其他社会学家也对这一领域做出了显著的贡献,他们的成果会在接下来的章节中多次被引用(例如:Wouters, 2001; Scheff, 2000; Katz, 1999; Clark, 1990; Kemper, 1978)。我们也没有说作为一门学科,社会学会对情感研究产生巨大的影响力,或者学科界限总是有用的。比如说,帮助我们理解情感的大量重要稿件都是在组织行为学(参见 Fineman, 2004, 1993; Fineman and Sturdy, 1999)、犯罪学〔参见 O'Malley and Mugford, 1994;《理论犯罪学》(*Theoretical Criminology*) 2002 年特刊〕和地理学(参见 Bondi, 2005; Thien, 2004)等领域的研究中,以及《情感、空间和社会》(*Emotion, Space and Society*)这一新的杂志中被发现的。我们的许多投稿者并没有把自己定位在社会学研究领域。戴维森(Davidson)和史密斯(Smith)是地理学家,而布克曼(Bookman)和德里(Deri)则更侧重文化研究。这些不同的思想主体碰撞交汇,进一步深化了从相关性视角对情感的理解。

第一章　情感的严酷考验

杰克·卡茨①

引言

  加州大学洛杉矶分校社会学系杰出的社会心理学家，拉尔夫·特纳(Ralph Turner)在其学术生涯后期仍然清晰地记得，大约五十年前自己的首次执教经历。那时的他精心准备了好几课的讲义，所以授课过程非常顺利，没有一句废话。因为满意于这门课的流畅度，他最后查阅了自己的教学讲义。他已经完成了该门课程需要准备的所有工作。

  听了特纳(Turner)的经历之后，杰出的社会心理学家特德·萨宾(Ted Sarbin)，这名就职于加州大学伯克利分校、大体在同一领域内做研究的心理学家，那时正供职于加州大学圣克鲁兹分校，他也回忆了自己的首次教学经历。他把讲义写在一摞3寸×5寸的卡片上，以便上课时随时翻阅。讲完这些卡片上的内容之后，他看了一下时间：五十分钟的一节课刚过去了十五分钟。接下来怎么办？他试图从心理学的角度安慰自己说重复有助于提高记忆，于是他又把那些卡片上的内容快速地讲了一遍。十五分钟后，他又重复了之前的动作。

  为了让课前准备适应课堂教学，教师采取的策略将有所不同，当他们意识到自己准备不充分时，他们的情感也处于欠佳状态。无论怎样

---

① 本章内容受益于：2001年在行为与社会科学高级研究中心发表以前版本的论文后收到的评论，2009年在卡尔顿大学举办的情感问题研讨会，以及2009年在意大利贝加莫市举办的民族志会议。

处理，这个挑战都在纷扰他们的情感，也就是说，或许最为著名的两位"角色理论家"传记中的职业恐惧故事对于聚焦分析社会生活中存在的弱点还是有所裨益的。在已有经验的帮助下，新教师通常会开发资源，以便把"因为让自己的预期表现去适应虽然无形却冷酷的既定的课堂时间框架带来的风险"降至最低，但是不管你排练得多么充分，生活本身并不会因为你有所准备而保证不会出差错。从教师能够提前购买的保险可见，总存在一种免赔额，该免赔额在实时进行的某些持续时间内因为其历史的独特性，以及社会因素而有存在的必要。然而，无论原始想法多么充满想象力，互动多么具有象征意义，多么短暂，履行完任务的自我总是聚焦可以感知的，多少与预期有所不同的某些事物。

教师可以通过阅读讲义来寻求自信。脚本的细节可能包括定时的停顿、用于课堂问答而设定的段落，甚至是玩笑话。然而，风险仍然存在，包括当教师抬起头来以表明那些正在听课的学生被给予了尊重时，教师可能会忘记自己的思路，不知道自己讲到什么地方了。

授课意味着教师要事先进行组织。在权力关系被分为不同等级的课堂上，那些在交谈中让按照顺序需要快速发言的记者感到恼火的停顿是令人尴尬的。但是，如果说授课意味着要做一定程度上的，与无意识的独白或交谈的主旨不太一致的准备，那么这种授课对于当时的情境来说也是充满活力的。如果绝不离开讲义，教师则有陷入单调节奏的危险，这意味着照本宣科将要发生。在教学时为了保持存在的理由，教师通常需要拥有能对即时情境迅速作出反应的某种东西。① 如果教师没有针对当时的情境做任何准备，那为什么要费力地把学生召集到一个指定的公共场所？为什么不把教师的授课文本以电子形式"免费"发放给学生，从而把照明、取暖、保安、屋顶维修和火险等费用转移至已有人为它们付费的分散的个人账户中呢？

撇开性格与策略上的差异，教师所体验的情感激发的来源，是对

---

① 礼仪场合存在例外。比如当"获奖"演说稿被宣读时，自发性的缺失会造成双重印象：特别精心的准备和字斟句酌的考究。前者可视为对评奖委员会给予的敬意的回敬，后者则表明观众受到的尊敬是当之无愧的。

"通常因为社会生活中的叙事结构而产生的情感激发"的延续。从最普遍的意义上来看,如果我们仔细研究叙事结构如何构成社会生活,我们就能够理解个人风格是如何认识情感,如何用实践打磨情感的。随着时间的流逝,教师通常形成职业审美观,以此来控制在他们界定的工作情景中持续的爆炸性潜能。

感情是独特的三维体验。为了查找社会生活中的情感来源,我们被建议去寻找事物的结构,或者探究从业者的实践行为如何变得理性起来。我们的感情体现了我们的肉体存在在两个方向上形成我们意识的那些方式,一个方向是作为对内在深度和内心深处的一种意识,另一个方向是作为一种指引并陪伴我们进入世界的感受能力。那么,核心问题是:我们如何认为自己的行为,即我们把自己置于世界之中时所做的一切,自身是理智的?①

主体的社会生活体验具有三个维度,这一特征正是在行为被赋予社会性的过程中得以构建的。在第一个层次,行为由于处于社会情境之中而具有社会性。这种情况发生在叙事顺序之中,该顺序把行为变成可以辨识的一种行事方式而让行为具有意义。将体验置入一种熟悉的行为形态之中并不需要其他人在场。为了理解逐渐具有社会性的行为如何变得理智,我们需要暂时放弃对授课的关注,这暗示了一种与他人同时在场时的互动关系,与此同时,我们还需要求助于一个例子。诸如穿某人自己的鞋子这一例子就可以说明这一点。

当一个人为了呼应与另一个人的共存而采取行动时,他的行为因为以一种合作的方式开展起来而具有社会性。这个人用来组织行为的叙事本身必须被叙述出来。若要看看行动者可以在其中感知行为的第

---

① 作为表达的客体,情感已趋于平稳。保罗·埃克曼(Paul Ekman, 1982)已表明,通过观看二维照片,人们普遍可以识别几种不同的情感。我们可以给情感命名,但是要去描绘诸如"愤怒""高兴"这样的感觉,实际上是把一种三维体验简化为一种缺少隐喻的符号学,这样的符号学同样适用于那些不带情感的自我描述。我们可以产生情感,这样,无论正确与否,其他人都能够推断出我们的感觉。但是当我们在我们的情感体验中进行感觉的时候,我们和从如下方面感知到的含意产生共鸣:语言总试图控制情境;隐喻以及视听表达往往比单调的文字更好地传递了信息;以及我们产生的情感也可能转化为二维的面具。对于情感如何被呈现、如何被戏剧化处理、如何被塑造成可进行控制的表演的研究,已不再把情感的体验纳入研究议程。

二种方式何以出现,我们可以观察一下一个人怎样穿另一个人的鞋子。

为了充分了解变得具有社会性的行为如何呈现出身体上的共鸣,我们需要进行第三个调查。在一个人独自行动时可以被观察到第一个层次,这个人在叙事结构中感知到节奏、流畅和故障,从中他让行为具有社会意义。当与另一个人行动时,第二个层次开始起作用:每个人都感受到推拉效应,借此,一个项目的两个版本成为每一个独自进行的叙事协作后的产物。但是,这总要牵涉到更多的东西。这个人知道他的生命超越了他可能所处的任何情境。掩饰种种超越情境的内涵成为与另一个人合作时的一个必要组成。情感随之产生,以便记录绝不能向另一方表露的超越情境的内涵。

这三个进程构成了个体发育的辩证逻辑,其中行为通过个人的实践活动而具有社会意义,然后通过共享的方式而具有社会性,接着又通过他人无法体会的方式重获个体的意义。① 在构成社会生活的三个维度范畴中的某个地方,所有的感情和情感得以形成。情感和感情是人们把握、体会以及从身体上反思进入社会形态中构成生命组织的那些方式。当教师意识到听众无法知道他们在课内的行为组织,他们的情感就会产生。随着时间的推移,通过培养审美能力以便为他们组织上述三个层次中任一层次的工作行为,教师改变了职业生涯的知觉基础——我们可能会说,根据主体的情绪和分析者的政治视角,教师控制、驯服、磨练、管理或者教化他们的情感。

穿鞋:催生社会情境的诸方面

几乎毫无例外的是,当代西方社会中的一名成年人从早晨醒来到晚上上床入睡的这一时间段内,他都处在一个不间断的连续情境中。情境,一种被主观理解并处于叙事框架内的,身体被调动起来的行为的排序,是社会生活的基本单元,是最普遍的、无处不在的、最简单的完整

---

① 为了为"辩证法具有个体发育的特点"这一主张进行辩护,我们需要检测胎儿及婴儿的习性,并且必须等待其他文章的相关研究。

单元。这些情境有时是你偶然遇到的,比如有的情境在学生进入正在授课的课堂时发生,它们也可能在生活的某些阶段内得以建构,比如当一名教师准备课堂讲义时。不论是以合作的方式还是独自进行的方式塑造情境行为,情境行为构成了社会生活的内容。

每一个情境都是连续行为的一小部分,就像行动者所理解的与叙事相关的行为一样,它从一个时刻到另一个时刻都非常连贯。在执行过程中,行为具有了叙事上的意义,此时它参考一个附期限的行为过程中的前一个和后一个行为,通过预告、启动、继续或前进,通过暂停、离开或放弃,通过重启、复习或完成某种在语言表达上能被识别的"行为",它可以在任何一个给定时刻完成这一附期限的行为。

若要大体验证这一说法,即在我们完全清醒状态下的生活里我们几乎总处在一种或另一种情境中,我们可以对我们日常生活的任一时刻进行提问,"我正在做什么"？通常会找到描述这一时刻的带有动名词的一个答案。每一时刻的行动取决于实质上为人们所知的一个支配一切的过程。每一个动名词至少都是一个微型的叙事。这一叙事结构通常悄悄地进行,但每当有人问起此事,用诸如"穿我自己的鞋"这样的短语进行回答似乎比较自然。①

使用穿鞋这一例子的一个原因在于,对于大多数读者来说,穿鞋这

---

① 布鲁默(Blumer, 1969)坚持认为社会互动是一切习性的基础。通过社会互动这一表述,他意在指出,某人在自己的行为形成过程中,需要考虑他人的反应。循着米德(Mead)的思路,布鲁默将会明白,不管别人是否在场,行为的叙事结构都是社会行为的一部分。不管是单独行动还是有别人在场时采取行动,当行动者从"他所认定的是一种集体认同的行为这一角度"来考虑他自己的行为时,行为就会通过互动而形成。当我拿起鞋子时,我已经开始理所当然地认为,其他人如果在场并能意识到我正在启动的这个序列接下来的阶段,他们就会认为我正在穿鞋(或整理房间或打苍蝇……)。即使某个单独行为在他人眼中也许像叙事结构一样难以理解,但是它依然是社会行为。因此对于一名偷窥狂来说,也许我似乎在围绕花园漫无目的地漫步,而其实我正在把我所注视的互不相连的条块系统地组织到一起,而每一个被凝目注视的条块在其内部组织起来以试图观测之前提到的虫害的情况,去追寻可能让植物枝繁叶茂的生长轨迹,去目睹大地上出现的新的灯光图案,等等。在这样的单独体验中,也存在互动,因为每一刻的观察都涉及了这个人过去的行为背后的含义(之前对虫害、植物生长、灯光图案的观察让当下观察的含义变得既令人不安又非常有趣)以及之后的行为背后的含义(不管现在是否要采取行动,不管继续探索是否合理);将上述行为称之为"社会"互动是带有倾向性的,或者说让互动的概念显得多余。说得更清楚一点,这个活动具有叙事结构。

一行动发生在一天之内较早阶段的情境之中。更早的情景是从睡眠到运动状态的过渡,之后的情景常常是去卫生间方便和洗浴,后者作为惯例已获得文化上的认同,人们依据通常通过饱含情感的、仔细的观察而掌握的活动,而对这些惯例进行详尽的评论。对个体来说,排尿、排便、洗澡、"洗脸或洗手"明显由社会建构而成,这一事实让它们成为非常有说服力的例子来解释之前的问题,即通过具体情境叙事来塑造行为这一方式,个体如何将社会特性组织起来进入他的生活之中。穿鞋是一种更加无意识的、朴素的、虽不重要却有用的例子。与从睡眠状态下"起床"及身体排泄不同的是,穿鞋是一种社会建构,而不是生理上的强制行为。

我们可以简要指出连续叙事的意义被一名构成穿鞋情境的人实践时的几种途径。这里存在秘诀问题以及激动人心的结局产生的效果。穿鞋需要对组成的行为进行排序,例如,在大多数情况下系鞋带之前应该先把鞋子穿上。多重的、有序的行为需要保持到这一过程的终结,此时会产生一个效果,即形成本体转变过程中的一次质变。穿上鞋后,一个新的生命诞生了,它是一种具有多种能力的生命形式,能同时探索世界并从世界获取能量。如果不是特别的有搭襻凉鞋,鞋子会赋予穿戴者一种新的能力来继续前行,因为它们让摩擦力发生改变,而且常常提升穿戴者的耐力。当然,情况并不总是如此:鞋子可能会让你特别难以保持平衡,使快速行进变得危险,在这种情况下,你在穿鞋的同时也顺带展示了你的某种天赋。无论属于哪种情况,在采用"把能力赋予自我"的形式展示自我(正如在领略风景时采用不同角度和速度来展现这个世界一样)的过程中,鞋子都会通过空间来影响身体运动的物理过程,从而改变参与运输活动的肌肉,并形成新的姿势。

我们正在探寻行为中的感情存在的基础。穿鞋这一惯例的显著特征体现在身体上的变化,这些变化发生在其开始与结束的边界处,以及其组成阶段的形成过程之中,因为它们是在完成这一任务应遵循的社会逻辑框架内产生的。在抽象意义上,思考或反省不一定参与这一过程。感情产生于将个人生活组织起来进入社会形式的身体实践过程之中。

这不意味着所有情境都包含造成转变的秘诀,这些秘诀改变了个人的实际生存能力。以整理床铺为例,这是一项睡觉结束后的仪式化行为,是开启一天的情感资源,而不是在其他一些意义上及在现实意义上将会促进稍后进行的行为而做的准备。的确,惯例性地整理床铺会增加额外的工作,即为了让床铺再次发挥可以睡觉这一实际用途而做的恢复床铺原状的工作。这个惯例,即需要恢复至原状的整理床铺,是一种双重仪式化行为。它引导人们进入之后的那些情境中去,不管这些情境是在完全清醒时的实践行动所处的世界之中,还是进入了像祷告者那样昏昏欲睡的状态;它将人与模式相结合,并假设了排序的力量。①

"承诺在身体上实现巨大成功的秘诀"这一比喻,对于社会生活中的很多方面来说非常有效,这样的社会生活中存在虽然经历曲折过程,但较少发生变化的结果。可是行为秘诀中的一个核心思想——向结果前行,体现了所有情境下的行为的典型特点。无论一个人何时参与某一行动,他的行事方式都以完成这一行动为指向。预测近在手边的行动的结果并不代表什么承诺,更不用说是可靠的承诺。但它是组织每一时刻行为的重要基础。

构成社会生活的行为秘诀产生的过程,可被任何数量的浅度参与和紧急意外事件延缓或者中止。着迷现象可能会在内在于某一给定阶段的事情中出现。因为沉思、幻想、陶醉、睡眠或者其他会让体验结构摆脱社会生活中的束缚的意识的丧失,走向完成的过程可能会被暂停。在你完成洗澡程序之前,一个电话可能会让你中止淋浴;还有,你在接电话时也知道拿起听筒并不意味着你开始兑现一个需要在你的余生完成的诺言。至少从期待那些转向其他情境的、最终的且引发事件的时刻来看,所有的行为都预示着结束,即使开始的方式和时间并不确定,即使将要来临的开始实际上不能称之为真正意义上的开始。

---

① 在礼仪需要的秘诀和实际需要的秘诀之间并没有明确的界限。的确,年轻人用来回避社会交往的秘诀就是在礼仪方面拒绝遵循一些其他人理所当然认为实际需要遵循的步骤。因此那些不系鞋带的青少年创造了种种神奇有力的方式来拒绝接受社会行为,他们未系鞋带的鞋子会驱使一些旁观者陷入对"给未系鞋带的鞋子系鞋带"的疯狂幻想中。

对继续前进的期待,从字面上来看,即期待在空间里移动身体,为作为社会生活单元的那些暂时性的情境的形成打下了基础。① 前进过程中身体上的变化营造出被模糊感知但又普遍存在的社会生活的感觉基础,这也成为舒茨(Schutz,1962)所称的日常生活中绝对清醒状态的主旨。身体的相对静止,从辩证的角度看它与在空间里进行精神层面上的移动这一过程中产生的牵引力和摩擦力的缺失有关,它有别于我们在剧院、梦境等处见到的各种幻觉世界中的幻想。②

就它们的范围来看,之所以说情境具有叙事特征是因为它们产生了结果。更为准确地说,人们开启行动路线,因为他们知道那个行动路线将会被终结,通过这种方式,人们让他们的生活具有社会性。社会情境具有的"结束"这一特点未必更多聚焦于意识,我们不妨把它看成所有生命的一个组成部分——走向死亡,但是它总是以情境如何开始的方式含蓄地提醒我们对其关注。正如打开莲蓬头就期待着将它关上一样,拿起一只鞋子并开始往脚上穿,则期待着告别穿鞋这一过程。③

凭借以结局作为前提的某种行为,任何社会情境在最低程度上都具有叙事的特点。这个由情境构成的行为可能只是为一个绝无可能的开始所作的准备,一个刚一开始就被违背的公布于众的承诺,一个告吹了的项目,就如同穿鞋之前因为支持光脚行走的决定而丢弃的一只鞋

---

① 在众多研究者中,亚当·肯登(Adam Kendon,1990,2004)的研究距离"从理论上阐明身体活动,与社会生活的情境结构之间的关系"仅一步之遥。身体活动包括走开、翻页、移开目光,等等。即使在回应他人的行为中,也无需特定的身体区域参与其中。发生变化的身体部位越往下(比较一下眼睛的凝视与头部转动、躯干转动,以及步行离去),它就越能有效地帮助人们理解与他人共处的情境,以及该情境将要结束这一事实。与大多数的互动分析研究遵循的方向不同,麦克尼尔(McNeil,1992,2005)的许多研究从相反的方向来讨论上述关系(即身体活动与情境结构之间的关系),他沿袭布鲁默(Blumer)的观点,认为身体之所以被调度起来是因为它要服务于思维(当一个人预料到别人将如何观察自己,这个人就会给一种活动以一定的天赋)。麦克尼尔发现姿势通常先于并且塑造了与之相关的思维,身体引发了思维。我想补充一句,它是通过引发某一情境这一中间步骤而做到的。

② 参见舒茨(Schutz,1962)对多重现实的研究。

③ 没见过淋浴的人可能会转动开关,让水一直流淌,而没有意识到或者并不理解反方向旋转开关会将淋浴关掉。但是,不论这人正在做什么——也许转动一个明显经过设计的物体以看看它是用来干什么的——他并不是在"打开淋浴"。我们用来称呼人类世界中的事物的名词是对叙事的速记式参考。

子。从根本上实现社会生活并不意味着完成某事会带来积极的一步，而意味着某种消极的东西，一种对终结的承诺，不管这种承诺是通过完成某事还是放弃某事得以实现的。我可能在做一些事的时候并不知道我的行为将导致什么结局，但我知道之后会发生什么。我完成了穿鞋的过程却并不知道我要去哪里。我对未来的不确定并不会削弱我穿鞋这一经历中的社会组织特点。

除了具有朝着一个结局发展的特性之外，生活通过行为而具有社会性，该行为可以把行为的多个时刻与相关的阶段整合到一起。穿鞋需要好几个步骤。甚至是最容易穿的人字拖鞋也需要你了解如何去穿等事宜。① 若让脚滑动到鞋里意味着每只脚要完成好几个细分动作。每只脚滑动到凉鞋之后，往往还需要做些调整好让鞋带与脚趾贴合。只有在动画中，某个人物才会把两只脚上的鞋同时穿好。

我们来详细说明一下让行为具有社会性的叙事特征。若要穿上鞋子，一个人不但需要采取一系列的步骤，而且需要完成与别人相关的每一步骤，这些步骤必须按照一定的顺序进行。光是出于某个行为必将终结的原因，行为的顺序安排就会有其指向性。人们几乎不约而同地形成了先把哪只脚放到鞋里的习惯，这就是"我的方式"的元叙事。但无论怎样，在每一个场合，人们都会把第一只脚放到鞋里，并把这视作"放进第一只脚"原则，知道接下来会轮到另一只脚。必不可少的"某种顺序"并不是先穿左脚后穿右脚的问题，也不是先穿右脚后穿左脚的问题，而是指先穿一只脚，然后另一只脚。在穿一双鞋时，你可能在脚被放入之前，先把鞋舌头往上拉；而穿另一双时，顺序可能颠倒过来。可是，对顽固执拗的世界的意识，对需要采取策略（该策略以如下认识为基础，即从本质上看行为必须是务实的）的意识，在关于项目种种实施步骤的方向性的注解中得到确认。一个人遵循哪一个顺序非常重要，因为他是在一个物质世界中采取行动的。这里首先会产生共鸣或感官

---

① 这儿的双关不仅仅是一种修辞。如果一个人已经知道如何把生命中的点点滴滴连接到一起，并视其为相互关联的步伐，那么对他来说学习走路就具有辅助功能，反之亦然。对幼儿来说，行走起初是一系列不相关的叙事。人们获得步伐这一概念时既煞费苦心又自然而然，既欢天喜地又痛苦不堪，而借助这个概念我们给人类世界带来各种不同的行为。

上的反身性，它是分析感情在社会生活中如何产生和分为哪些模式的第一步。

我们可能会注意到，对于"把行动变成社会生活的行为单元的序列结构"来说，它具有"老婆婆头巾"或嵌套的特点。如果穿鞋是分几个阶段完成的一个项目，那么每个阶段本身就是一个微型叙事，比如系鞋带。系鞋带本身是一个有序序列。鞋带的每一端被抓住，抓这一动作包含一个开始和一个结束。把鞋带打成结也要求遵循一个有序序列：一端穿过鞋孔，然后绕在另一端的上面，被拉之后这一端绕在前面的那端上，以此类推。

如果出现了问题或者要做特别的检查，任何一个步骤也可以分解为一些子单元。对穿鞋过程中典型经历的描述并不会造成无尽的回溯。在穿鞋这样的日常事务中，通常不会有结构性的东西介入进来，以便在一开始聚精会神地去抓鞋带和抓住鞋带之间形成诸多阶段。如果鞋带不在由眼睛引导的手的弧线期望的范围之内，那么一个用于纠正的子单元就会被设计出来。但通常来说，这一动作是连贯的，并不需要把注意力细分至亚分子单位。

作为用来描述行为的社会结构特征的一个概念，叙事富含意义，因为从实证的角度看，它具有区分性。在某一解构点上，我们可以觅得最小的叙事单元。非常典型的是，行动者所形成的行为界限不再那么细微。我们既吸气又呼气。吸气包含一个开始和一个结束，但是在上一次呼气结束后开始的吸气，和下一次呼气之后的吸气过程结束之前这两个阶段之间，我们通常没有注意到有什么过渡阶段。我们的行为拥有流畅的流程，这些流畅的流程构成了不同阶段内的顺畅通道，如果因为某种原因行动者在下一个阶段开始前决定暂停一下，以便清晰界定一个阶段的结束点的话，这些阶段可能会被生物学家或行动者自己分解成更小的单位。这些行为中存在完全一致的流畅的流程是非常自然的事情，但这些流畅的流程也容易在被大家注意到的情况下遭到破坏，就如同呼吸行为容易受到屏住呼吸的影响一样。为了在某种程度上暂时获得某种效果，之前的流畅的流程可能会被分割成可区分的、有序的子单位。但正如吸气必须为呼气让路一样，结束和持续必须作为我们的社会生活中的常量而共存。

　　因为从社会学的角度进行的描述可以在穿鞋的顺序中发现更小的序列,因此,它可以发现,本次要完成的项目是一系列相似项目的其中一个,这些项目要么是被经历过的,要么是被想象的。每当鞋子被穿上时,这些鞋子是作为普通行为的变体而被穿上的。这是你第一次还是第n次穿这种鞋？本次要完成的这一项目的典型性也被体现、传递或者得到感官上的体验。这里的典型性自然不是一种认知行为,而是一种感觉。穿一种"新式"鞋子,你需要特别注意,因为这一过程内含身体参与后的某种张力。俗话说得好,穿上"一只旧鞋"唤起了熟悉的自我。

　　在寻找感觉的基础时,我们已经注意到促使行为走向结束的暗示,把采取行动的时刻划分成不同阶段(正如在秘诀中那样)的暗示,为了体现对行为类型的例示而需要给予行为的不同条块以叙事特征的暗示。我们也许还会注意到,行为的叙事结构被完成得最为迫切,这并不是对结果的直接聚焦,也不是对典型性的聚焦,也不是对秘诀(行为可能是它的组成部分)的聚焦,而是为了强调每一个行为都与情境中的其他行为直接相关。当意识到采取这一时刻的行动为何是对之前行动的一次推动,或者为何是导致下一个行动的拉力/下一个行动的开始,你就会从身体上理解行动之间的关系正在以何种方式塑造。例如,要穿上要系鞋带的鞋子,抓住鞋带的末端可以被流畅地完成并进入打结这一操作流程,或者穿过孔眼系鞋带这一动作可能需要调整,以便保证手指在鞋舌两端穿孔时距离的均等,让系鞋带得以完美地完成。在后一种情况中,紧抓鞋带的步骤被延长,于是在下一个步骤,即打结开始之前产生了犹豫。或者一个完成了前一个步骤的特定步骤——设想一下打双蝴蝶结的情形——也许以评论或庆祝整个序列完成的方式进行。

　　对创建穿鞋这样世俗情境的行为的叙事结构的描述,转向了可以用来描写一次音乐演奏的词汇。当一首乐曲的构成部分被表演者演绎得如同次级叙事一样而特色鲜明,并且与持续流畅(尽管存在对某些部分进行标记的情况)过程中的其他部分相关联的话,人们就会给予它一种特殊的感觉。很少有人把创作音乐作为自己的生活目标,但是,所有的社会生活都以音乐的方式呈现。正如音乐能激发感情,每个社会情境蕴含的韵律同样能产生这样的效果。或许,在今天早上穿鞋的过程中,一个步骤到下一个步骤的移动特别平稳,特别顺畅;或许明天它就会停止不前,笨拙不堪。这儿存在着情感,尽管我们不愿意称之为"情感"。也许,这是一种美感:一个关于被感官体验的风格的问题,该风格是社会生活中要进行的那些活动的重要组成。正在穿鞋子的一个人,在穿鞋的同时,也在建构一个在语言表达上能被识别的身份和可感知的自我。

现在,我们可以很快从刚才的分析转移到我们更为熟悉的,比如"情感"的欣赏上来。假设鞋带似乎太短以至于无法形成一个常见的环形装饰结;或者,即使鞋子是新的,但鞋带断了。有人或许会大叫"狗屎",意指对秩序的破坏以及消极力量释放的混乱,这些都可以通过日常仪式加以预防。就我们的目标而言,更为有趣的是,有人会随口说出"愚蠢"!愚蠢是人的一个特征,而不是鞋子的一个特征。不再把鞋子与实际项目相关联,一个人开始间接而又明确地认识到,鞋子已经成为一种社会客体。是某个人,更有可能是公司的人制造了鞋子。在设计过程中,他们早就考虑过人们将如何穿这些鞋子。用户起到的作用是补全给用户看过的、制造商制定的关于鞋子材料的规划。"愚蠢"一词用以描述那些制鞋和卖鞋的人。

更难以做到,但对于我们的目标来说更加重要的事情是,体会鞋子带来的积极的感情。通过对鞋子的实际使用,鞋子的买主会把自己同设计者和制造商联系在一起。作为社会分析人员,我们习惯关注投放到市场上的物品的状况及品质,因此,当它们令用户满意时,也许在我们看来,用户会全神贯注于那些声誉结构带来的做作的举动。但是,穿鞋子也需要一定的技巧。穿一些很时尚的靴子,既需要你格外努力,也需要你具备如同接受过训练一样的熟练程度。穿上鞋子能让穿鞋人确信自己已和制鞋商成功连接。小孩都知道这一点,成年人也不会忘记。其他东西可能难以达到——它们不具姓名,目前并不存在或者在某人的一生中、在其所属的集体中也不存在,也从未被想象成有血有肉的个体——但正如那只鞋子是"我的"一样,它被我所拥有的事实也绝不会被削弱。鞋子将我和"它们"连接起来,即使我不在乎它们的声誉,即使我会羡慕它们产生的利润，但是当我能像使用"我自己的东西"那样顺利使用这些东西时，解谜者的自豪感可能油然而生。这种吸引力，如同碎片化的时间内某种性生活带来的肉体诱惑一样，在社会生活中处处可见，从精巧而有创意地系上鞋带的"隔都"（ghetto）运动鞋，到一些时尚的靴子，这些靴子上面不知出于何故，精心设计了一些无用的鞋扣，以及从小腿一直缠绕到之前描述的用鞋带做成的环形装饰结上的丝带。这里存在感情、情感和非理性，但它们并不一定和广告上的特色宣传相关联。接触一些社会客体并把它们变为"我自己的东西"，是确认我可以与其他看不见的、卓越的共同体建立联系的一种方法。对于一些人来说，那种非理性以广告符号学无法理解的方式而使其具有宗教的特性。当针对购买的物品进行的那些叙事进展顺利时，它们就完成了一种社会行动，该行动在购买行为发生时仍然被分割成不同的阶段。

给另一个人穿鞋

我们从实用主义的角度来探究社会生活中的情感何以出现。当行为组织中出现问题时，情感就会出现。行为的结构首先是由行动者在完成某件事情的过程中所经历的可从肉体上加以区别的、连续的行为所构建的。以穿鞋为例。我们注意到在鞋子的设计中，人们就考虑到了一个序列。在任何特定的场合穿鞋子，一个人可以通过多种方式来完成这个过程。他或许会遵照设计好的行为模式，采用常规但又有特点的方法；或者无意发现材料或外观上的一些细节，这些细节需要本次穿鞋时采用新的方法。当这个人从一个阶段过渡到下一个阶段时，这个项目或许会进展顺利，或许会停滞不前。

某种情感总会牵涉进来。组成社会情境的实践活动会以某种方式使人们获得感官上的理解。在社会中实施的行动不可避免地唤起基于一个连续体之上的自我感，即既感觉自己正和世界自然地合并到一起，又感到自己正被人为地插入这个世界。或许这个节目，会当成由意识的核心——思想和交谈组成的背景里一个连贯的主题来完成。也许这个情境经历过需要反复注意操作细节的不流畅的操作过程。有时，穿鞋这一微不足道的日常活动会引发一种完全成形的情感。当聚焦于被认为是设计上的某种缺陷时,从业者也许会变得恼怒,也许会开心于由熟练的使用所暗示的、自我与世界之间带有图腾特色的完美融合,或者,当从业者发现这个过程显示个人混乱不堪的总体状况时又会陷入自责之中。

注意,即使没有别人在场,这种互动已经存在了。当一个人给另一个人穿鞋子的时候——后者被称为"穿鞋者",前者被称为"帮助穿鞋的人"——这个过程中的互动就更加明显了。试想一下在商店里给一位小孩、残疾人或者顾客穿鞋的情形。在整个过程中,穿鞋者会一直保持被动,而帮助穿鞋的人会一直保持主动吗?如果不是,谁来完成每一个必须要完成的实际动作?谁来选鞋并拿起这双鞋?谁来引导哪只脚进哪只鞋?谁来负责系鞋扣或系鞋带?如果鞋子磨损严重的话,谁来负责拉一下短袜或长袜以适应鞋子?其中一人或者两人会不会指出过程中出现的问题,如两边鞋带不一样长,左右脚的鞋子穿反了,鞋舌没有拉出来,鞋子太松或太紧?谁来最后确定鞋子穿在脚上已经合适?或许穿鞋者刚穿好就走一下的话(他就可以断定它不合脚),或许帮助穿鞋的人认为鞋子的尺寸或款式不合适而重新拿出一双鞋,于是穿鞋这个过程又重新开始了。

穿鞋的人和帮助穿鞋的人,任何一方都要经历这样的过程,即心中或多或少都装着那些叙事。即使单单从"每一方会从他在历史上独特的物理位置来考虑问题"来看,每一方都会意识到本次要穿的这双鞋需要在前所未有的叙事结构上有创新。当帮助穿鞋的人认为鞋子需要系鞋带,而穿鞋的人却不这么认为时,就会产生理论上的分歧。双方必须决定采用哪种叙事方式,谁来尽自己那部分的职责,其中一方应该在什么时候做什么。帮助穿鞋的人可能会把鞋子递到脚下,穿鞋的人之后可能进行把脚放入鞋子这一步骤。

通常需要确定步调一致的、单一的叙事方法。我们可以把这一行为解释为"把鞋穿在另一个人的脚上",或者"让另一个人帮助穿鞋"。但是哪一种公式都不太对劲,因为整个过程不可避免是合作完成的。在合作过程中,任何一方都会表达自己的观点,并认为另一方也在表达一些观点,这些观点表明,双方都愿意提供帮助,并且也愿意接受对方的帮助。

把两个同时在场的个体之间正在进行的互动称为"对话",然后重新考虑独自穿鞋的行为并视其为无声的对话,这么做是令人感兴趣的。一些人认为对话是社会互动的基本形式或原始形式。但在语言使用之前,儿童学着与世界就模式化的互动展开谈判,并把这视作语言使用的一种方式。要理解情感的产生,则必须把"对话"当成隐喻去理解:它可能给我们造成误导,因为它用一种无法解释现象的方式去解释需要阐释的现象。谈话,或者对富有表现力的姿势的描述可以简化为文字记录,但是文字记录是静态的、空洞的,它们无法再被简化。对话被简化成文字记录这一过程不可避免地失去了物质现实中的太多东西,而物质现实把生活体验变成了一个三维的现实。

若要理解社会生活中情感的起落,我们需要使自我和他人(或者世界)之间交织而成的行进路线处于我们调查研究的中心。如果穿鞋的人始终保持被动,那么通过接触鞋子和对方的脚,帮助穿鞋的人将不断克服与另一方接触时产生的分歧。相反,如果帮助穿鞋的人只监督而不提供帮助,那么两种不同的经验世界就会保持一定距离。但是,一旦双方积极互动,他们的活动就进入了模糊不清的重叠区域。帮助穿鞋的人给穿鞋的人穿上鞋子,穿鞋的人把脚伸进鞋子。互动已经变成一个交流,一种暂时性的网状交流形式,这种交流形式从存在主义的角度看,让谁主导、谁跟随、谁拥有该项目变得模棱两可。

当给一名儿童穿鞋子时,模棱两可的重叠区域可能会展现给帮助他人穿鞋的成年人,这一过程也招致了意想不到的抗议:"让我!"在观看售货员帮顾客穿鞋时,顾客可能会采用虽然被自己认为是体贴他人的,却被售货员认为是很突然的一种方式,来接管系鞋带一事。这些不仅仅体现了双方在使用"词汇"和"脚本"的差异。在社会生活实践中,情感产生于他的行为和她的反应之间内在的模棱两可的重叠区域,以她的邀请、冷淡、疏远以及他对之前阶段的反应为先导的这些行为和反应的顺序本身也是模棱两可的。

我们已经深入开展了两个层次的分析,这些分析对描述情感怎样产生于社会生活中的不同时刻非常必要。首先,我们分析了当穿鞋的人与鞋子互动时,体现在他身上的实际的社会叙事。我们发现,鞋子不"仅仅被穿上",而且它们是通过遵循一种或另一种顺序逻辑而被穿上的,这种顺序逻辑是一种具有不连续的阶段和过渡策略的秘诀。这个过程需要遵循并编辑嵌入鞋里的一个逻辑。忙于日常生活中这样小的项目,感情不是以明确的情感形式,通常来说更多地是以一种可以感觉的抑或是美学的形式产生的。

当我们审视诸如替另一个人穿鞋,这种由同时在场的双方互动而成的情境时,社会工作的第二个层次就会出现。除了找到并遵从目标蕴含的社会逻辑之外,一个人必须以合作的方式让自己的行为与另一个人的实践活动中被其理解的社会逻辑相吻合。双方必须形成一个有效的、单一的叙事顺序,达成这一目标的方式为发出以及观察谁会采取下一个行动的信号。

要理解情感怎样产生于和另一个人即时进行的互动之中,采用当今社会互动研究中常见的隐喻性词汇是不恰当的,甚至是令人误解的。产生情感的那些过程不是通过观察互动中"具有象征意义的"方面就可以为我们所理解的。特别重要的是那些具体的、双方交织融合而成的关系网,此外,正是体现在身体上的互动,才恰好发生于一个人接触另一人以及双方合作产生运动轨迹的时候,在前述的运动轨迹中,一个人的行为,比如穿一只鞋子,被一个同时发生的报答的行为所回敬,比如把脚伸进鞋中。我们所说的情感就是对这些具体的、双方交织融合而成的关系网的种种反思。

从参与事务的双方,以及在许多方面那些参与者本人可能都无法理解等因素来看,正在被体验的那些情感也许因人而异。穿鞋的人可能认为双方正在体验这个被粗鲁或粗暴对待的项目,而帮助穿鞋的人可能在设想双方正在欣赏一个发条,一个在这一事件里互相尊敬、通力合作后的产物。个体对这个项目的贡献体现出具体而相互的平等是一回事。这一过程中产生的情感结果包含了个体与另一个人的疏离,并且这种情感结果对于每个人来说可能差异很大,这是另一回事。

和另一个人的互动必然是三维的。在难以察觉的情况下,一方时不时地会或多或少被另一方的行为所牵引。这种牵引现象并不是一个比喻说法，它指的是行为的实践基础。你向上拉并系紧鞋带的行为更有助于我立刻打那个环形装饰结。

我们发现，为正确理解情感科学，我们必须突破已有的关于互动的词汇，需要突破身心二分这一概念。情感不是思想的替代物，也不是思想的敌人。情感源自类似于思考的反思，并在类似于思考的反思之中得到完善。在穿鞋这一例子中，为了感谢对己方"能做的却无法乐意去做的事情"给予了体恤与理解的另一方，情感可能以积极的形态出现，也许当感觉到"太多的"被动性时，或与之相反，为了体现对叙事过程的越权时，情感可能以消极的形态出现。不管怎样，当个体在他自己的自治区里，阐述着互动过程中模糊重叠的区域带来的孤独时，情感就会产生。

情境行为及超越

通过穿鞋这一案例，我们已经发现了感情产生于"通过生成连贯的叙事序列而让行为具有社会性的这一过程"的两种方法。要完成这个项目，达到不管是一个人单独行动时，还是与同时在场的另一个人共同行动时都能得到应用这一要求，就必须具有类似于秘诀的持续的连贯。通过行为表现中的变化，序列结构得以创建。停顿、过渡、问题，以及使一个阶段走向另一阶段的快速的解决办法都能够在身体上得到体验。

当与另一个人合作穿鞋时，这个过程要求一方能和另一方一起，理解双方共同奉行的行为秘诀的关联性。现在，必须对关于实践行为的叙事加以叙述：我必须指出我在这个过程中所处的位置；为了得到有效的理解，我的叙述必须被密切注视；我必须注意到另一个人在其有效的叙事版本里试图实施步骤时的那些迹象，我还需注意到，在此基础上，项目的每一阶段都会经历误解、调整、重复等。我必须发出信号，并密切注视下列信号的接收：过程何时开始，我先试着放哪一只脚，谁把脚推进鞋里去，针对脚部骨骼一次比较小的附带检查是何时开始、何时结束的。发痒意味着什么，又不意味着什么，等等。并不罕见的是，另一个人将会自愿完成秘诀规定的部分内容，可能会抓起第二只鞋，完成系鞋带的任务，或者站起来把一只试图反抗的脚挤进可能非常小的鞋中。如果我们打算共同合作穿上这双鞋,在这一过程中我就必须密切注意另一个人对序列结构的调度,因为这个人也许对此有其独特的理解。

现在,在我自己/另一个人做出响应/未作出响应的身体内,我的行为和无所作为在两个方面得到体现。有时候,另一个人会借助他的身体来帮助我完成我的行为;另一个人的身体成为我的身体的延伸,我的身体也变成对方身体的延伸。现在,在两个身体的融合的作用下,行动路线得以继续。

我们必须注意到"以合作方式给另一个人穿鞋这一过程中内含的社会行为"与一个人独自承担的项目有所不同。和另一个人合作穿鞋,需要一个从本质上来说与表现行为相关的消极节目。当我独自穿自己的鞋子时,我没有必要考虑鞋子是否要一直参与手边的项目这样的事。但是给另一个人穿鞋时,对方和我就如同杰那斯(Janus,罗马神话中看守门户的两面神,译者注)一样,在某种程度上都需要担负责任。我们双方的每一方必须塑造他的行为,这样的话,双方将能够看到为此时此地的穿鞋情境而塑造的行为,这意味着明确避免,或者换句话说,断然拒绝超越这一情境的个人参与。

在合作穿鞋的情境中,我无需采取任何特别的积极行动。如果和另一个人合作穿鞋,我可以安排各种职责组合中的任何一个,这些职责明确了谁来做必要操作中的哪个部分(如找鞋、抬脚、调整鞋带等)。但当我独自穿鞋时,我必须完成所有的序列。从这个意义上来说,一个人独自穿鞋的情境需要更加积极或更具建设性的行为。但如果我希望在穿鞋这一项目中能保持与另一个人之间不间断的合作,那么我不但需要做"表明我的每一个动作在项目进程中处于什么位置的"积极的叙事工作,而且需要做"表明我认为另一个人对叙事进程的理解处于什么程度的"积极工作。而且,我还需要做消极的工作。我也需要表明自己(在合作过程中)参与得并不太少,并没有开小差而处于遐想之中,或者反过来,参与得如此少以至于对方需要独自承担完成任务的责任;而且,我必须避免向对方表明,自己对此时此刻进行的活动参与得过多,如果我如此想"融入"这个项目以至于它超过了穿戴这一叙事范围的话,或许就属于这种情况,如通过暗示显示出恋足癖的倾向。

当独自穿鞋时,我无需劳心费神地去留意表明鞋子仍处在穿鞋情境中的那些迹象,或它们已经离开这一项目的那些迹象。但是,当我和另一个人合作穿鞋时,我知道对方的生活中同时存在着其总体性不为我所知的、未间断的社会关系;我知道对方的生活拥有过去及未来,二者都超出了与手边的项目实际相关的框架;我也知道对方的生活中大量存在在当前的情境中我无法体会的、私下才能理解的意图。当和对方探讨一个共同遵守的叙事准则时,我将对如下迹象作出回应:对方表现得心不在焉,或者想要暂时中止当前的合作项目,或是赋予穿鞋行为超过了实际的穿戴任务本身应有的更多的意义。当我把一只鞋往另一个人的脚上穿时,我可能想知道,她在把脚往鞋里挤这一过程中出现的停顿,是否表明她希望我继续推一下她的脚,还是她已经放弃把这双鞋穿上脚这一过程转而想去试穿另一双鞋,抑或是她的注意力已经转移到其他需要关注的领域,等等。我注意到意识的某种张力带来的那些表现——注意力的种种表现——是和这样一个假设相一致的,即她正在否定"为已经发起的穿手边的鞋子这一项目而制定的"那些方针。

当然,也无须夸大这一对比。尽管我无需劳心费神地去留意表明鞋子仍处在穿鞋情境中的那些迹象,但是单独穿鞋时,在这个项目的某一特定阶段,从某种程度上说我需要向鞋子表明,我仍然处于这个项目之中。鞋子是社会客体,人们按照其今后的用途而制造它们。一旦投入使用,这些实物对它们需要的持续关注的需求有所不同。鞋子强加了一个即便最小,但也值得注意的约束条件。一旦参与了这个项目,并且到了穿上其中一只鞋这一地步,不继续穿另一只鞋的话,就会产生后果,一个人在行走时将陷入比项目开始前更为尴尬的境地。如果我走神了,鞋子实际上会把我喊回来去完成这个项目或者把项目的顺序颠倒过来。作为有助于提高运动能力的物体,在让事情变得更好之前,鞋子让事情变得更糟。还没有人为了帮助人们表达对鞋子本体彻头彻尾的不敬而设计鞋子的。我必须重视它们,因为一旦我向鞋子作了自我介绍,并同意穿上其中的一只,那么在两只脚都穿上鞋之前,如果我不去避免对穿鞋这一项目之外的内容的关注，我将遭受痛苦。①

事实上，我必须向这些鞋子表明，通过在项目完成之前限制我对项目之外的内容的关注，我对它们的本体给予了尊重。但是我没必要关注鞋子是否尊重我的本体，它们不会自行离开。在由同时在场的双方合作完成项目这一版本中，双方都要各司其责，以避免对项目之外的内容的关注。当与另一个人合作穿鞋时，这个项目要求我一定要避免对项目之外的内容的关注，同时密切注视对方是否也在做同样的事情。②这一双方同时在场的社会行为的双重否定结构，构成了丰富的情感基础，因为这些情感源自日常生活中的实践活动。

---

① 穿鞋这一例子巧妙地提出了这样一个问题，即人类社会是否在秉持包容的姿态，或者说在多大程度上秉持包容的姿态。可以逃避吗？如果我们拒绝鞋子这类商品，我们能否就此宣布我们已摆脱了人类社会的控制？事情并不这么简单。如果一个人不穿鞋，那么这个人行走的路面的材料性质和状况就更为重要。与不在路上的行走相比，在路上行走将是一种不同的体验。路之所以成为一种现象，就是因为它是别人创造的产物。之前有多少人来过并在路面上走过，他们的体重是多少，造成什么样凸凹不平的路况，散布着什么样的碎石——所有这一切将更加重要。光脚走路是让行路人与姓氏不明的其他人保持亲密的一种特别的方式（Solnit，2000）。

② 需要告诫的是，之前我把与共同在场的其他人合作时通常需要遵守的互动要求，和限制双方私下使用实物这一互动要求进行了对比，这一对比需要满足复杂的并且随历史的变化而变化的条件。随着时间的推移，这一工作所处的物质环境会因它给用户带来的负需求而发生变化。例如，计算机的发展趋势是把某一特定的任务给人带来的紧张压力降至最低，从而完全控制用户的注意力。几年前，"多任务"还不为人所知；接下来的几年时间里，操作系统处于多任务可能导致计算机"崩溃"这一状态。计算机用户被要求不能有怪异的操作。现在，在计算机上独立开展工作的环境已变得非常安全，借助计算机，你可以把对此处的关注转移至对彼处的关注，你可以履行工作职责，也可以满足个人爱好，而且你还可以承担处于不同阶段的、不用考虑是在线上还是在线下完成的多项任务。一个人更有理由去理所当然地认为，计算机将保存用户的虚拟自我还未完成的规划，在这样的虚拟自我中，用户采用数字化表达方法来完成任务，并且处于一种稳定状态，直到他准备返回。"记事本"、闹铃以及各种备忘可以被编成程序，旨在把用户注意力的分散减少到最低程度。这些策略洞悉并回应了"那种越来越灵活的，不用花钱就可以让注意力离开，或随心所欲地返回到已经开始的处于某情境中的某个项目"的能力。但是，计算机还没有发展到你可以完全对它不敬的程度。即便我对计算机的需求还处于较低层次，但出于对计算机可能"死机"的担心，我也许还需要担忧我的计算机的超负荷问题。我仍然需要把计算机视为具有它自己的生命的、有血有肉的工作伙伴。当代计算机拥有超出我的计划之外的发展历程，在此历程中，它可能转移方向或偏离主题，以致于需要引起注意。因为"系统维护"或者要从网络上下载软件更新，计算机可能会中断我的工作。计算机可能会发生故障或者以别的方式停止工作，这要取决于我在电脑旁如何放置咖啡杯以及如何操作计算机。用户还不能随意无视计算机的本体或对其无礼。

现在我们可以回到开篇讨论的在大学课堂上教学的例子。正如独自穿鞋一样,这里存在一个教师认为能给他自己施加要求的叙事逻辑。教师的话语受到约束,需要依据一些同时进行的、连续的层次,作出有序的安排:任一时刻的话语将要开始、完成,或者推进类似于句子的表达法的使用进程;这样的表达法应该与一个非常清晰的"思想序列"相关联;早先讲解的部分所表述的内容,应该与之后要讲解的内容相关联,反之亦然。借助"应该"('are to be')以及"应该"('is to be')这样的表述,我想传递的意思是,教师的每一句话都具有目的性,希望在叙事结构中具有给人以自然发生的功能:执行每一刻的行动时,教师都维护这个把行动作为它的一个组成部分的生成过程,并道出它是如何成为生成过程的一部分的。通过生成"可解释为自然发生的叙事中一个很连贯的进展"这样一种表达方式,教师把他的行动转化成行为习惯。

教师的一些感情是因为对持续关注的需求而强加到他们身上的,这种关注被认为源自授课的社会形式。为了消除教师现场授课时的压力,我们可以在教师的私下排练中找出那些压力。在复习笔记或授课排练时,教师将记录过渡部分、理解段落间的差异、发现没有完成的许诺以及突然出现的离题现象,等等,完成这一任务不一定要借助"思想"那样抽象的、与我们相距甚远的、独立的东西,而要通过感知叙事结构和本次被执行的行动之间的关系来完成。被感知的差距、矛盾、没有完成的课堂导入时许下的诺言、不恰当的过渡以及模糊的段落等,未登记在孤立的思维范畴中,而登记在如何刺激授课者作出补救的思维范畴中,而且被视为让授课者作出补救的各种刺激手段。当发现叙事当中出现一个问题时,你可能不会立即想出一个解决方案,但如果你不进行干预的话,你将面临更多的问题。某件事情"令人不安",这种不安的背后有其缘由,因为叙事的某个部分让人感觉不太对劲。私下阅读备课笔记是一个与身体相关的、激发感情的过程。如果你在准备讲稿时发现有什么不对劲,你不能轻意放弃这个项目。像鞋子一样,授课是用户一旦参与其中,就不能因其他需要关心的事情而放弃的一种社会形态。那个要求通常会给教师带来挥之不去的焦虑,以致于必须做更多的准备工作。

当给一个班级上课时,教师将被迫"与"听众一道,来完成课堂任务。这不仅意味着他处于授课情境之中而未分心于课堂以外的事情,而且意味着他在监控班级以确保学生们也在抑制他们分心于课堂以外的事情的行为。不管课堂看起来有多么被动,课堂仍然是驻授课过程的通信记者。就上课时间而言,教师发现虽然已经到了上课的时间,但还没一个学生进入教室,他将对这一事实做出回应。听众不能发挥相应的作用来理解如何保持教师的作用,这些情形可能出现在提问/回答阶段,此时学生可能出乎预料地举起手,或者,在当今大学的教学环境中最有可能出现的情况是,教师注意到许多学生似乎全神贯注于那些与教师的教学节奏没有关联的网页搜索活动。在这种情况下,教师会理所当然地认为他必须确定听众"正位于"什么地方,或者尽力不去理睬此事。随着课堂时间的推移,教师将不得不确认听众仍在那儿听课。

现在,授课这种现场直播的、由双方配合完成的社会形态需要的那些反对意见,不仅仅被讲台两侧的人所分享,它们还是动态交互的。为了使听众处于授课情境中,教师必须表明他正保持对授课情境的敏锐意识。那些暂停可以一直保持到它们开始不利于听众参与授课情境之前。在授课排练中采用计时的方式应对单调的阅读也许是恰当的,但在现场授课中它通常会被一种韵律所取代,该韵律为"戏剧化处理对课堂即时叙事的反应"提供指导;也就是说,教师本人正被讲课吸引,正如他期望听众被讲课吸引一样。经过调节的感情源自对"显示授课时间/空间具体的合作态势"的抑制;也就是说,处在授课情境之中的一个人,为了让听众处在授课情境之中(而对"显示授课时间/空间具体的合作态势"进行抑制)。要成为一名教师,授课者需要意识到并发展一种能构建新的感性秩序的方法。

在他们的首次授课中,特纳(Turner)和萨宾(Sarbin)坚持专业要求,即为了即将到来的登台授课,课前的排练需要毫无问题地进行。他们二人不但在课堂规定的时间内积极完成了连贯的授课这一任务,而且也避免了把超越当前授课内涵而带来的问题表现出来。二人都在课前准备阶段遇到过问题,二人都逐渐明白他们还没有做好充足的准备。二人都逐渐明白他们的第一节课带来的特别挑战对未来的启示,即他们要为将来的授课做更多准备。在他们看来,学生们并没有意识到他们职业之外的问题。

教师在什么地方意识到他们随情境变化而不断完善的授课表演可能具有超越授课情境的内涵？不是在"思想中",而是在情感中。正如萨宾(Sarbin)为了重新开始授课而一次又一次翻他的一摞索引卡片一样,他继续对"在他的授课中需要保持明显的叙事连贯性的那些要求"作出响应。当一小时的授课结束时,特纳(Turner)意识到他已讲完该门课程准备要讲的内容,但他的困境并未与学生分享。教师的情感出现在严峻的考验之中,该严峻的考验由"授课情境中特定的、听众可目睹的、叙事上比较连贯的行为提出的诸多要求,以及教师理解本节课对下一节课,'第一次教学'对他们的教学生涯所具有的超越情境的内涵的具体方式等"形成。

教师总会体验授课连续体上萨宾(Sarbin)和特纳(Turner)以极端戏剧性的方式进行处理的某个东西,尽管这种处理未必会把授课引向负面。在某一天授课中的某个特定时刻,在为当前的授课所作的准备过程中,教师可能意识到能获取的备课资源比预期的要多,而且有多重叙事线索可供选用,其中仅有一条线索将在当前的授课中反复使用。当前的授课开始之后,意识到对未来的教学无需投入太多的精力,将给授课教师带来一些积极的情感。

情感是独特的三维体验。从其多样性来看,情感以感情为其特征,这些感情既弥漫在又消失于具有无限结构的,或多或少位于身体内部的不同部分。这里的三维——对应于"超越情境的内涵产生于社会行为当中时"所遵循的那三个维度。从时间的角度来看,新教师意识到自己在过去做了什么,未做什么及其对今后工作的启示。从空间的角度来看,教师必须以公开的姿态长久扎根于此,即使他的取向可能会转向其他地方的情境,比如他的研究、其他课程以及他将如何理解在家庭和朋友圈获得的体验。公共自我和私人自我之间的界限出现在这样的经历中,即教师的情感充当了必须处在内心深处的某种意识的载体。情感的表达,比如笑话、正义、职业热忱和求知欲,就它们本身而言是情境塑造的反应,这些反应的背后隐藏着教师超越情境的理解。比如这是第 n 次重复同一个笑话,那种正义适用于这名听众,而不见得适用于其他人,在报告厅展现的那种激情是低风险的一种激情,等等。

几乎没有教师可以长期维持需要"承受着新教师初次授课时体验到的猛烈的情感所引发的后果"那样的事业。当人们在某种特定的、最初拥有强烈的情感体验的情况下重复工作时,会发生什么呢?他们学会管理、控制、守纪,或者通过培养职业审美观来对潜在的情感进行教化。相较于提前录入每一个字或者把命运交给情境带来的灵感,教师会提前做好准备并培养自己的表演风格。为了对准备工作进行指导,他会想出一些方法来诠释准备不足引起的不安的感觉。正如特纳(Turner)和萨宾(Sarbin)职业恐惧故事所阐述的那样,一个人要学会培养一种有益的不安情绪,要学会区分萦绕在心头的感觉到底是令人讨厌的东西还是实际上非常重要的应引起注意的警告。对于表演风格,教师可以采取这样的策略,即依靠一小部分预先计划好的,按照一定的顺序进行陈述的故事,差不多在一定的时间间隔内,为了每个叙事成分而聚焦"目标达成",并且把词汇和可能的离题置于当下总体战略的框架内进行处理。随着策略变成风格,情感在很大程度上成为职业审美的问题。对于初学者来说,这些超越情境的有关存在意义的个人意识常常富含强烈的情感。随着时间的推移,这种超越意识通常会变成矫揉造作式的欣赏。

严峻考验

在从婴儿期向具有社会能力的时期过渡的过程中的某个时刻,我们被迫进入一连串的社会情境中。在完全清醒状态下的日常生活中,我们几乎总在"做某件事",几乎总在组织我们的行为,结果,作为一个或另一个典型叙事,我们的行为成为对自我负责的某个活动或者项目的一部分。从表面上看,这个人可能在独自进行叙事,就像私下穿鞋子一样,虽然是以间接的方式,即在仔细考虑这件事之前,情感通常先行控制了整件事,使这个过程成为与鞋子设计师之间互动的一部分。或者说这个人似乎在遵循一种其他人想到的叙事法则,比如看一个电视节目,在这种情况下,观众通过电视屏幕以及音频轨道所关注的东西在某种程度上将是独特的,这个过程总意味着私下里对脚本进行编辑。不管主动还是被动,当我们独自行事或者与他人协作时,我们每时每刻都在塑造自己的行为,这样,在任何时间以及任何地点,我们都在做某个版本的事情,这件事情通常具有通俗的、可识别的名字。通过赋予身体运动以叙事意义,社会生活的最基本单位得以形成。所有有意义的行为被我们感知,因为它是通过不连续的身体活动而产生和获得的。正是将行动化为习性的工作才是情感经历的严峻的考验。

第二章 社交的幸福

萨拉·艾哈迈德

引言

情感具有很强的社交功能。我们会被他人的亲近所感动。爱好交际甚至可以作为一种感情:当你感觉愿意交往时,就想与他人在一起,你就会把他人的亲近视为快乐。在本章中,我将幸福作为一种社交形式。不言而喻,只有与他人分享的幸福才是最大的幸福。然而,幸福会简单地将我们团结在一起吗?如果同样的事情让我们都感到幸福,就可能形成一种社会纽带。反过来说,那些不能对同样的事情感到幸福的人,也许会对我们的幸福构成威胁。如果情感具有社交功能,这也许意味着需要从理论上阐明社交聚会带来的约束与快乐。

在将幸福作为一种社交形式之前,我想仔细考虑一下方法论的问题。我是怎样研究幸福的?也许有用的是,注意到大量称为"幸福学"的研究,这样的研究也被人们广泛地称为"幸福新科学"。这个领域的许多研究吸收了19世纪英国的实用主义传统,并以下列观点为前提:幸福是一件好事,管理的职责是尽可能地增加幸福(参见 Ahmed,2008)。理查德·莱亚德(Richard Layard, 2005)是近来幸福科学领域的重要人物之一,英国媒体通常称他为"幸福沙皇"。莱亚德(Layard)的一部重要著作《幸福:新科学的教程》(*Happiness: Lessons from a New Science*),开篇就批评经济学这一学科衡量人类成长的方式:他认为"经济学将一个社会的幸福变化等同于它的购买力变化"(ix)。莱亚德(Layard)认为幸福是衡量成长和进步的唯一方式:"最好的社会就是最幸福的社会"(5)。幸福科学假定幸福就在"外面那个地方",你能测量幸福,并且这些测量值是客观的。

如果幸福科学认为幸福就"在外面那个地方",那么它是如何定义幸福的呢?理查德·莱亚德(Richard Layard,2005)再次给我们提供了一个有用的参照点。他认为"幸福就是感觉好,而痛苦就是感觉糟糕"(6)。幸福就是"感觉好",这意味着我们能够测量幸福,因为我们能够测量人们感觉有多好。因此"在外面那个地方"实际上就是"在内心深处的这个地方"。相信你能测量幸福也就是相信你能测量感觉。莱亚德(Layard)认为"大多数人发现,说他们感觉有多好是一件容易的事情"(13)。关于幸福的研究主要基于自我报告:该研究测量人们所说的他们有多幸福,假如有人说他们是幸福的,那他们就是幸福的。这种模型既假定了自我感觉的透明性,又假定了自我报告没有动机的、简单的特性。

重要的是我们如何看待感情。在很大程度上,幸福的新科学以透明的感情模式和道德生活的基础为前提。如果某物是好的,我们就感觉好。如果某物是糟糕的,我们就感觉糟糕。① 幸福科学于是依赖于一种非常具体的主观模式,在这个模式中,一个人知道他感觉如何,而且在这个模式中对好坏感觉的差异是可以把握的,这为个人幸福以及社会幸福打下了基础。在这些讨论中,文化研究通过提供一些情感选择

---

① 当感情成为测量是非曲直的手段时,我们可以用这种方法来分析问题。例如,理查德·莱亚德(Richard Layard,2006)认为,让某物出错的东西就是让人不高兴的东西,甚至是冒犯了他人感情的东西。对于莱亚德来说,当不平等带来更多的不幸福时,幸福科学就表现出内在的亲贫穷性,并且支持财富的再分配(120-1)。令人遗憾的是,他的观点在暗示:如果不平等没有带来更多的不幸福,那么他就不会反对不平等。正如他对此描述的那样,"美国奴隶想要他们的自由,不是因为它给他们更高的收入,而是因为作为一个奴隶是一件让人蒙羞的事情。奴隶制冒犯了他们的感情,这就是奴隶制错误的原因"(121)。因为奴隶制伤害了人们的感情,因此奴隶制是错误的这个观点,向我们表明这个错误模型错在何处。奴隶制是错误的这一观点区别看待社会不公,并对社会不公进行了心理分析。对这一问题的研究,可参见(Lauren Berlant,2000)针对把痛苦与不公正混为一谈所作的重要批评,以及我反思社会不公与伤害之间的关系之后对《情感的文化政治》(*The Cultural Politics of Emotion*)(*Ahmed*, 2004)所作的结论。特别要注意的是:把不公和伤害混为一谈带来的问题之一是,它假定进入到另外一个人的感情之中。没有"已被感受到而且可以向他人诉说的痛苦"相伴的任何形式的不公正,将会在这一模型中隐形。

性理论,也许要扮演一个重要角色,这些理论并不依赖于充分展现自我的主体,而依赖于总是知道他感觉如何的主体(参见 Terada,2001)。当然,在这里我应当注意到幸福与感情的联系甚至是一种现代意义上的联系。因此,我研究的关注点之一是密切注意一种联系——探寻感觉好与其他类型的善如何密切联系的。赋予幸福一部历史就是给予它一部联系的历史。

我们的确有许多幸福史的例子,例如达林·麦克马洪(Darrin McMahon,2006)提供的历史。他将他的幸福史作称为一部"思想史"(xiv),并表明他的历史是一部应当与其他历史共存的幸福史,"有无限的幸福史要去书写"(xiii)。他建议这些历史应当从更加具体的视角来谈,因为这些历史不仅是关于农民、奴隶和变节者……的历史,而且是关于早期现代妇女和晚期现代贵族、19世纪资产阶级和20世纪工人、保守分子和激进分子、消费者和十字军战士、移民和土著、非犹太人和犹太人的历史(xiii)。我们可以想象,由于这些群体的斗争,不同的历史才得以展开。

我不想用从具体角度来谈的一段历史,即通史中的专门史,去补充麦克马洪(McMahon)的历史。我想思考一下作为一个观念的发展历程,幸福思想史是怎样因为考虑被清除的东西而受到质疑的,如果我们从这个角度审视被清除的东西,将会改变你从这一角度得出的观点。要理解这一点,你只要留意一下妇女如何出现在或者不出现在麦克马洪(McMahon)的思想史中。文献索引部分提到过一次女性,该文献的出处是约翰·斯图尔特·米尔(John Stuart Mill)的《女性的屈从地位》(*The Subjection of Women*)。甚至"女性"这一分类也让我们回到哲学这一欧洲白人男性的遗产上来。在幸福史中,如果差异很重要,那么这些差异就会破坏幸福史的和谐形式。

如果我们将幸福看成一部思想史,令人瞩目的是,这种历史在如下这一观点上是多么一致:历史就是赋予人类生存以意义、目的和秩序的那些东西。正如布鲁诺·弗雷和阿洛伊斯·斯塔特勒(Bruno Frey and Alois Stutzer,2002)所言,"每个人都希望得到幸福。人生中也许没有其他目标如此高度统一"(vii)。甚至像伊曼纽尔·康德(Immanuel

Kant,2004)这样的哲学家,也将个体自我的幸福置于道德范围之外,表示"幸福必定是每个受条件限制的理性生物的愿望,因此它也必然是人体机能中的欲望的决定性原则"(24)。康德(Kant,2005)本人相当悲哀地表示,"不幸的是,幸福的概念是如此含混不清,以至于尽管每个人都希望获得幸福,然而他永远无法确定,无法至始至终地明白他真正想要的是什么"(78)。①

假设我们拒绝表达这种幸福的愿望或者心愿又会怎样呢?假设我们暂不判明这一观点:幸福就是我们想要的东西或者甚至幸福就是好的东西——又会怎样呢?在这种暂不作出判断的模式中,我们可以思考一下幸福是如何参与让事物变得更好的过程的。西蒙娜·德·比弗(Simone de Beauvoir,1997)的《第二性》(*The Second Sex*)使用过这种暂不作出判断的技巧。正如德·比弗(de Beauvoir)所指出的那样,"人们不太清楚幸福这个词的真正含义,更不清楚它背后蕴含的真正价值。人们不可能测量他人的幸福,而且将一个人希望他人所处的那种环境描述为幸福又总是很容易的"(28,补充后的第二次强调)。德·比弗(de Beauvoir)很好地表明了幸福如何将寄托在它上面的愿望转化为一种政治,一种怀有希望的政治,一种要求其他人根据某个愿望生活的政治。

女性主义史为幸福史提供了一个不同的视角。或许女性主义史告诉我们:我们需要赋予不幸福一部历史。"不幸福"这个词的历史也许让我们了解了幸福史中的不幸福。在其最早被使用时,"不幸福"的意思是"造成不幸或者麻烦"。只是到后来它才具有"心理上的悲惨"这个意思。② 我们可以从"造成不幸福"和"被称为不幸福"之间的迅速转化中学习。我们必须学习。"悲惨"一词也有一个引起联想的谱系,它来自不幸的人,指的是一个被流放的人,而且据说反映了被流放者的悲伤状态。陌生人的悲伤也许会让我们以不同视角来看待幸福,不是因为这样的悲伤让我们知道一名陌生者像什么或必须像什么,而是因为它

---

① 我将不在本章谈论康德(Kant)哲学中的物质。关于康德与柏格森(Bergson)的关系的详尽讨论,参见勒费布尔和怀特(Lefebvre and White,本书)的研究。

② 这些定义、所有后来的定义以及词源学参考都取自《牛津英语词典》(*Oxford English Dictionary*)。

可能会让我们疏远我们恰恰熟悉的幸福。

我不仅通过对幸福思想史提供的不同诠释,而且通过思考那些被从幸福中驱逐出去的人或者思考那些仅仅以麻烦制造者、持异议者、煞风景者的身份进入这种历史的人,从而对幸福作出不同的解释。在本章中,在对幸福如何发生在那些对幸福不抱希望的人身上进行思考之前,我探究了幸福怎样提供一种承诺(对正确地进行社会交往应该得到回报的承诺),分析了两类关键人物:女性主义煞风景者和愤怒的黑人妇女。

幸福的客体

我研究的出发点不是去假设存在一种独立的或者具有自主性的被称为情绪的东西(或者,就此而言称为情感),仿佛它就是这个世界中的一个客体。我研究的出发点是经验主义的杂乱无章、物体进入这个世界后的演变、被我称为"意外的戏剧性事件"(Ahmed, 2006),以及我们如何被身边的东西所打动。注意到如下这点非常有用,即准确地说"幸福"一词的词源关乎偶然性问题:它来自中世纪英语"机会"(hap),意思是机遇。在英语中,幸福最初的意思之一与侥幸、受运气青睐或者幸运等含义相关。幸福的含义现在看来也许非常古老:我们也许更加习惯于将幸福描述为你所做的事情的一种效果,作为努力工作的一种回报,而不是发生在你身上的事情。但是我发现这个最初的意思是有用的,因为它将我们的注意力集中在意外事件体现的"世俗"性上。

"什么发生了"中的"什么"以及什么使得我们高兴中的"什么"之间有着怎样的联系呢?鉴于经验主义关注"什么是什么",因此经验主义为我们提供了一种解决这个问题的有用途径。就拿约翰·洛克(John Locke, 1997)的著作而言,他坚持认为好的东西"倾向于带来或增加我们身上的快乐,或者减少我们身上的痛苦"(216)。因此,我们根据事物如何影响我们,它给我们带来快乐还是痛苦,来判断事物的好坏。洛克(Locke)表示"他喜欢葡萄,不是因为别的,而是因为葡萄的味道让他感到快乐"(216)。因此,我们可以说,如果一个客体以好的方式影响我们,那么这个客体就会变得快乐起来。

注意洛克(Locke)这一例子中积极情绪的倍增效应:如果葡萄尝起来令人快乐,我们就喜欢葡萄。如果一个客体以好的方式影响我们,我们就倾向于将这个客体看成是好的。我们的取向显示了客体的可亲近度,并且对接近这一物体的东西进行塑造。从现象学意义上讲,幸福可以被描述为具有目的性(指向客体),以及表达感情的(与客体相联系)。将这些观点综合起来,我们也许会说,幸福是对与我们发生联系的客体的一种取向。根据我们如何受到它们的影响,我们选择靠近客体和远离客体。

说幸福具有目的性并非意味着在客体和感情之间总是存在一个简单的对应。我认为罗宾·巴罗(Robin Barrow, 1980)的观点是正确的,他认为幸福并非像其他情感那样拥有一个客体(89)。我们也许都已经体验到我所说的"不知出自何处的幸福":你感到高兴,但你并非完全知道为什么,而且这种感情会超出你理解的界限,容易使人上当。这种感情可以鼓舞或振奋任何接近的客体,但这并非意味着在遇到任何事情时,这种感情都会继续存在。总让我感兴趣的是,当我们开始意识到我们正感到快乐或者意识到一种幸福的感觉(当这种变成一种思想的客体时)时,幸福经常会消退或变得焦虑不安。幸福可以立即到来,而且也可以因为被他人识别而失去。

我要表明的是幸福涉及一种具体的意向性,我将之称为"以目标为导向"。幸福作为目前的一种感觉,我们不仅能对某物感到幸福,而且如果我们想象某些东西会给我们带来幸福,它们会为我们而变得幸福。幸福通常被描述为我们瞄准的"目标",一个终点,甚至是一个最终目的。从古典主义角度讲,幸福已经被认为是一个目标而非一种手段。在《尼科马克伦理学》(*Nicomachean Ethics*)一书中,亚里士多德(Aristotle,1998)将幸福称为首善,"一切东西的目标所在"(1)。幸福是我们"为了它而去选择的东西"(8)。

我们不必赞成下面这一观点:若从这些术语来理解幸福的意蕴,我们必然获得完美的结局。如果幸福是所有目标的目标,那么其他事物就(包括其他善)变成了通向幸福的手段。正如亚里士多德(Aristotle)所描述的那样,我们选择其他东西,是"为了获得幸福,设想如果把它们作为手段,我们将会幸福"(8)。亚里士多德(Aristotle)在此并未提到物质的东西或者客体,但是区分了不同类型的善,区分了作为手段的善和独立的善。因此,我们"为了幸福"而去选择荣誉、快乐或者智力,这将对幸福以及可能过上一种美好生活或者道德生活有所帮助。

如果我们将作为手段的善视为幸福的客体,那么重要的结局就随之而来。当事物指向幸福时,这些事物就会变好,或者获得了它们作为善的价值。于是,客体变成"幸福的手段"。或者我们会说客体变成幸福的指针,仿佛在这些客体的指引下我们就会发现幸福。如果说客体提供一种手段而让我们幸福,那么在引导我们自身奔向这个或者那个客体时,我们还将目标指向其他地方:指向随之而来的假想的幸福。随之而来的短暂性很重要。幸福就是这随之而来的东西。鉴于此,幸福指向某些客体,这些客体指向尚未存在的东西。当我们对事物产生浓厚兴趣而加以关注时,我们的目标指向幸福,仿佛幸福是你到达某些阶段时所获得的东西。

通往幸福的可能性,恰恰表明客体甚至在我们接触它们之前,就可能与情绪产生了联系。于是人们需要跨越一系列因果关系的逻辑,来重新思考令人快乐的客体。在《权力意志》(The Will to Power)一书中,尼采(Nietzsche, 1968)认为因果关系的属性是可以追溯的(294-5)。我们可以假设疼痛的体验是由靠近我们脚的一个钉子造成的。但是如果我们体验一种情绪,我们仅仅留意一下这个钉子就够了。我们寻找这个客体,或者,正如尼采(Nietzsche)描述的那样,"要从人群、体验等之中寻找一个人产生这样或者那样感受的原因"(354)。

一旦客体成为感情的起因,它就能引发感情,因此,当我们感觉到一种我们期待去感受的感情时,我们就得到了肯定。尼采(Nietzsche)描述的情绪蕴含的回溯性因果关系很快转变成我们所谓的预期性因果关系。就客体尽可能获得的并非源自我们自身经验的亲近值而言,如果我们不去追溯一种情绪,我们甚至可以期待一种情绪。例如,由于害怕,一个孩子可能会被告知在一个客体出现之前不要靠近它。一些东西较之其他东西而言,在你靠近它们、遇到它们时,是"令人害怕的",准确地讲,这就是我们如何才能理解陌生人危险这个话语中的期待逻辑。

正如我在《陌生的相逢》(*Strange Encounters*, 2000)一书中所言,即使陌生人通常被认为是我们不熟悉的任何人,陌生人也就是我们视为陌生的、"不在合适位置上"的某人。某些人而非其他一些人被认为是陌生人:陌生人于是就变成令人痛苦的熟人。在陌生人到来之前,我们已经将他们视为造成危险的起因。

我们也可以期待一个客体在它出现之前能给我们带来幸福,客体也许能够带着已经存在的积极情感价值进入到我们附近的区域。客体甚至在我们接触到它们之前就已经成为"幸福的起因"。这个论点不同于约翰·洛克(John Locke)的解释——喜欢葡萄是因为葡萄尝起来令人愉悦:我认为我们在接触事物之前,"一些东西是好的"这一判断已经形成,而且引导我们指向某些东西。例如,孩子也许被要求去想象将来的幸福事件,比如结婚日这个"你一生中最幸福的日子"。正是这种对幸福的期待也许给了我们一个对未来的具体想象。分享幸福的客体就是传递某些东西,就好像你在传递幸福的起因。

幸福的客体流通得越多,它们积累的作为美好生活标志的情感价值就越多。幸福的客体在流通时会发生什么呢?当缺乏幸福时,幸福的客体怎样维持寄托在它们身上的承诺呢?考虑"承诺"(promise)一词源于拉丁语动词 *promittere*,意思是"放开或者发出,放出","承诺,保证或者预测"。幸福的承诺也许就是发出幸福的东西。当客体给人带来希望的时候,它们就会被发送出去;做出保证也许意味着传递一种承诺。

幸福可以被发送出去吗?幸福的承诺意味着幸福可以传送吗?如果我们说幸福的承诺意味着幸福可以传送,我们也许同样表明了幸福具有感染力。大卫·休谟(David Hume, 1975)对道德情感的研究方法基于一种有感染力的幸福模型。他认为"其他人通过一种感染力或者自然而然的共鸣,进入到相同的幽默当中,拥有这种心情",他还认为快乐是最富有交际功能的情感,"火焰弥漫,并穿过整个圈子;最令人感到抑郁和后悔的东西往往被付之一炬"(250-1;也参见 Blackman,2008)。最近,许多学者用非常有趣的方式提出了情绪具有感染力的观点,他们特别吸取了情绪心理学家西尔万·汤姆金斯(Silvan Tomkins)

作品中的观点（Gibbs, 2001; Brennan, 2004; Sedgwick, 2003; Probyn, 2005）。正如安娜·吉布斯（Anna Gibbs, 2001）所说的那样，"身体可以像着火那样容易陷入某种感情当中：情绪从一个个体向另一个个体跳去，于是它唤起柔情、产生羞愧、激起愤怒和引起恐慌——简而言之，在每一种你能想象得到的充满激情的火焰中，具有交际功能的情绪能够点燃人们的神经和肌肉"(1)。

通过展示我们如何受到我们周围事物的感染，我们认为，情绪具有感染力这一观点有助于我们质疑被我称为"由内而外"的情绪模型（Ahmed, 2004: 9）。然而，情绪感染力的概念确实倾向于将情绪视为从一个个体向另一个个体顺畅传递的某种东西，在传递过程中保持自身的完整性。例如，当塞奇威克（Sedgwick, 2003）指出羞愧具有传染力时，她认为接近某人的羞愧就会产生羞愧（36-8）。这些观点意在表明情绪在传递过程中可以保存：羞愧可以引起他人羞愧，幸福可以给他人带来幸福，诸如此类。情绪感染力的概念低估了情绪在多大程度上是偶然产生的（涉及一件意外事件带来的"机会"）；被另一个人感染并不意味着一种情绪简单地从一个个体传递或者"跳跃"到另一个个体上。情绪变成了一个客体，该客体仅仅被赋予了我们如何受到感染的可能性。我们可能因为被传递的东西不同而受到不同的影响。

我们可以以氛围为例。我们既可以将一种"氛围"视为对周围环境的一种体验，该环境因其昏暗或模糊不清而可能激发情感，并且可以将其视为一种完全不能产生自身形态的由环境带来的影响。与此同时，在描述一种氛围时，我们赋予这种影响以某种形态。我们也许会说氛围是令人紧张的，它的意思是受其影响，个体在进入这个房间时将会无意间"获得"张力并变得紧张起来。当感觉形成一种氛围，我们只要走进房间就可以从一群人或一个集体当中，以及从接近另一个人的过程中捕获那种感觉。

我们就是以这种方式获得感情的吗？思考一下特雷莎·布伦南（Teresa Brennan）的著作《情绪的传递》（*The Transmission of Affect*, 2004）开头的句子，"有没有人至少有一次走进一个房间而没有'感受到这种氛围'"(1)。布伦南（Brennan）关于氛围如何"进入个体当中"写得非常精彩，使用了在很大程度上成为群体心理学思想史和情感社会学重要组成部分的被我称为"由外而内"的模型(Ahmed, 2004: 9)。然而,后来在引言当中,她进行了考察,这一考察过程牵涉到一个不同的模型。布伦南(Brennan, 2004)表示,"如果当我走进一个房间之后感到焦虑的话,那么焦虑会通过'印象'(一个与它要表达的意思相吻合的单词)来影响我所觉察或我所获得的东西"(6)。① 我同意这种观点。焦虑具有黏附性:更准确地讲,就像维可牢搭扣(Velcro)一样,它打算捕获

---

① 布伦南(Brennan, 2004)通过向人们表明:即使我注意到一种情绪,但"我依附在那种情绪上的思想依旧是我自己的"(7),从而解释了这个争论的两个方面之间关系的紧张。这里的感情与思想之间的差异表明:如果感情具有社交功能和可共享性,那么思想就是个体的和私人的。没有这个差异情况会怎样呢?情绪有时会成为不可共享的、我们注意不到的东西吗?此外,思想有时也会成为可共享的东西吗?例如,我们也许会对 X 的含义达成共识,但是我们会对 X 有着各自不同的感受。我认为我们不仅可以剖析这种差异,而且可以剖析蕴含在这种差异之中的社交模型,从而进行更进一步的研究。注意,社交变成了可以分享的、可以传递的东西。也许我们需要将社交作为一种不能分享的经验的客体,因此紧张的感觉和敌对情绪就成了社交生活的组成部分,而不能被理解为社交的失败或者缺席。我对感染力这一观念中蕴含的社交模型的质疑,也可能与其他在情感社会学标题下撰写的作品相关。例如,兰德尔·柯林斯(Randall Collins, 2004)用下列方式将互动仪式链描述为,"当人体非常靠近彼此时发生了一系列过程,结果,他们的神经系统在节奏和相互期待中变得相互协调"(xix)。通常我不会否认情感与身体进行协调的可能性。但是我想表明的是,置社交性于"逐渐进行协调"之中这一趋势意味着我们也许会错过一些重要维度。例如,我们需要询问,一些亲近起初究竟是如何被拒绝的;某些人就像不能与之分享节奏的那些人一样,也许事先被认定为陌生人。决定什么不能被分享——以及不能与谁分享——是社交体验的组成部分。我们也可能会问:有些亲近是怎样产生协调的,而其他一些亲近则为何不能?换句话说,我们需要一种方法来解释协调的不平均分配,甚至感染的不平均分配:去适应他人身体节奏或者理解情绪的倾向,也许依赖于毫无意识的情况下与他人一道认同的点或者不认同的点。举一个关于幸福的例子,作为一种身体的协调,我们也许乐意通过接近他人的幸福而被感染,但是作为一种不协调的方式,我们不乐意被另外一些人的幸福所感染。一旦你亲近他人,将要发生什么取决于我们对他人的感觉如何,或者甚至取决于在我们与他人偶然聚在一起时我们的感觉如何。因此,我们乐意因为接近"取决于不同条件的另外一个人的幸福"而被感染。亚当·斯密(Adam Smith, 2000)不加渲染地评论了表达同情的情感具有的条件性本质,"另一方面,当我们看到另一个人因为交了我们所称的一点小运就开心不已,甚至心花怒放,我们就会生气。我们甚至会因他的开心而心生怒气;并且因为我们对此无法苟同,而将它称之为轻浮和愚蠢"(13,补充后的强调)。对于亚当·斯密(Adam Smith)而言,因为同情而被感染的情况总是取决于情感对它们的客体而言是否"持久、公正、适当、相称"(14)。若要分析这些感情被分享的条件,就要考虑感情如何指向那些与所有东西不相适应的客体。我的专著探究了令人不快的感情怎样在特定的物体上逐渐得以体现。因此,如果我们简单地把"这种情景"作为社会分析的出发点,那么要理解情感的社会功能,就需要借助历史知识来考察某些物体如何成为那些潜在的造成不协调的起因(我们有必要考虑历史如何深入内心的问题)。

任何靠近的东西,以至于当我们感到焦虑时,靠近我们的任何东西都会变得焦虑(更加具体的解释,参见 Ahmed,2004:66)。当然,焦虑是一种在他人中间弥漫的感受状态。你也许会说,我们总是处于某种情绪之中,尽管我们不确定我们处在什么样的情绪中。我们的身体内不会存在中性的形式,我们总是处在这种或者那种情绪当中。作为某种印象而被我们接收的东西将取决于可以激发我们情感的情景。第二个论点表明,氛围在"进入"之前不是简单地"在外面那个地方":我们怎样到达,怎样进入这个或者那个房间将会影响我们获得什么样的印象。要有所收获就要付之行动。获得一种印象意味着留下一种印象。

因此,我们走进一个房间并"感受到这种氛围",但是我们有什么样的感受取决于我们到达的角度。我们也许会说氛围已经具有了角度;人们总是从某一具体的角度去感觉。教学中充满了角度。有许多次我认为学生已饶有兴趣或感到厌烦,以至于把氛围视作兴趣或者厌烦(我甚至感到自己是有趣的或者令人讨厌的)的一部分,可到头来却发现学生对事件的回顾大相径庭! 一个人以某种方式理解一种氛围之后,就会变得紧张,这反过来会影响发生的事情以及事情的进展。我们到达某个角度时所带的情绪的确会影响发生的事情,这并非意味着我们总保持我们的情绪。有时,在我到达时内心充满了焦虑,发生的每一件事情都会让我感到更加焦虑,而在其他时候,事情的发生会缓解焦虑,使空间本身看起来明亮而充满活力。考虑到偶然性和发生的事情带来的机会,我们事先不知道要发生什么事情;我们不能"准确地"知道什么使得事情以这样或者那样的方式发生。由于我们对他人的印象和我们给他人造成的印象之间存在差距,这说明情境是可以激发情感的。

也来考虑一下对疏远的体验。我已经指出,幸福归因于作为社会商品流通的某些客体。当我们感到来自这些客体的快乐时,我们就会密切合作;我们正沿着正确的方向前进。当我们亲近好的客体却体验不到它带来的快乐,我们就会被疏远——就会与情感共同体步调不一。一种客体的情绪的价值和我们如何对一个客体进行体验两者之间的差距会涉及一系列的情绪,这些情绪通过我们所提供的,用以弥补这个差距的解释模式得以引导。

我们可能感到失望。失望可以当作理想和需要采取行动的体验这两者之间的差距来感受。我们可以回到举行婚礼的日子这一例子："你一生当中最幸福的一天。"对于被期盼的最幸福的一天来说，当它确实到来时意味着什么？我们也许会说，这天之所以到来是因为对幸福的期待。然而，这天到来了。当它的确到来时，幸福应当随之而来。正如阿莉·拉塞尔·霍克希尔德(Arlie Russell Hochschild, 1983)在她的经典著作《被监管的心灵》(*The Managed Heart*)中探讨的那样，如果新娘在结婚日不高兴，甚至感到"沮丧和烦恼"，那么她就会体验到一种"不恰当的情绪"(59)，或者被不恰当的方式所感染。你必须通过正确的感觉挽回这一天，"当新娘意识到理想的感情和她忍受的真实感情之间存在的差距时，她就会提醒自己让自己变得快乐起来"(61)。

能否"挽回这一天"取决于新娘能否使自己被恰当的方式所影响，或者至少能够让别人相信她正被一种恰当的方式所影响。当人们可以说"新娘看起来很高兴"时，那么对幸福的期待就变成期待的幸福。修正我们的感情就是为了不被先前的矫揉造作所影响：新娘尽力不让自己痛苦从而使自己变得高兴起来。当然，从这个例子我们可以得知：如果之前的情绪依然活跃，或者一个人被自己某种感受所带来的辛苦弄得不自在的话，他就有可能不会充分享受自己的幸福，甚至会被幸福疏远。不自在，作为与你身处其中的幸福相伴而生的一种不安的感觉，也许始终不肯离开让你感到幸福的那种感觉。

幸福的承诺和你从承诺带来幸福的客体那里受到了怎样的感染，它们之间的差距所造成的情感体验，并非总会导致弥补这一差距的修正行为。失望也可能牵涉到自我怀疑(这个为何没有让我高兴？我哪里错了？)催生的焦虑叙事，或者对愤怒的描述，在这一过程中，应该被认为是让我们高兴的客体却被认为是造成失望的起因。你的怒火也许会针对不能传递承诺的客体，或者一股脑儿倾泻到通过把一些东西说得天花乱坠，来向你承诺幸福的那些人身上。愤怒可以弥补一种感情承诺和一种感情体验之间的差距。在这样的时刻，我们变成陌生人或者情感局外人。一个情感局外人指的是不能被恰当的事物以恰当方式感染的人。被错误地感染也许就是犯了社交性错误：错了或者理亏。

正如我将在以下部分中探讨的那样,情绪分配包括是非曲直在不同个体之间的分配。

煞风景

即使快乐的客体可以传递,感情则不一定。因此,当我们分享快乐的客体时,我们在分享什么呢?为了回答这个问题,我将拿卢梭(Rousseau)于1762年最初出版的《埃米尔》(Émile)作为例子,该书之所以如此重要,是因为它重新定义了教育方式以及它给幸福所赋予的职能。这部书通过第一人称的叙述者展开描述,该叙述者的职责是教育一个名叫埃米尔(Émile)的年轻孤儿。在这部书里,幸福发挥着关键作用:好男人并未主动去寻求幸福,但因为他的美德,他获得了幸福。卢梭(Rousseau)不但为他的埃米尔(Émile),而且为他在其第五部书〔即《埃米尔》(Émile)〕之中所介绍的埃米尔(Émile)的未婚妻索菲(Sophy),提供了良好的教育将会做什么的一个模式。在这部书中,幸福为她的转变提供了一个脚本。正如卢梭(Rousseau,1993)所描述的那样,"她热爱美德,因为没有什么比美德还美。她热爱它,因为它是一个妇女的荣耀,因为一名道德高尚的妇女甚至可与天使相媲美;她热爱美德,视其为通往真正幸福的唯一道路,因为在道德败坏的女人的生活中她只会看到贫穷、疏忽、不幸、羞愧和耻辱;她热爱美德,因为对于她敬畏的父亲和温柔而高尚的母亲而言,美德弥足珍贵;他们不满足于在自己的美德中找到幸福,他们渴望拥有像她一样的美德;并且她发现她的主要幸福就在于希望他们幸福"(431)。不应低估这一说法的复杂性。她热爱美德,因为它是通向幸福的道路;不道德总是伴随着不幸和羞愧。这名善良的女性热爱美好的事物,因为这也是她父母所热爱的。她的父母不仅渴望美好的事物,而且希望女儿变得更好。因此,对于女儿而言,为了幸福,她必须善良,因为善良会使他们幸福,并且如果他们幸福她才会幸福。

它也许看起来就是我们所谓的"有条件的幸福",在这种幸福当中,一个人的幸福是有条件地建立在另外一个人的幸福之上的,涉及关爱与互惠关系,似乎可以说,在不能分享的幸福中,我不可能得到一份幸福。然而,制约性条款带来了不平等。如果某些人先到,我们也许会说那些人(比如父母、主人或者市民)已经处在合适的位置上,那么他们的幸福就会先到。对于那些随后到的人来说,幸福出现在他人幸福之后。

"有条件的幸福"的概念让我更加审慎地思考当我们分享一种取向时,我们分享了什么。如果我的幸福是以你的幸福为前提条件,当你的幸福先到时,那么你的幸福就会变成一个被分享的客体。马克斯·舍勒(Max Scheler, 2008)对群体感情和同感的区分也许可以帮助解释这种观点的重要意义。在群体感情中,我们之所以分享某种感情,是因为我们分享着感情的客体。例如,如果我们两个人都热爱的某个人去世了,我们可以分担悲伤。但是,同感不取决于被分享的客体,"它包括对另外一个人的经历进行体验的意向性指涉"(12,补充后的强调)。尽管我没有分担你的损失,但是我会为你遭受的损失感到悲伤,因为我爱你。就幸福而言,如果我们都因相同的事物而幸福,那么我们就拥有一种感情共同体(例如,我们都作为一支足球队的支持者,如果他们赢得比赛,我们两个都会感到高兴)。在同感的作用下,我会分享你的幸福,我是否幸福将以你是否幸福为参照,因此你的幸福是我的幸福的客体(当你的足球队赢了,我也许会高兴,因为他们赢了让你感到高兴,尽管我不支持这个球队)。

我怀疑,在日常生活中,人们对这些不同形式的被分享的感情可能混淆不清,因为感情的客体有时,但并非总是与被分享的感情无关。比如说,我对你的幸福感到高兴。你的幸福与 X 相关。如果我分享 X,那么你的幸福和我的幸福不仅可以分享,而且能够通过回报得以积累。或者我可以完全忽略 X:如果我的幸福"仅仅"指向你的幸福,并且你为 X 感到高兴,X 的外在性可以消失或者不再重要。当我也被 X 影响并且不能分享 X 给你带来的幸福时,我也许会变得不安,充满矛盾,就像你的幸福让我变得幸福,但不是由于使你变得幸福的事让我感到幸福。然后 X 就会站出来宣布其自身就是一个危机点。为了维护所有人的幸福,我们甚至可能将我们自身对 X 的不满掩藏起来,或者尽力劝说我们自己,X 不会比因 X 而开心的他人的幸福更重要。

从卢梭(Rousseau,1993)的《埃米尔》(*Émile*)一书中,我们了解了少许相当令人不安的"有条件的幸福"的动态状况。对于索菲(Sophy)而言,想让她父母高兴的愿望让她按照某一方向去行事。在某一情节中,父亲向女儿谈论成为一个女人的问题。他说,"你现在是一个大姑娘了,索菲(Sophy),你很快就会成为一个女人。我们想让你幸福,这既为我们,也为你自己,因为我们的幸福建立在你的幸福之上。一个好姑娘会在一个好男人的幸福中找到她自己的幸福"(434)。因为,如果女儿不遵从父母的愿望而结婚,这不仅会让她的父母不幸福,而且恰恰会威胁社会形态的繁衍。女人有义务去让家庭形态繁衍,这意味着将父母的幸福起因看成她自己的幸福起因。

毋庸置疑,卢梭(Rousseau)对待索菲(Sophy)的方式成为遭受女性主义诟病的一个关键原因。玛丽·沃利斯唐尼克拉夫特(Mary Wollstonecraft,1975)在她的《妇女权力的辩护》(*Vindication of the Rights of Women*)一书中,公然反对卢梭(Rousseau)所持的让女性幸福的观点。她用挖苦的口吻评论了他对待索菲(Sophy)的方式,"与J.J.卢梭(J.J.Rousseau)相比,我可能已有机会观察更多处于幼年时期的女孩"(43)。对幸福的争取形成了政治视野,其中包含了女性主义的权力要求。我的观点很简单:我们继承了这种视野。

如果我们通过幸福史的棱镜来理解她,女性主义者煞风景的姿态就变得更有意义。仅仅因为看不出承诺幸福的客体能如此给人以希望,女性主义者就可能煞风景。因此女性主义一词浸润着不幸福。通过宣布她们自己是女性主义者,女性主义者已被认为毁坏了某种东西,这种东西不仅被他人视为好的事物,而且被认为是幸福的起因。女性主义者的煞风景"毁坏"了他人的幸福;她是一个专门破坏他人乐事的人,因为她在幸福的问题上拒绝聚集、会合或者见面。

在重视社交的日常空间中,女性主义者于是被归结为糟糕感觉的始作俑者,氛围的破坏分子,而这种氛围关心的是它自身如何(以回忆的方式)在想象中被大家分享。为了友好相处,你不得不加入某些形式的联盟,你不得不嘲笑正确的观点。通常为了保护某些形式的社会联系的权力,或者为了保护处在威胁当中的任何东西,人们就会把女性主义者看成脾气坏的人和不幽默者的典型代表。女性主义者甚至还没开口就被认为是煞风景者。一位女性主义的同事对我说,在会上她刚刚要张嘴发言时,她看到了一双双转动的眼睛,似乎在说"哎呀,她来了"。

在一个传统家庭中,作为一个女性主义者,同时作为一个女儿,我的经历让我深刻理解了转动的眼睛的内涵。我记得,在大家感觉良好的氛围中,我的表现显得格格不入。比如说,我们坐在餐桌旁。一家人围餐桌而坐,客气地交谈着,在谈话中某些事情可能被提出来。某人谈论起你认为有问题的某件事情。你也许小心翼翼地进行回应。你也许在低声谈话,你或许会变得紧张,由于受挫而承认你被某个让你紧张的人弄得紧张不已。通常没有人注意语言暴力或者暴力挑衅。不管她说什么,女性主义者通常被视为引起争论的人、打破脆弱的平静的人。

让我们严肃对待女性主义者煞风景的态度。难道女性主义者由于指出了片刻的性别歧视而扫了他人的兴吗?或者她暴露出了公众熟知的快乐中那些被隐藏、替换或者否定的糟糕感情了吗?当某人表达对事情的愤怒时,糟糕的感情就会进入到房间里吗?或者当通过客体进行循环的糟糕的感情以某种方式体现在外表时,就出现愤怒的一刻了吗?"房间里的"女性主义主体不仅谈论诸如性别歧视之类令人不快的话题,并且揭露了幸福通过消除不能友好相处的迹象才得以维持下去这一事实,因而"让别人感到失望"。在某种意义上讲,女性主义者的确令人扫兴:是她们破坏了可以在某些地方找到幸福的幻想。使一种幻想破灭意味着它也能消除一种感情。女性主义者也许不乐意被那些人们认为应该带来幸福的客体所感染,不仅如此,她们无法获得幸福一事,还被认为破坏了他人的幸福。

当然,在女性主义内部,比起其他人来说,有些人可能被归结为不幸福的起因。我们可以把女性主义者煞风景的姿态与愤怒的黑人女性的姿态相提并论,安达·罗尔德(Audre Lorde, 1984)和贝尔·胡克斯(bell hooks, 2000)等作家已经对这些愤怒的黑人女性进行了深入的探究。愤怒的黑人妇女可以被描述为煞风景者。比如说,她甚至通过指出女性主义政治中种族主义的种种表现形式而让女性主义者感到扫兴。听一听来自贝尔·胡克斯(bell hooks)的如下说法,"一群互不相识的白人女性主义积极分子可以在一个会议上探讨女性主义理论。女性这个共同的特质让她们感到被紧紧联系在了一起,但当一个有色人种妇女进入到这个房间时,气氛会明显发生变化。白人妇女会变得紧张,不再那么放松,不再那么快乐"(56)。

不仅感情处在"紧张之中",而且紧张也位于某个地方:当紧张被某些人感受到时,它被认为是被另一个人造成的,因此这个人被认为远离了群体,妨碍了这个有机体的快乐与团结。黑人被认为是造成紧张的起因,这种紧张气氛让人们失去了共享的氛围。如果我们能在造成紧张的点位于何处的问题上达成一致,那些氛围就会被大家共享。作为一个有色人种女性主义者,你甚至无需说什么就能造成紧张氛围。我们从这个例子可以获知,历史如何被浓缩在无形的氛围当中,或者浓缩在似乎阻碍前进的有形实体上。有些人是令人不安的、打破某种氛围的历史的提醒者。

意识与不幸福

为了捍卫和约束幸福的社交功能,有些人成了不幸福的起因。回到《埃米尔》(Émile)一书,有趣的是,不幸福带来的危险与女性太多的好奇心密切相关。在故事中的某个时刻,索菲(Sophy)被误导了。通过阅读大量书籍,她的想象力和欲望被激活了,这让她变成了一个"不幸福的女孩,独自一人痛不欲生"(Rousseau, 1993: 439-40)。如果索菲(Sophy)变得太富有想象力,我们就不能获得将索菲(Sophy)交给埃米尔(Émile)作为前提的幸福结局。叙述者在回应这种威胁或者不幸福的结局时说,"让我们把索菲(Sophy)交给埃米尔(Émile);让我们帮助这个甜美的女孩重新回到生活中,让她少一点想象力,过上更加幸福的生活"(441)。此处的"回到生活中"指的是回到中规中矩的生活。想象力使妇女离开幸福的脚本,遭受不同的命运。这部书在将索菲(Sophy)塑造成甜美但没有想象力的形象之后,可以开心地结尾了。

女性主义读者也许想质疑不幸福和女性想象力之间的联系,在"获取幸福要遵循道德经济"的条件下,这让她的想象力成为一件糟糕的东西。但如果我们不在这种经济中运行——也就是说，如果我们不认为幸福就是一切好的东西——那么我们就可以从不同角度理解女性想象力和不幸福之间的联系。我们可以探究想象力如何让妇女从幸福和狭小的视野中解放出来。我们可以期望女孩子们阅读那些让她们痛不欲生的书。

女性主义包含了妇女为了幸福而需要知道放弃什么的政治意识。的确，甚至在刚一意识到幸福就意味着损失时，女性主义者就已拒绝放弃对幸福的渴望、想象和好奇。仅仅意识到一个人已放弃了什么东西，就足以给人带来悲伤。女性主义档案馆里充满了家庭主妇，她们能够意识到不幸福似乎是笼罩在她们身上的一种情绪：想一想弗吉尼娅·伍尔夫（Virginia Woolf, 1953）的《达洛维夫人》（Mrs. Dalloway）一书。不可否认，这种感觉几乎就像厚厚一层空气，笼罩着四周。我们感觉到不幸福从每天的任务中流露出来。那就是她，她将要买花，享受着在伦敦街头的散步。在散步期间，她消失了，"但是现在，这身装扮下她的这个躯体（她驻足观看一幅荷兰画），这个躯体，尽管具有一切功能，似乎不存在了——什么都不是。她有种奇怪的感觉，感到自己是个隐身人，无人能见；无人能知；现在不再有婚姻，不再有生儿育女，有的只是自己作为达洛维夫人（Mrs. Dalloway）和街上的人群一起，令人诧异地、相当庄严地沿着邦德街行进；甚至也不再是克拉丽莎（Clarissa）；这就是达洛维夫人（Mrs. Dalloway）的感觉"（14）。成为达洛维夫人（Mrs. Dalloway）本身就是一种形式的消失：遵循生命的道路（结婚、生子）就是去感受在行进时摆在你面前的一种庄严的选择，仿佛你现在过着他人的生活，只不过是在走别人走过的路。如果幸福就是允许我们到达某些特定点的东西，那么你期望的感觉不一定就是你到达那些点时的那种感觉。对于达洛维夫人（Mrs. Dalloway）来说，到达这些点就意味着消失。到达这些点的那一刻似乎就是某种消失，某种可能性的消亡，不能调动身体的机能，无法知晓她的身体能做什么。对可能性的意识也许包含了为它的消亡而哀悼这层含义。

对于克拉丽莎（Clarissa）来说，成为达洛维夫人（Mrs. Dalloway）而带来的某种可能性的消失，某种不能成为什么或者变得什么都不是的那种相当离奇的感觉,并没有因为对某事的悲伤而进入她的意识之中。这本书带来的悲伤——对于我而言,这是一本令人悲伤的书——并没有作为一种观点被表达出来。然而,这本书的每一个句子都饱含思想与感情,这些思想与感情仿佛就是处在共享世界中的客体:伦敦的街道、从他人身边经过时的古怪、那种古怪的感觉。那种你如何与别人不谋而合的良知。正如克拉丽莎(Clarissa)走出家门心里还惦记着她的任务(她不得不去为她的晚会买花),她走进一个与他人共享的世界。每一个人也许处在他们自己的世界当中(有着他们各自的任务、各自的回忆),然而他们共同分享着这条街道,哪怕只有片刻,短暂的一瞬间,转瞬即逝的一瞬间。

如果不幸福成为一种集体印象,那么这种不幸福也是由那些松散地依附在观点上的碎片组成的。特别需要注意的是,达洛维夫人(Mrs. Dalloway)和书中人物赛普蒂墨斯(Septimus)的亲近让不幸福得以分享,尽管他们没有分享他们的感情;两个互不相识的人物,虽然他们擦肩而过,但是他们的世界恰恰是被不幸福带来的挫折感连接起来的。我们马上会震惊于一个人的遭遇如何影响另一个人的生活世界。赛普蒂墨斯(Septimus)患上炮弹休克症。我们可以与他感同身受,战争的恐怖带来的恐慌和悲伤,如同记忆一样侵入到他的生活之中。他的痛苦将过去(长时间的战争、皮肤上永远的后遗症、轻生)带到了现在。对于那些旁观者而言,在那些今天和他一起行走在大街上的人看来,他看起来像个疯子,位于值得尊敬的社交的边缘之处,像一道奇观。在街头与他邂逅,你不会知道他痛苦背后的故事。靠近痛苦不一定会将痛苦带到近前。

于是,作为未曾谋面的人物,克拉丽莎(Clarissa)和赛普蒂墨斯(Septimus)之间产生了一种古怪的亲密:这个家庭主妇身上那不仅局限于她个人的遭遇和退伍士兵不完全公开的遭遇交织在了一起。重要的是,他们的悲伤虽然相似但不具有感染力。他们不能觉察来自彼此的悲伤;当他们在街道上穿行时,正是他们的悲伤才让那些没有被分享也不能被分享的历史得以保持。然而也有可被分享的事,也许恰恰是那些不能被曝光的事。正是克拉丽莎(Clarissa),这位突然想起当她坐在公交车上时与"她从未说过话的陌生人"产生"古怪的亲密"的女性，想知道"我们不为人知的某个地方"是否能够提供我们可以依附于他人的一个点，是否可能就是那个体现了我们如何通过他人而生存下来的地方，"也许——也许"(Woolf, 1953：231 - 2)。

这部书在很大程度上是关于一个将要发生的事件。因为达洛维夫人(Mrs. Dalloway)在筹备一个晚会。对于一些女性主义读者来说，完全沉浸在晚会中恰恰会让她们对这部书大失所望。对于西蒙娜·德·比弗(Simone de Beauvoir, 1997)来说，达洛维夫人(Mrs. Dalloway)享受着晚会的快乐，这标志着她在竭力将她的"监狱变成荣耀"，好像作为女主人的她可以成为"幸福和快乐的赐予者"(554)。对于德·比弗(de Beauvoir)来说，晚会这件礼物很快变成责任，因此达洛维夫人(Mrs. Dalloway)尽管"热爱这些胜利、这些幻影"，但仍然"感到它们的空虚"(554)。对于凯特·米利特(Kate Millett, 1970)来说，达洛维夫人(Mrs. Dalloway)是一个相当令人失望的人物；她表明伍尔夫(Woolf)无法将她自己的不幸转化为一种政治，"弗吉尼娅(Virginia)为达洛维夫人(Mrs. Dalloway)与拉姆齐夫人(Mrs. Ramsey)两位家庭主妇感到光荣，《海浪》(The Waves)记录了罗达(Rhoda)自杀时的痛苦，然而从来没有对原因作出解释"(37)。我们也许可以说，正因为达洛维夫人(Mrs. Dalloway)在筹划一场晚会，所以我们才对她的不幸福揭示得并不多，除了回忆不再拥有的亲密带来的悲伤之外：与当天意外出现的彼得(Peter)和萨莉(Sally)之间曾经的亲密，在某种程度上，它暗示着它不仅仅发生而已，而是与达洛维夫人(Mrs. Dalloway)自己的想法有一些关联，"她一整天都在想着伯顿(Bourton)、彼得(Peter)和萨莉(Sally)"(280)。如果事情不是以它们发生的方式出现，这些不再拥有的亲密现在就会成为错过的种种可能，同时暗示了一种她过去可能会过的生活。

如果达洛维夫人(Mrs. Dalloway)由于这次晚会而将注意力从不幸福的起因转移开来(我们可以对注意力转移的必要性给予一些理解)，这次晚会也成了使不幸福得以复活的那个事件。对于达洛维夫人(Mrs. Dalloway)来说，晚会就是生命；是晚会促成了事情发生；它是一件礼物,一个偶然发生的事件(Woolf, 1953:185)。发生了什么? 这个问题是关于礼物保存的问题。某事的确发生了。因为正是在这次晚会上赛普蒂墨斯(Septimus)的生活直接"触动"了达洛维夫人(Mrs. Dalloway):

> 布拉德肖夫妇(Bradshaws)有什么权利在她的晚会上谈论死亡? 一个年轻人自杀了。而他们在她的晚会上谈论此事——布拉德肖夫妇(Bradshaws)谈论死亡。他自杀了——但怎样自杀的呢? 当她突然听到一个事故时,总有身临其境之感。比如有人说到火灾,她就感觉自己的衣服烧了起来,身体被灼伤。他从窗子里跳了出去。只觉得地面飞速向他冲了过来;生锈的尖钉扎进他的身体,伤痕累累。他躺在那里,脑袋里有什么东西在重重地敲击着,接下来眼前一片漆黑,窒息得喘不过气来。她眼前出现的就是这样的景象。可是他为什么要自杀呢? 而布拉德肖夫妇(Bradshaws)竟在她的晚会上谈论此事!她曾经往蛇形湖里扔过一枚一先令的硬币,从此再也没有扔过别的东西。可是他却把生命白白扔掉了。他们继续活下去(她不得不回到晚会中去,那些房间里仍然挤着很多人,还不断有客人来)。他们〔她一整天都在想着伯顿(Bourton),想着彼得(Peter),想着萨莉(Sally)〕,他们会渐渐变老。有一样东西是重要的;在她自己的生活中这样东西被闲谈包围,被毁损,黯然失色;每天在腐败、谎言、闲扯中渐渐失去它。而他保存了这样东西。死亡是一种挑战。死亡是一种交流思想的努力;人们感到无法到达那神秘的中心,它不可捉摸;亲密变得疏远;狂喜消失,只有自己形影相吊。死神也拥抱人哩(280-81)。

赛普蒂墨斯(Septimus)之死成为一个问题,这个问题让达洛维夫人(Mrs. Dalloway)的心思离开了晚会。她一门心思想着他的死,想知道一些具体情况。尽管她不在现场,也不可能在现场,但她成为处在回忆之中的目击者。颤栗,它的声音,它的重击声、重击声、重击声,飞奔而来的地面,生锈的尖钉。他的死亡变成了材料,在她思想的加工下而变得有血有肉。他的死亡不仅宣告悲伤也许是不能忍受的,而且也宣告我们不必对其忍受,你可以丢弃它。在此时此刻,当死亡侵入到晚会生活之中时,生命就变成了唠叨,变成了持续进行的东西——"他们继续活下去"——什么来了又走了——"不断有客人来"。当生命变成唠叨的时候,死亡逐渐体现持续不断的痛苦。

达洛维夫人(Mrs. Dalloway)给我们印象较深的是,她正关注着痛苦如何借助未被邀请参加晚会的不速之客的光临,从边缘进入到她的意识之中。一个闯入者的痛苦暴露了生活中唠叨背后的空虚。痛苦不是作为自觉意识——作为一个人对自己痛苦的意识进来——而是作为一种意识的升华,即世界意识,在这样的意识中,那些不属于这个世界的人遭受的痛苦被允许打破一种氛围。甚至当不幸福成为一种熟悉的感觉时,它就像一个陌生人那样来临,然后扰乱熟悉的东西或者暴露熟悉的事物中令人不安的东西。

我想把对不幸福(unhappy)中"un"的意识视作对"不是"("not")的意识。对"not"或者"un"的意识也许是对被幸福疏远的意识,就像缺乏幸福的生存状态所需要的品质或者特性。对"不是"的意识牵涉自我疏远,你承认你自己是个陌生人。注意:如果你的出现打破了一种氛围,那么这里的"自我疏远"已经变得世俗了。安达·罗尔德(Audre Lorde, 1982)对自己是一名陌生人的意识,如何参与了诸如种族歧视这样明显的随机事件的回溯性重新命名,进行了戏剧化处理:

> 大街上的气氛令人高度紧张,因为紧张氛围总是处于种族混杂的过渡地带。作为一个小女孩,我记得躲避一种特定的声音,一种喉咙里发出的嘶哑刺耳的尖叫声,因为它通常意味着一滴肮脏的灰色唾沫不一会儿就会吐在我的外套上或者鞋子上。我的母亲撕下一小块她平时装在兜里的报纸,将它擦掉。有时她对无论走到哪里都迎着风随地吐痰,缺乏理性与修养的下层社会的人大惊小怪,而给我的印象是这种令人蒙羞的行为完全是随意的。我从来没有想过去质疑她。直到多年以后的一次谈话中我对她说:"你注意到了没有,现在随

地吐痰的人不像过去那样多了?"我母亲脸上的表情告诉我,我已经鲁莽地闯进从来不必再提及的那些痛苦的秘密藏身之所。但是非常典型的是,当我还年轻的时候,我的母亲不能阻止白人向她的孩子们吐痰,因为他们是黑人,她总是坚持认为这应另当别论(17-18)。

一个事件发生了。而且它再次发生。暴力从白人转向那个黑人孩子,这个黑人孩子通过退缩、躲避它的声音而接受那样的暴力,可是母亲却不能容忍谈论种族歧视,并制造出蒙羞仅仅是随意而为这种印象。你学会了不把种族歧视当成承受痛苦的一种方式。如果将事件看成种族歧视,你必须愿意冒着进入到痛苦的秘密藏身之所的风险。

许多"躲避"痛苦的形式——躲避那种希望痛苦离开而不愿说出造成痛苦起因的痛苦——旨在保护那些我们所爱的人免受伤害,或者甚至保护我们自己免受伤害,或者至少可能意味着一种保护形式。幸福也能够发挥作用来掩盖伤害的起因,或者使人们成为让他们自己受伤的起因。在《癌症杂志》(*The Cancer Journals*)上,安达·罗尔德(Audre Lorde,1997)对幸福政治进行了强有力的批评。此时正在经受乳腺癌折磨的她,以黑人女同性恋女性主义者的身份从事写作,罗尔德(Lorde)从来没有否认"以这种身份写作"产生的力量,也从来没有认为它会减少体验。针对医学界将癌症归因于不幸福或者将幸存归因于幸福的论述,她表示,"看待事物光明的一面是个委婉语,可以用来模糊某些生活现实,公开讨论这些现实问题也许会对现状构成威胁"(76)。罗尔德(Lorde)从这个观察出发,深入批评了蒙昧主义者的幸福观,"让我们在宜居的大地上寻求'快乐',而不去寻求真正的食物、清新的空气和心智更加健全的未来! 仿佛幸福本身可以保护我们免受疯狂逐利所带来的后果"(76)。罗尔德(Lorde)认为,必须通过政治斗争加以抵制"我们首要的职责就是追求我们自己的幸福"这一思想,这意味着抵制"我们自己的反抗无法为幸福负责"的那种思想,"我为反对辐射的扩散、种族主义、屠杀妇女、化学物质入侵食品、环境污染、对我们年轻人的虐待和精神摧残而战,难道真的只是为了回避追求幸福这一首要而最伟大的职责吗"(77)? 我认为安达·罗尔德(Audre Lorde)已经对她提出的问题为我们作出了解答。

在评论追求幸福的权利时，我们可能再次获得一种错误的意识模型。你不会说："你错了，你不幸福，你只是认为当你拥有一个错误想法时，你是幸福的。"更确切地说，你会说我们对这个世界的意识中有错误的东西；我们学会了不去意识或者不去注意恰恰就在我们面前发生的事。当我们学会不去注意某些东西或者不去以某种方式理解它们，这并不表明一个个体因错误的意识而遭受了损害，而表明我们继承了某种错误的意识。

熟悉的东西是不显示给占有它的那些人看的东西。我认为幸福是让熟悉的东西变得模糊的一种方式。那些陌生人于是与幸福疏远；那些疏远幸福的人也许就是那些对他们来说幸福已经暴露的人。当然，做好目击工作有重要作用（正如我们已经看到的，对于一些人来说，进入一个房间，其实就是对他人喜欢忘却的历史的一种目击）。幸福的社交需要付出代价，这些代价在这些目击发生的时刻得以显示，但不由这些时刻产生。在某种程度上，幸福的"幸福"通过将它的代价置于那些拒绝相信它的承诺的那些人身上而得到保护。作为要去揭示幸福的代价的斗争，政治斗争通常是反对幸福的斗争。反对幸福通常意味着被置于反社会的框架之内；去质疑谁以及什么事物生活在幸福之中，就是扰乱这种形式的社交聚会。你可能因为揭示不幸福的起因而招致不幸福。你可能成为你所揭示的不幸福的起因。

人们经常说反对种族主义就像用你的头来撞击一堵砖墙那样。墙还待在原地不动，而你已经疼痛不已。我们也许像碰撞过的部位那样，不得不一直处于疼痛状态。当然，这并非我们所说或者所做的一切。我们不仅能够认识到我们并不是人们认为的由我们造成的不幸福的起因，而且也认识到我们被归结为起因所带来的影响。我们可以谈论做愤怒的黑人妇女或者女性主义煞风景者这样的话题；我们可以要求重新回归这些形象；当认出那个熟悉的居住地时，我们可以大笑。即便我们并不居住在相同的地方（并且事实如此），但我们一致承认幸福疏远了我们。煞风景中可能有快乐。我们必须煞风景，而且我们的确在煞风景。

第三章 在情感管理中"体会一种感情"

凯瑟琳·西奥多修斯

引言

本章探究了神经生理学家安东尼奥·达马西奥(Antonio Damasio, 2000)对情感、意识和自我的假设,并分析了这样的假设对情感管理的重要性。然而,本章重点分析情感的生物学特性,它处于情感具有的更为广泛的生物—心理—社会本质之中(Theodosius, 2008)。理解情感的神经生理学功能,对理解情感的表现及其管理非常关键,因为如果不采用一个具体方法对它进行研究的话,身体仅仅变成了我们存在的机械的载体,而无法成为我们自己。我认为,即使当它们从外部被诱发的时候,感情和情感仍来自内心。正是因为它们来自内心,我们才知道我们拥有的感情属于我们,代表我们对自然世界和人类世界的体验和反应(Wentworth and Yardley, 1994)。要明白,当情感跨越传统概念的、方法论的和认识论的边界时,它的表现过程充满了隐藏的陷阱,让身心、主客体等二元论困惑不已。

不变的是,心灵被认为是主体,身体"要么在'本质上'被认为是客体,要么被认为是'有益于思考'"的客体(Csordas, 1994: 8);或者心灵成为机械式的客体,其过程和功能被详细检查,身体变成"感觉、体验和世界"的客体(8)。在这些难以对它的具体体现进行概念化处理的不同方法里,情感并不感到自在。然而,如果让情感脱离,身心在生理和结构上努力制造它们,并让它们富有意义的机械过程的话,我们将无法审视主体间的体验、感觉以及情感的文化差异。情感在身心两个方面都得到表达和体验,而且正是身心才使体验成为可能,并对体验进行限制。承认这一点之后,我们发现,身心的每个表现无法与它的物质和社会文化环境相分离。因此,情感具有社会属性,而且是社会互动的一部分。若要理解情感管理,就有必要知道个体内心和个体之间发生了什么,还要了解社会环境(也参见 Thoits,本书)。比如,处理一名因短暂失忆而一直处于焦虑循环之中的痴呆症患者,护士该如何管理她受挫的情感?要理解这种情感互动,有必要考虑这名健康的护士和那名精神病患者的情感的生理局限性,他们之间产生的互动以及互动发生时的社会环境。

达马西奥(Damasio)认为,情感导致意识的演变,这样人类可以更好地沟通、发展和展示社会智力,达马西奥(Damasio)对情感、感情及意识进行假设,试图把身体的内部功能与它的外部环境联系起来。情感不再是理智的对立面,对于理智来说,情感是基本的、必要的。达马西奥(Damasio)把情感视作向自我调节过程注入的身体内部的表现。就这一点而论,情感是无意识的。但是,他认为人类的意识就是感受自我的体验。在他看来,神经科学的证据已经揭示,人类的意识产生于情感的发展,他还声称意识不能离开情感而存在,而情感却可以离开意识而存在。大脑之所以能做到这一点,是因为它有不同层次的针对感情的自觉意识。因此,达马西奥(Damasio)的假设既为当前如何从社会学视角理解具体情感的本质及其管理提供了深刻的见解,也对其提出了质疑。本章批判地思考了达马西奥(Damasio)的假设对霍克希尔德(Hochschild, 1983)的表层伪装及深层伪装概念,以及阿彻(Archer, 2000)的内心对话概念——每个概念都与情感管理相关,具有哪些重要意义。

理解个体如何执行情感管理,对理解它在社会互动中,特别是在工作场所中的意义非常重要。霍克希尔德(Hochschild),这位第一个详细阐述情感管理/工作(参见 Hochschild, 1975, 1979, 1983)这一术语的人,认为人们通过社会化来认识它,并需要付出努力才能做到这一点。在工作场所,它被教授、监控以及被投入实践(情感工作转变成情感劳动)的方式可能导致情感的不真实性,以及源自自我和工作的自我异化(也参见 Thoits,本书;Walby and Spencer,本书)。最近,埃里克森(Erickson,2009)已经把压力、卫生保健专业人员的精疲力竭、卫生保健业务中的一个核心元素情感劳动直接联系起来。

情感管理/情感劳动行为之所以发生,通常是因为对某一特定时刻的特定社会互动适时作出反应后带来的情感诱发。它从外部被诱发,实质上与评估必要的情感反应的认知评价相关。于是,霍克希尔德(Hochschild,1983)的定义宣称,"正是为了保持外在的表情而诱发或抑制感情,才导致了别人良好的心理状态"(7)。这个过程认为,个体之所以对他的情感进行有意识地控制,是因为他可以积极地抑制感情并且在需要时积极诱发这些感情。霍克希尔德(Hochschild)指出,个体通过表层伪装和深层伪装来做到这一点。表层伪装是"不去真正地欺骗我们自己,而欺骗别人相信我们的真实感受的那种能力",但在深层伪装中,"我们像欺骗别人那样,欺骗了我们自己的真实情感"(33)。她声称情感管理行为是一种调用自身全部资源的行为,那种情感可能从内部被诱发。因此,她意识到自我反思和情感体验对情感管理行为的重要性,该情感管理行为处于拥有情感的不同自我之间的关系之中。霍克希尔德(Hochschild)发现,难以做到的事情是把那个关系概念化(Theodosius, 2006, 2008)。结果,她说的那个自我最终划分为一个"真实的"自我和已被异化的"虚假的"自我(Wouters, 1989; Theodosius, 2008)。

我已经在别的地方说过,阿彻(Archer,2000)的内心对话概念,有助于理解自我身份和情感管理如何进行关联(Theodosius, 2008)。通过把情感的诱发与情感的管理进行分离,阿彻(Archer)把情感融入内心对话。情感诱发被她称为第一级情感。通过反身性内心对话,第二级情感在个体认识到它们的时候产生。从概念上说,正是因为这个区别,情感才可以被无意识地诱发,比社会关系更广泛的关系才可以促成情感诱发。于是,阿彻(Archer)认为,第一级情感之所以被诱发,是身体—环境(自然顺序)、主体—客体(物质顺序),以及客体—主体(社会顺序)之间的关系作用后的结果。这些情感的重要性取决于体验与他们内心对话相关情感的个体,在此内心对话中,他们试图理解这些情感,它们与他们正在发展的个人身份、他们的兴趣所在或所参与的事,以及需要如何通过他们的社会身份来加以表现等相关。因此,个人身份是实现目标后的自我,它平衡并协调这个连续的自我从过去到现在再到未来所有关注的事情。社会身份与社会角色和环境密切相关。阿彻(Archer)认为这些情感从根本上来说,考虑了个体关注的事情,它们被诱发出来,以回应通过内心对话来实现个人身份的发展这一过程中正发生的事情。

意识到情感对个体的重要性,与内心对话,即"我"(主格形式)、"你"和"我"(宾格形式)之间的反身性对话结伴而行。阿彻(Archer, 2000)把反身性定义为"思考情绪自身,将其转变,最终重新整理情感组合中优先顺序的能力"(222)。根据查尔斯·桑德斯·皮尔斯(Charles Sanders Peirce)提出的对话中的自我的不同阶段,当前的"我"(主格形式)可以通过"你"来对未来的自己发言,其方式为批评、整理或参与和过去的体验、现在或将来的事件相关的事情。"我"(宾格)代表存储于情感记忆中一种更加全面的自我感,"这个'我'(宾格形式)"是"已经向下平移了未来、过去和现在时间线的之前所有的'是'(Is)"(Archer, 2000:229)。对话把情感与理性的认知过程直接联系起来,它们一道对个体关注的事情进行评论。因为这种形式对话而出现的那些情感,构成了第二级的情感(Theodosius, 2008)。

阿彻(Archer, 2000)认为,通过他们的内心对话,个体的个人身份得以塑造,而且获得连续不断的发展,被连续不断地反思。内心对话不但评论,而且致力于保持因为和人类世界、物质世界和自然世界互动而被诱发的第一级情感之间的平衡。源自反身性内心对话过程的第二级情感,代表了个体管理他们情感的过程。因此,情感管理与个人身份直接相关,个人身份的诸多方面通过与情感劳动相关的社会角色和身份表现出来(也参见 Thoits,本书)。情感劳动不但利用而且依靠个人身份。因此,情感劳动源自个体持续的、不断发展的个人身份,对这个个人身份非常了解的自觉意识,通过他的内心对话而建立(Theodosius, 2008)。

为了帮助大家分析达马西奥(Damasio)的假设对情感管理和内心

对话的重要性,我们首先对他的观点进行综述,接着从理论上分析它如何被应用到霍克希尔德(Hochschild)的表层伪装和深层伪装,以及阿彻(Archer)的内心对话之中。本章通过把理论分析与实证案例相结合,从而得出结论。实证案例选自人种学领域的一例个案研究,它审视了供职于英国①国民健康服务医院急性血管外科病房的注册护士体验的,情感与情感劳动之间的关系。一些片段选自一名刚刚取得合格资格的医院护士"凯特"(Kate)涉及范围更广的叙述。基于她的录音日记和采访的完整的叙述,可以在我的著作《卫生保健中的情感劳动》(*Emotional Labour in Health Care*)中寻找到(Theodosius, 2008)。

达马西奥(Damasio)的假设

达马西奥(Damasio, 2000:133-67)认为大脑在进化过程中,形成了区别刺激物与针对目标的有机反应这一能力,这些目标既包括身体内部属于大脑的,又包括身体外部不属于大脑的目标。这种能力意味着内在的躯体可以对自身作出反应,似乎它自身也是一个目标,从而意识到其自身内部机制的重要性。大脑之所以能这么做,是因为它把"思维"或"情感"视作一个目标,于是情感或者思维可以诱发情感。结果,大脑可以区别情感状态以及这些情感的来源(内部的及外部的),同时调节它的内在环境。这种能力对于个体具体的情感体验,以及帮助他有目的地反思这一体验来说非常重要。因此,情感不仅仅在回应身体与环境的外部关系时被诱发,而且在回应其内部关系时同样被诱发。大脑如何做到这一点,对理解具体的情感体验,以及个体如何对它管理非常重要。这为阿彻(Archer, 2000)内心对话的概念化提供了启示,该内心对话把内部无意识的情感诱发与它的反身性管理进行分离。

但是,达马西奥(Damasio)认为,情感几乎完全是无意识的。借鉴

---

① 数据包括参与者十四个月的观察,由护士完成的十五份录音笔记,对日记进行的一次讨论在内的十五次访谈。采用这些方法的目的是(通过观察)实践来观察情感和情感劳动,捕捉那些虽被体验但未必需要表现出来的强烈情感,探讨对私人情感的评论(通过那些日记),回顾性思考与他们更广泛的身份(通过访谈)相关的那些情感体验。

斯宾诺莎(Spinoza)的区分工作,达马西奥(Damasio)区分了无意识的和始终在场的情感,与代表了"对情感状态的某种意识和对情感状态有意识的理解"的感情。阿彻(Archer,2000)没有区分情感与感情,而霍克希尔德(Hochschild,1983)认为感情是一种更温和的情感形式,并把两个术语交换使用(244)。对于达马西奥(Damasio)来说,两者具有根本区别,因为只有当个体体会一种感情时,情感才开始出现在自觉意识之中。人类的意识是对自我体验的有意感知。他的假设的核心原则是,人类的意识从感受情感中发展而来,并得到延伸。当批判性评估他的假设对霍克希尔德(Hochschild)和阿彻(Archer)关于情感管理的表述具有哪些重要性时,了解他如何把情感、感情以及意识之间的关系进行概念化处理就显得非常重要。

达马西奥(Damasio,2000)认为,情感的主要功能与"生存取向行为"、感知情感以及拥有"当此时此刻这些情感对心灵产生影响的感情"等相关。因此,"意识允许情感为人所知",而且从内部提升情感的影响力,允许"情感通过感情这一媒介对思维过程进行渗透"。从本质上来说,意识"允许情感'目标'以及任何其他目标"为人所知(56)。这使得个体能作出适当的反应,因此,情感和意识最终都与生存相关。对情感和意识之间的关系的表述,与阿彻(Archer,2000)在强调情感的反身性和认知过程时对情感和意识之间的关系的表述,产生了共鸣。

达马西奥(Damasio,2000)认为,存在不同层次/类型的情感:背景情感、主要情感和次要情感(都是无意识的),以及感情(情感的自觉意识)。背景情感是不变的,代表了因生理过程以及对身体和环境互动作出的反应而导致的身体内部状况。"这些情感允许我们拥有对紧张或放松、疲劳或精力、幸福或不快、希望或恐惧的背景体验(52)。"无论是霍克希尔德(Hochschild,1983),还是阿彻(Archer,2000),都没有把情感的这个定义包括进来,因为他们没有把情感对身体机能的维护/身体机能的意识具有的内在生理意义进行概念化处理——就了解情感体现而言,这是一个重大遗漏。主要的情感指六种普遍的情感,即恐惧、愤怒、吃惊、厌恶、幸福和伤心(Darwin,1872;Ekman,1973,1982,1984,1992);相对社会情感而言,次要情感包括尴尬、羞愧、内疚、嫉妒和自豪（Kemper，1987；Scheff 1990；Barbalet，1998）。与阿彻（Archer，2000）不同，达马西奥（Damasio，2000）没有把对物质世界作出反应时诱发的情感包括进去。达马西奥（Damasio）声称，所有的情感都与"有机体的生命以及在协助那个有机体维持生命中它们所承担的角色"相关(51)。情感构成了"化学和神经反应的复杂集合"，这些反应的复杂集合，反映了"生物因素决定的过程，它们依靠天生固定的大脑器件，并且经过漫长的进化历史积淀而成"，这些过程"调节并代表了身体状态"。情感可以"无需深思熟虑而自动运行"——并且影响整个身体系统，在"内在环境、内脏系统、前庭系统、肌肉骨骼系统，(以及)数不清的大脑电路"中产生变化。它们"占据了一块受到严格限制的皮层下区域，从脑干出发，并向上移动到更高一级的大脑区域"(51)。情感产生后，它通过血管系统和神经通路向大脑其他部分以及整个身体发出命令。这些命令要么对其他神经元和肌肉纤维，要么对器官(比如肾上腺)产生作用，促使它们释放自己的化学物质到血液系统之中(67)。这种无意识的过程通过肌肉来影响身体的整体变化，比如在脸部和身体其他部位立刻引起的变化。"这些变化组成了最终成为情感体会的神经模式的基质"(67)，这些情感体会代表了对它们的自觉意识。情感一直处于无意识状态，直到自觉意识的产生，这时它通过体会一种感情而了解一种情感。但是，意识到发生于体内的细微变化，是一件可能被他人察觉的事情，而且更普遍地被称为非语言交际。情感的生理表现带来的影响，为霍克希尔德（Hochschid，1983）提出表层伪装概念提供了启示。

无意识的情感，如何通过一种方式，即拆解大脑具有的区分仅属于自己的东西，与具有复杂知觉和自我意识的智力这一能力，形成"了解"其感情状态的自觉的自我意识？达马西奥（Damasio，2000：25）认为，大脑能够区别刺激物，和与目标及身体相关的有机反应。对"大脑如何区别它的内部过程，与发生于外部，但同样具有相关性的事情"来说，这一点非常重要。因为大脑可以对自我这个目标作出反应，考察它的内部机制的重要性，因此，同样可以把"思维"或者"情感"视作一个目标。一旦知晓感产生，大脑即可做到这一点。达马西奥（Damasio，26）认为，

"当我们通过看、听或触摸而体会发生什么的时候,意识就开始了","正是那种体会与各种意象的形成同时发生——视觉的、听觉的、触觉的、内脏的";"最终,这些体会准许我们说,这样的意象属于我们"。在非常基本层次上的体会,是我们自我"感觉"的基础,意识是那个自我感在知识层面上的表现——自我感,作为来自那些感觉的一种自我意识而被感知。达马西奥(Damasio)认为,存在不同水平的意识。他杜撰第一—自我一词来表达最初的知晓感。这个第一—自我通常是无意识的;个体拥有知晓感,知晓那种感觉属于他们(一种知晓的感觉)。第一—自我然后延伸到"核心意识",在这里,神经和精神模式以如下方式出现,即允许大脑识别有机体模式、目标以及两者之间的关系。

通过从意象(基于视觉的、听觉的、嗅觉的、味觉的以及体觉的形式,包括音素和词素)中生成故事,大脑做到了这一点,那些意象从内外两个方面反映出对自我与目标的自觉认识。但是,核心意识是短暂的、稍纵即逝的,而下一层次的"被延伸的意识",只有当它与"过去的生活体验以及被期待的未来体验"联系到一起时,才能体现"核心意识的全部特征"(Damasio, 2000:197);被延伸的有意识的自我感更加强烈,而且具有自传性。它因此与产生情感记忆的智力相关联(LeDoux, 1998),这代表对过去体验(关于目标,等等)的有序记录,这些体验既是显性的(有意识的),又是隐性的(无意识的)。情感记忆的重要性体现在"自传式自我"的发展之中,"自传式自我"已有意无意地受到如下许多因素的影响,包括智力、接触到了知识、社会和文化环境,以及人格特质和倾向。达马西奥(Damasio)认为,"此时,我们在我们的头脑中展示的自传式自我,不仅仅是我们固有偏见和实际生活体验的最终产品,而且是对受上述因素影响的那些体验的记忆进行重新加工后的最终产品"(Damasio, 2000:224)。

霍克希尔德(Hochschild, 1983)的深层伪装概念和阿彻(Archer, 2000)的内心对话概念,在不同程度上都以能够调用情感记忆的自传式自我为基础(Theodosius, 2008)。但是,两个概念都对情感记忆进行了概念化处理,认为它们是有意识的和显性的。另外,没有一个概念承认在未被理解的时候,情感可以被感知,或者没有一个概念深入理解不同程度的意识,以及两个概念中的任何一个如何与情感体验及其管理相关联。

表层伪装

达马西奥(Damasio,2000)的假设是复杂的,它让情感成为意识和认知过程的基础,而自相矛盾的是,他认为情感本身是无意识的。因为情感的诱发是无意识的,达马西奥(Damasio)声称,"我们从阻止一种情感和阻止一次喷嚏中得到的效果差不多"(49)。他认为我们不可能阻止情感的表达,只是"把它的一些外部表现进行伪装"。这是因为不可能"阻止发生在内脏和内在环境中的自动变化"。我们可以"教育"我们的情感,但不能彻底抑制它们,"我们内部的感情"代表了这种无能。这是因为情感是无意识的,所以无法阻止大脑和身体生理上的自然反应。因此,达马西奥(Damasio)对情感可以管理这一观点提出了异议。

但是,他对阻止的强调表明,管理点出现于情感诱发之前;因而,管理行为首先是那种阻止情感被诱发的行为。这很难做到,因为情感诱发是无意识的。在霍克希尔德(Hochschild)对表层伪装的定义中,管理点出现于情感被诱发之后。表层伪装被执行以阻止情感对行动者进行控制,表层伪装打算限制或控制情感以阻止它全方位的指令。霍克希尔德(Hochschild)之所以使用抑制这一术语,是因为情感已经被体验。在抑制表层伪装中的情感时,行动者认识到不可能阻止它,可他却努力去抑制并遮盖它。然而,表层伪装进一步推进其管理行为。情感之所以需要被抑制,是因为它在社会层面上被认为是不恰当的。行动者表达一种更能被社会接受的情感。表层伪装是一种管理行为,旨在阻止情感的控制和干涉个体向别人展示自我时作出的选择。不这么做的话,将使得每个个体服从于他的情感,让社会互动变得极其不可预测。比如,因一个未知情况而导致的紧张,可能给我的身体带来无法自觉阻止的生理变化,比如双手出汗、颤抖、心跳加快、胃部不适、总想上厕所。假如我每次紧张时都对这些情感屈服的话,我的生命将受到严格限制。相反,我有意抑制我的焦虑,并且在其他人面前表现得冷静而自信。

表层伪装的困难在于难以做到对情感的抑制。即使我设法表现得冷静而自信,正如达马西奥(Damasio)所指出的那样,我的身体将显示无意中诱发的焦虑而自动引起的生理变化。我整个人将表现出我的焦虑。明显的生理焦虑将影响我的表层伪装在他人身上取得的成功度。同样,因为我表现出了我"真正的"情感状态,我认为我在社交上更为适当的情感表现将不那么令人信服,因为,伴随那种情感释放的生理变化不会存在。因此,尽管存在表层伪装,我将表达被感知的情感,并展示模仿的情感。

抑制紧张并呈现出冷静与自信的能力,不是影响表层伪装的唯一因素。社会环境、能力以及别的行动者愿意接受、承认和表现它,也影响着该表现如何被人接受。在表层伪装中,无意识的情感具有的意义并不在于它无法被管理,而在于正被"隐藏"的情感实际上将在身体上得到明显体现。这影响着表层伪装如何被有意、无意地体现出来。但是,因为被感知的情感正被有意识地管理,(随之而来的)另一份情感便被恰当地体现,因此,别人无论如何也难以精确地辨认出被管理的情感可能是什么。在通过另一个人的身体语言无意识地接收信号时,人们可能对个体的实际感情感到困惑,不管怎样,他们可能承认表层伪装,要么在表面上接受它,要么对行动者作出相应的判断,他们甚至可能编造一个完全不同的解释。因此,从社会层面来看,对情感表达的解释是相当主观的。

情感诱发的无意识性对表层伪装产生了更深远的影响。因为表层伪装产生在情感被诱发之后,并且对一种不同情感的模仿是必须的,因此,表演者需要充分认识到多余的无意识情感,以便抑制它并展示一种不同的情感。因为情感诱发是无意识的,因而,可能发生的情况是,行动者或许在生理上表现一种他们虽已拥有但没有意识到的情感,或展示一种情感体验但不明白它的意义。根本不可能抑制一种行动者虽没有意识到但正在体验的情感。按理说,这与对情感体验的理解没有关系,但因为情感的生理表现,它与理解社会互动中情感的相关特性有关。同样,对"体会一种感情"进行抑制很可能也非常困难,因为要识别它的外部表现，在某种程度上需要对情感体验意识非常了解，同理可推，那些正在观察它的人发现，很难解释一种前面已阐述过的、被管理的情感的实际存在。达马西奥（Damasio）认为情感及其诱发是无意识的，因此，他对其生理功能的陈述，既质疑了对表层伪装的理解，又受到了它的质疑。

深层伪装

在深层伪装中，达马西奥（Damasio）所持的情感不可阻止这一论断，存在更多的问题。霍克希尔德（Hochschild, 1983）认为，在深层伪装中，个体可以对情感进行诱导或劝诫，或以前已经了解了针对社会情境的正确情感反应。在她看来，深层伪装中的管理行为如此深入，以至于个体未能意识到情感已经被管理；但是，个体认为它是他"真正的"情感。在这方面，管理点离情感诱发很近，但达马西奥（Damasio）认为情况不可能是这样，因为情感诱发是无意识的。但是霍克希尔德（Hochschild）把表层伪装和深层伪装进行了概念化处理，认为它们都涉及欺骗行为，因为她对情感管理的陈述包含有意识的过程和认知过程。通过对一未被感知的情感进行他的"虚假的"表演，行动者故意欺骗别人，但在深层伪装中，霍克希尔德（Hochschild）认为行动者欺骗了他自己。我已在别的地方指出，深层伪装可能是一种无意识的或者前意识的过程（Theodosius, 2008），因此，并不是关于欺骗的过程。比如，针对情感触发因素的习得反应，在情感记忆中被忆起，这无意中诱发了以前习得的，对触发因素作出回应的社会情感。从这层意义上说，情感被真正诱发，因此被真实地体验。

不过，霍克希尔德（Hochschild）的深层伪装概念包括被有意识地进行诱导或劝诫的情感，而达马西奥（Damasio, 2000）对此持有异议。但是，他所持的无法阻止意识这一论断，与他所持的大脑有能力区分包括思维和情感在内的目标这一论断自相矛盾。如果情况是这样，思维或情感极有可能有意无意地充当了情感诱导物。比如，当他写到从情感诱发到体会一种感情牵涉的不同阶段时，第一阶段要求"借助情感诱导物,比如一个外表经过处理、带来可视化表现形式的特定目标,来实现有机体的参与。该目标可能是有意识的或无意识的,可能被识别或未被识别,因为无论是对这个目标的意识,还是对这个目标的识别,对这个周期的延续都不是必须的"(283)。这个特定的"目标"可能是可视目标,正如他在这儿给出的例子里所体现的那样,但它也可能以听觉、嗅觉、味觉或体觉等形式呈现,比如音素和词素(声音的基本单位——因此代表思维),甚至可能是情感本身。如果所有这些都组成一个情感诱导物,可能发生的情况是,通过他的感觉,如视觉、听觉、味觉、触觉,或通过思维过程,个体可能故意使用它们来诱导或劝诫一种情感。行动者的这种行为,是以斯坦尼斯拉夫斯基(Stanislavski)的研究方法为基础的深层伪装这一概念的核心要素。正如达马西奥(Damasio, 2000)在这儿声称的那样,它与这是否是有意识的过程还是无意识的过程无关,在深层伪装中,可能以这种方式故意劝诫一种情感。在这么做的时候,被诱发的情感被真正释放和感知;它不是伪造的,因此,个体确实没有欺骗他的"真实"情感。

社会习得行为、心理原因或前意识的习惯,也有可能无意引发这一过程(Theodosius, 2008)。这是无意识的过程向有意识的过程输入的地方;因为达马西奥(Damasio)认为,隐性的(无意识的)情感记忆可以向有意识的过程输入核心意识、被延伸的意识以及自传式自我等。此外,这让它得以支持霍克希尔德(Hochschild)的观点,即情感记忆可被用来诱导情感(Hochschild, 1983; Theodosius, 2008)。但是,为了能以这种方式诱导情感,个体需要非常了解他的情感和情感诱发因素。这样的了解与反身性、自我身份紧密相关。霍克希尔德(Hochschild)难以把情感与自我的关系进行概念化处理。阿彻(Archer, 2000)通过专注研究情感的相关元素做到了这一点。

体会一种感情和内心对话

达马西奥(Damasio)的假设之中的情感、意识以及自我之间的关系,为阿彻(Archer, 2000)提出内心对话这一概念提供了重要的启示。

阿彻(Archer)对第一级和第二级情感所作的区分说明,她认为情感诱发可以独立于认知过程而发生,并承认它可能是无意识的。但是,在她的第二级情感概念中,内心对话对它的情感状态进行评论。阿彻(Archer)假定(健康的成年人①)个体能充分意识到他的情感是什么。在社会学和心理学学科中存在对情感和感情的某种争论。正如特纳和斯特斯(Turner and Stets,2005)指出的那样,大部分研究者"可能把感情定义为一个人自觉意识到的情感状态"(286)。这也是达马西奥(Damasio)的立场。但是阿彻(Archer)并没有区分情感与感情,相反,她区别了第一级情感与第二级情感,在第二级情感中,代表自我意识的反身性内心对话的发展过程,给个体的情感状态带来了认知意识。像达马西奥(Damasio)一样,她区分了埃克曼(Ekman, 1982)、伊泽德(Izzard, 1977)、普拉奇克和凯勒曼(Plutchik and Kellerman, 1980)等界定的主要情感和次要情感;但与达马西奥(Damasio)不同,她的研究包括了回应外部物质环境时被诱发的情感,如满意、不满和挫折,它们与第二级情感相似(Archer, 2000)。她认为,情感体现在个体和他们与之持续互动的自然世界、物质世界以及人类世界的关系身上。这种互动的影响和重要性通过我们的自我意识而为我们所知,"从定义上来看,自我意识意味着我们必然是具有反身性的生命体"(201)。对于阿彻(Archer)来说,正是反身性才使行动者能够有意采取行动。她吸取了法兰克福(Frankfurt)对认同的研究以加强她的论点,"在日常感觉中保持有意识的状态,确实(不像无意识)包含了反身性。它必然牵涉对某一主要反应的次要意识。某一实例中一个只认为自己重要、非反身的意识,根本不是我们想要谈论的意识。因为,如果意识到某事而没有察觉到这种意识,情况会怎样?它将意味着拥有一种体验而未察觉它的发生。准确地说,这将是一种无意识的体验感。这样一来,似乎保持有意识的状态和保持自我意识是一致的。意识就是自我意识"

---

① 之所以以一名"健康的"成年人为参考,是因为身体的(比如头部受伤、癫痫、肿瘤、自身免疫性疾病,甚至流感)或者精神的(比如沮丧、精神病、痴呆)紊乱,可能影响情感的生理特性、结构特性及生化特性,因而影响个体如何"认识"并管理他的情感体验和表达。之所以以成年人为参考,是因为孩子们还未被认为获得了充分的生理、心理或社会发展,因此,他们的状况不具有可比性。

(Frankfurt，参见 Archer 2000：201)。

　　从实质上来看,阿彻(Archer)对意识的看法与达马西奥(Damasio)对意识的看法并不相同,达马西奥(Damasio)作为一名科学家,认为一些个体,因为受伤或疾病(比如头部受伤或癫痫),虽然能保持有意识的状态——甚至既可以活动又保持有意识的状态——但没有自我意识。同样,他把意识视为可以流动的,在前进时不停变化的东西。于是,达马西奥(Damasio)认为,从之前的阶段到我们将要进入的阶段,我们可能保持一种自我感——而且可能对自我进行了解,该自我拥有时间跨度很长的经历,可以迈步前进,并且随生命的继续而可能受到挑战。这些不同的情感记忆的功绩,从功能上和生理上来看都是不同寻常的。在内心对话中,阿彻(Archer)使用查尔斯·皮尔斯(Charles Peirce)的"我"(主格形式)、"你"、"我"(宾格形式),这表明她承认了这一运动,但是她提出的意识这一概念本身因为具有更多的二元论特征,而体现出更多的静态性,无意识(非反身的)在一端,意识(反身的)在另一端。在这种状况下,对初级阶段无意识状态的自觉意识似乎立刻出现了。因此,正如法兰克福(Frankfurt)声称的那样,意识即自我意识。于是,在内心对话的形态表达和再表达过程中,阿彻(Archer)把内心对话进行概念化处理,认为它是不断发展的,因此导致易于识别和管理的第二级情感的发生。这一过程不允许情感妨碍对认知的处理(Theodosius, 2008)。结果,阿彻(Archer)的内心对话不允许个体在他的脑海里一遍又一遍地温习同一个对话,因此个体无法前进,被压抑人的、让人困惑的诸多情感所固定。在某些情况下,那个困惑之所以出现,是因为那些让人无法承受的情感不容易辨认。相反,个体正持续地体会那些感情,但没有能力进行反身性思考来理解它们。

　　虽然情况可能是这样,但在健康的成年人中,正常生活仍在继续,而且,尽管他们可能无法在关于这个特定问题的内心对话内进行反身性思考而向前进,但他们的内心对话仍可以发挥作用,而且逐步评论对其他事件及日常活动作出反应时出现的情感。从这个意义上来说,自我意识是连续的。因此,人们认为,在连续进行反身的自我,与虽能够体会但对其重要性或对其进行思考的重要性缺乏自觉意识的自我之间,存在二分法。

达马西奥(Damasio, 2000：217)认为,"表面看起来不断变化的自我和表面看起来永恒不变的自我尽管密切相关,但并不是一个实体,而是两个"。不断变化的自我是"短暂的、稍纵即逝的",它以核心意识为基础。在他看来,重要的不是它变化这么大,而是"它需要连续不断地重塑和重生",因为工作记忆关心的是每个体验实例之间的联系。但是,那个永恒不变的自我利用了长时工作记忆,它同样得到核心意识的支持,然而,其基础是被延伸的意识和自传式自我,在这里,不同体验之间的联系已被建构成一个可被理解的叙事。这里的工作记忆以隐性记忆和显性记忆的长期存储库为基础(LeDoux, 1998)。但是,这些记忆最初来自核心意识;它们需要整理,这是叙事需要经历的发展阶段,正如内心对话提供的叙事那样。因此,自传式自我已有意无意地受到如下其他因素的影响,比如人格特质、知识,以及记忆塑造和记忆再塑造中的文化、社会体验。实际上,通过体会一种感情,个体有能力体验他虽不了解但已意识到的情感——而且通过表层伪装可以管理那种感情。与此同时,个体持续的内心对话试图弄懂那种感情,却无法成功,陷于连续的恶性循环之中,然而,它可以成功管理对持续的互动回应时产生的其他情感。

从本质上来说,个体可以体验一种情感,并且在第一——自我中通过体会一种感情,从而意识到那种感情属于他们。核心意识通过能驱使感情立刻进入自觉意识中的感觉和体觉形式,形成一种"意象"。这个过程可以重新出现,此时,通过一种具体意识(通过回应情感释放时体内产生的生理变化),虽被感觉但还不为人所知的情感产生了影响,而且大脑对它给予了有意识的(但不知情的)承认。在被延伸的意识能通过工作记忆形成一种与自传式自我(把过去与现在以及可预期的未来相连接)相关的叙事(由连续不断的、相互连接的感觉和体觉形式组成)之前,情感一直不为人所知,却被感受到。因此,"体会一种感情"影响着试图理解它的内心对话。大脑具有这种能力非常重要,否则它将无法让情感为人所知;情感要么保持无意识状态,要么自动地、有意识地让人知晓。同时,因为大脑有能力区分不同的目标,核心意识可以催生一些代表正被体验的真实瞬间的意象,对被延伸的意识之中的工作记忆以及日常工作生活中的自传式自我(有意识地和无意识地)来说,这些意象是有意义的。因此,在对当前正被体验的以及在日常生活的自我展示中需要进行管理的东西作出反应时,内心对话以反身的方式审视出现的情感、思维以及其他感觉形式,从而作出评论。

具体的情感、情感管理和内心对话:以"凯特"(Kate)为例

为了探讨达马西奥(Damasio)的假设对霍克希尔德(Hochschild)的情感管理概念,以及阿彻(Archer)针对社会互动中的情感体现提出的内心对话概念,具有哪些重要意义,我现在把理论分析和以凯特(Kate)为例的实证分析相结合。凯特(Kate)一直是一名受到她同事欺负的受害者,她的同事的行为在暗示,她是一名糟糕的护士。在她的整个录音日记中,她如何感觉、反应、体验以及了解欺负的内涵等,成为一条强有力的叙事线索。首先,凯特(Kate)表达了极大的愤怒(一种主要情感),尽管她并没有把这与欺负直接联系起来。她还表达了强烈的羞愧感(一种次要情感)、自我怀疑感以及不胜任感。她因感到疲劳、不适以及痛苦(背景情感)而抱怨。在记录日记的过程中,她逐渐认识到自己是一名好护士,并且战胜了恃强欺弱者的行为。该日记反映出的一些内心对话表明了她是如何做到这一点的,这为我们了解她如何从短期和长期角度管理她的情感提供了有趣的见解。尽管日记让我们窥见了凯特(Kate)的私人情感过程,但她每天在履行职责时必须保持与同事的关系,记住这一点非常重要。我用"分享权力的情感劳动(CEL)"这一术语来表示为如此行事而由她实行的情感管理。"分享权力的情感劳动(CEL)"的目的是,促进护理职责管理中的有效沟通,维护优于同事的身份权,并且承认某人在当前等级制中的地位(Theodosius, 2008:182)。

在十天为一个周期的时间里,凯特(Kate)记录了她的(录音)笔记,这个过程逐渐达到高潮:"我刚刚录了两个整天。我像犯了罪一样痛苦,这主要是因为和我工作过的那些人。我不能和一些人一整天都待

在一起工作,而且如果不是因为他们这些不够成熟、吵吵闹闹,围绕办公桌干些蠢事的人,我不可能这么痛苦,我不能在这样的环境里工作。所以,大体上来说,在上一个周期大概三分之二的白班时间里,我选择封闭自己并且彻底忽视他们。"在这儿,凯特(Kate)用表层伪装抑制她的感情。通过这样做,她"有效"推进了"分享权力的情感劳动(CEL)"。它之所以是"有效的",是因为她抑制了由于遭受欺负而无意中被诱发的,与被感知的感情相关的未知情感。对这些感情的抑制满足了社会期望,因为她在等级制度中低下的地位,表达这些感情对她来说是不适当的。她的分享权力的情感劳动(CEL)是成功的,因为它已被别人接受。尽管她进行了情感管理,但是,她的情感一旦被诱发,作为回应,她的身体就会发生生理上的变化。因此,尽管她的表现试图掩盖她的情感,但这些情感仍明显存在,比如她的举止、她面部皱纹的形状,以及因为她的情感对内在环境及身体内脏自动的影响而带来的身体上的非言语沟通过程,都对此有所体现。她身上明显体现出的真实情感状态〔即使它没有被凯特(Kate)认识到〕对其他护士具有重要意义,因为它证明了她们的行动产生的效果。

尽管在这个阶段,凯特(Kate)并没有认识到她的那些情感是什么或代表什么,可是它们的存在却被她感知,让她感觉痛苦和不适;这种有意感知表明,凯特(Kate)对以前未曾意识到的、因欺负行为而诱发的未公开承认的羞愧感有所察觉。正因为此,凯特(Kate)没有承认它;但她说她感觉痛苦:"我感觉真的不好。一想到上班,我就感到痛苦不堪,我只想回家。"为了帮她自己管理并弄懂她自己的感情,凯特(Kate)给自己打气,并且成功地诱导了愤怒(深层伪装)。

在她诱导极易被他人理解的愤怒的同时,凯特(Kate)也对它进行压抑,因为表现恶劣的护士们正是那些欺负她的人,而且在等级制中地位比她高。在她与她们的互动中,凯特(Kate)必须在分享权力的情感劳动(CEL)的行动中抑制她的愤怒。但是,由愤怒无意引起的一些细微的生理变化也将被显示,因为被她诱导的这种情感实际上已被诱发。因此,通过表层伪装,凯特(Kate)进行有效的分享权力的情感劳动(CEL),并且以无意识的方式表现出她的真实情感状态,该状态代表了那些未知的、"隐藏的"、通过深层伪装诱导的羞愧和愤怒的感情。凯特（Kate）可以体验和管理不同的情感组合〔或阿彻（Archer）称之为"情感集群"〕，这对解释社会互动具有重要意义。如果凯特（Kate）不能同时做到这一点，那么欺负行为就不可能成功实施，因为那些恃强凌弱者可能无法看到她们具有的影响。因此，通过评价凯特（Kate）的工作，指出她的缺陷，要求重视她们的观点，她们可以表达她们的"不同的互动权力"，而且在她们的游戏中做"更加重要的事情"，这些恃强凌弱者把凯特（Kate）排斥在外，并展示了她们更高的地位（Clark，1990：306）。凯特（Kate）的分享权力的情感劳动（CEL）积极体现了她在同事中的从属地位。

图 1：职场欺负行为〔由乔·赖斯（Jo Rice）制作的卡通片，2008 年版〕

  凯特（Kate，录音日记）：我昨天本可以非常幸福地离开那儿，因为我不是那儿的一部分，我尤其不想成为它的一部分。我不认为它很漂亮；我不认为它非常职业；我不认为待在护士站里试图让最响的屁声蔓延开去，并且试图发出最大的噪音是职业的行为。如果任何人在店里那么做的话，他们都会被解雇。就是因为这是一家医院，于是这些人认为她们可以为所欲为，我认为这令人厌恶。

  同时进行诱导、表达、抑制情感的能力，对分享权力的情感劳动（CEL）行为非常重要。这种无意识的，表示她的愤怒和她未公开承认的羞愧感的肢体表达，对社会互动是必要的，正如它对通过她的分享权力的情感劳动（CEL）而体现在社交上有意识的抑制一样必要。达马西奥（Damasio，2000：217）的神经科学方法的价值在于，它把大家的眼光吸引到被感知的情感的实际存在,这些情感因为社会目的而被管理,因此,可以考虑它们对社会互动的重要性。达马西奥(Damasio)的神经科学方法也有助于理解情感的具体体验、大脑区分不同情感组合的能力以及这些情感被认可的程度等涉及的复杂感情。因为情感是无意识的,达马西奥(Damasio)对个体管理他的情感的能力给予了负面评价,尽管如此,他的假设实际上有助于霍克希尔德(Hochschild)对表层伪装和深层伪装进行区分。无意识的情感以及不同程度的自觉意识的重要性,也与内心对话相关,因为如果个体对它并不知晓,就难以对情感进行管理。

比如,尽管凯特(Kate)的分享权力的情感劳动(CEL)在社交上是有效的,但她并没有意识到她的整个情感状态。在"体会一种感情"中,她有意识地察觉到那些事情并不正确,但她无法给她的情感下定义,也无法说出它们代表什么。相反,她有意识地察觉到她一直处于感情波动状态。但是,当她完全失去管理情感的能力时,一个转折点随她的情感爆发而出现:"这是夜班后的我。我没有意识到我对与我一直在一起工作的人有多么沮丧。因为,非常意外的是,在工作交接中,我们通常只聊些人们在病房的行为方式,我突然失声痛哭起来。我当时认为自己愤怒了,我不知道自己有那么沮丧。我确实认为比起沮丧来,我更加愤怒。"

这次情感爆发之后,凯特(Kate)意识到,她的感觉与以前不同。这次爆发是受到刺激而诱发的。那个刺激是关于一直欺负她的人的一次讨论。其他护士对一直欺负她的人的不满,使凯特(Kate)在欺负行为、她对其护理能力的自信,因这件事诱发而给她带来的羞愧及苦恼之间,有意识地进行关联。凯特(Kate)意识到,她没有必要接受恃强凌弱者对她护理能力的评价。随后,她承认她对自己及她的感情的看法已经发生改变:"这将是我的最后一次报告。我感觉我已经在工作上发生转变。也许我已有一个需要摆脱的'病房',也许我的爆发已经帮助了我。但我意识到在过去的七天到十天里,最积极的事情是我能做我的工作。前不久,我还怀疑过我自己。我还不确定我可以做得到。我认为,那是因为之前我已提到的显而易见的原因,即我自己感觉缺乏自信,现在我知道,我可以胜任这份工作,因为我一直在做它,我在做它,做它,而且,我知道我不是个完美的人，我是个凡人，有些日子里我比别人做得更好，这取决于我如何感觉。"

凯特(Kate)被延伸的意识，似乎已经形成了一个叙事链，该叙事链允许她承认欺负行为对她的影响，并理解它所产生的那些感情。几个月之后，这种情感轨迹带来了一个把这些事件与她不断成长的个人身份(自传式自我)联系起来的、更强有力的叙事。之后，凯特(Kate)认识到她的情感对其身体健康的重要性。在对她进行的采访中，她说道：

> 凯特(KATE)：在我上班之前，我感到身体不适，一直处于非常激动的状态中。我也非常不稳定，如果你总是处于紧张之中，你知道你想要待在什么地方。我就像一个新来的女孩，每过一天如同过了大约两个半月。我不应该有这样的感觉！我一直怀疑自己。但我感到身体不舒服，实际上，直到我在让我非常尴尬的工作交接中失声痛哭时，这件事才迎来其关键时刻。我也变得不健康起来。一直以来，我的皮肤非常糟糕，我的眼神的确很黯淡，眼下一直有眼袋。我呼呼大睡，似乎明天不复存在似的。我睡啊，睡啊，睡啊，早晨起床时要经历一番挣扎，这实际上是沮丧的标志，难道不是吗，如果你不想起床，你想做的事情难道不是睡觉吗？一直以来，我只是在四处走走，疲惫不堪。我想，那是因为我上班时如此艰难这一事实。
>
> 凯瑟琳(CATHERINE)：那主要是因为你和同事的关系？
>
> 凯特(KATE)：是的，当然，(因为)他们居高临下的态度以及暗示我没有做好工作的方式，嗯，(他们对我)旁敲侧击、唠叨不停、正面攻击，他们一直乐此不疲……

因为"知晓一种感情需要一名知者主体(即主体是一名知者)"(2000：285)，感情是认知过程和内心对话的基础；这就是为什么情感和感情的认可通常被认为是叙事的高潮或顶点——个体可以借此前进的那个点。阿彻(Archer)的内心对话这一概念之中的评论，是一种个体已明显具有认知意识，能精通如何标注并解释他的情感意义的评论。达马西奥(Damasio)的假设表明，意识可以从一种简单的、具体的感情意识，向体现他们自传式自我内部情感的知者主体转变。这些阶段明显体现在凯特(Kate)的叙述之中，依据她的叙述，在她的情感爆发之前，她体验了让她意识到其内心状态产生一个变化的那些感情，但并不是用她了解(第一——自我)的那种方式。然而，她即将知道她拥有这些感情，这促使她采取作出反应、思考以及反思它们意味着什么(核心意识)等方式来适应它们。凯特(Kate)需要以一种能让她在那个环境中生存并且能保护其自我感的方式行事。她通过采用表层伪装和深层伪装的分享权力的情感劳动(CEL)行为，来做到这一点。在她的分享权力的情感劳动(CEL)中，她积极抑制她已为人所知的愤怒和痛苦的感情。在未对它进行表达的时候，凯特(Kate)表现出了她在等级制中低下的地位。如果凯特(Kate)确实能够管理她的情感，她的愤怒将根本不可能被看到/感觉到，恃强凌弱者的行为将没有意义。在这发生的同时，凯特(Kate)开始了解她的情感状态，并思考它对她意味着什么(被延伸的意识)。当两种核心因素让她突然认识到并有意识地承认她的情感状态时，她的这一目标得以实现。首先是在"工作交接"期间，当她承认她感到非常沮丧而失声痛哭时的肢体表达；紧随而来的第二点是，在她被欺负之时及其之后这段时间里的内心对话中，凯特(Kate)把对欺负行为感到的不适和痛苦，与欺负行为给她造成自信与自尊的缺失联系起来，她承认，她曾怀疑过自己的能力(自传式自我)，但她在内心对话中继续展示她是多么好的一名护士。而且，当采用自传式自我回忆她的体验以及她对那些情感的理解时，她能够记得那些情感而无需重新体验它们诱发的生理变化。达马西奥(Damasio, 1995)把这称为"恰似身体回路"，其中身体可以产生"对身体状态的体验而不会带来任何实际变化"(Ellis and Cromby, 2009：328)。这种多层次的过程，代表了与自我感和个人身份相关的情感及其管理的一种具体体验，意识以及更加深刻的理解。

结论

在不经意间，达马西奥(Damasio, 1995)的假设对霍克希尔德

(Hochschild)区别情感管理中的表层伪装和深层伪装具有科学意义。但是,因为无意识的情感诱发,达马西奥(Damasio)认为,个体对情感的控制程度存在生理上的局限性。不是简单地帮助情感战胜认知而取得自治权,他对如果应用到情感管理行为之中,情况会怎样以及为什么会是这样的解释,强调了社会互动中"隐藏的"那些被管理的情感的明显存在,从而拓展了具体情感在理解群体互动时的重要性。

更重要的是,如果以批判的眼光把达马西奥(Damasio)针对情感、意识以及自我之间的关系作出的假设,与霍克希尔德(Hochschild, 1983)以及阿彻(Archer, 2000)针对情感及其管理的社会表现的研究进行综合的话,将为我们了解大脑功能如何制约、如何促进在感知自我的经历之中,以及个人身份与社会身份之中的情感体验与管理,提供有趣的见解。他确认了大脑具有区分不同层次的意识,以及生成多层次的内心对话的能力,这样的内心对话代表了有意让别人知道的,以及仅仅被感知的那些情感,在某种程度上,这样的内心对话代表了社会环境中个体表现出的具身化的自我,及其当前的存在和连续的存在。这种综合暂时超越了传统的身心以及主客体二元论,并且把情感体验与情感管理进行概念化处理,具体体现在自我感以及个人身份与社会身份之中。这克服了霍克希尔德(Hochschild)的"表层伪装"与"深层伪装",发生在所需实例中的"情感管理行为"等概念,以及阿彻(Archer)的内心对话概念之间的不一致性,阿彻(Archer)的内心对话代表了个人身份,它反身性地理解情感对穿越生命历程的个体的重要性。在为了体现社会身份而进行表层伪装和深层伪装的行为中,内心对话对个体如何利用他的个人身份非常重要。这是因为情感的体现代表了一些情境中的自我,这些情境可能是现在的、自然发生的、和谐的,又可能是现在的、自然发生的,但在一瞬间以及随着时光的流逝而显得不和谐。在短暂的瞬间里,用与我们的自我感产生共鸣的方式,我们体验情感并管理情感,而不见得失去对个人身份更加全面的理解,这样的个人身份是在对经验的整理、个人成熟度以及社会身份的表达进行回应时而发展和变化的。

第四章　不合理的痛苦：介绍一个概念和研究议程

J.斯科特·肯尼和艾尔萨·克雷格

引言

我们都以不同方式，在不同程度上体验痛苦。痛苦是世俗的，也是普遍的。但痛苦也是多变的，不透明的。我们常常在身体层面以及个体层面如此强烈地体验痛苦，以至于很难把痛苦视为社会建构的产物或偶然发生的东西。然而，某些形式的痛苦要比其他形式的痛苦更加隐蔽。实际上，许多人已经注意到痛苦是私有的、主观的或个人的(Ahmed, 2004; Bendelow and Williams, 1995a, b)。斯凯瑞(Scarry, 1985)认为，身体痛苦在本质上无法言传，并指出"痛苦以独特的方式进入我们体内，在那一瞬间它无法被否认，也无法被确认"(4)。除了无法言传之外，还有别的原因导致痛苦的隐蔽性。由于担心可能带来的后果，痛苦可能会披上伪装或蒙上面纱。本章要讨论的正是后一种类型的痛苦，即不合理的痛苦。即使痛苦的体验(这既包括情感上，又包括更为直接的身体上的痛苦)通常体现在身体层面，但理解痛苦可能具有的社会属性非常重要(Bendelow and Williams, 1995b)。正是因为从社交上来看，令人不快的感觉是不合理的，所以它带来的结果是真实的。我们认为，研究这些生活体验，对理解一些社会学分支领域的行为具有重要含义。

尽管之前的文献中已有所指涉，我们讨论的"不合理的痛苦"还需具有理论层面足够的深度。为诠释这一点，我们首先讨论目前的文献如何帮助我们理解这种形式的痛苦。然后我们提出一个基于文献但又超越文献的理论层面的概念,即"不合理的痛苦",期望把此概念变成更加犀利的分析工具。首先,通过它来理解一些男女同性恋经历的痛苦,我们来进一步阐释这个概念。这种说明性案例有助于凸显"不合理的痛苦"这个概念带来的各种研究可能性。我们的目的不仅要指出情感生活和社会生活中有待深入研究的一面,而且要延伸这个概念,并提供一个能够使详细的分析和未来的研究成为可能的概念性定义。通过把"不合理的痛苦"这个概念应用到理解与男女同性恋者体验相关的"出柜"和其他痛苦之中,我们揭示了主观的情感领域与社会生活(比如关系、组织、机构和文化)中更多外部领域之间的联系。实际上,借助我们概念工具包中的"不合理的痛苦",在各种环境和社会学研究领域中发展而来的种种可能性和解释随之而来。

之前的文献:暗示不合理性

在情感社会学中开展的大量工作已预料并道出了我们的理论。比如,长期以来,就有人对感情和表达的组织参数进行规范性研究。克拉克(Clark, 1987)分析了同情的社会组织,认为遭受痛苦的个体是否有资格获得同情取决于对"同情的礼仪"规范遵守与否 (303 - 13)。① 那些违背"同情的礼仪"规范者可能会发现自己无法获得期望得到的支持,甚至面临侮辱(291)。同样,霍克希尔德(Hochschild, 1990, 1983)认为,通过"表层的"和"深层的"伪装(1990:118 - 22),人们设法让情感与感觉、表达规则保持一致。基于此,索茨(Thoits, 1990)认为,如果情

---

① 这些人际规范包括:(a) 不发表没有根据的声明;(b) 不要求太多的同情;(c) 不拒绝同情;以及(d) 互换表示同情的礼物(Clark, 1987: 303 - 13)。伯兰特(Berlant, 2004)提出了一个更加被广泛应用的方法,在此方法中,操作中的情感,比如同情和怜悯,与当前诸如对"富于同情心的保守主义"的那些讨论一道,必须置于更广阔的不平等环境和政治经济环境之中。伯兰特规范且具有审美趣味的解读认为,人们应该被教会恰如其分地表现出同情心(11)。同情心训练之中的变化"出现在历史时刻……被审美惯例所塑造,而且发生在那些焦虑的、不稳定的、令人吃惊的和矛盾的场景中"(7)。同样,"怜悯一词承载着持续争论带来的重负,这些争论主要关于伦理特权——尤其是关于把国家视为一名经济、军事以及道德的行动者,代表并制定了关于义务的集体规范,以及关于个体和集体不把苦恼视为对苦恼者失败的判决,而把它视作希望旁观者成为支持改良的行动者的义务"(1)。

感脱离规范,或情感管理失败,就会产生"情感异常"(181;也参见Thoits,本书)这一结果。

尽管规范的重点主要是调查"由外至内"的痛苦,但诸如登青云等(Denzin, 1990, 1985, 1984, 1983)在现象学领域的著作,则指出从内至外(1985:224)研究情感的必要性。登青云(Denzin)强调如下几个方面:(1)人际互动内部与外部之间蕴含的社会层面的相互影响(1984:54-7),特别是被抑制的社会举止、内心思维、解释,以及社会行为中的自我对话带来的影响;(2)"富有生命力的身体"作为"情感模式"基准点的作用,该模式可以认可、显示、改变与资源相关的现实体验。从现象学层面强调社会的主体性及其蓬勃的生机,加深了我们的理解,而且表明"不合理的痛苦"带来了思维、启示、自我转换,甚至社会变化——因而和社会运动中情感蕴含的现行利息产生共鸣(也参见其他人的研究,尤其是 Flam, 2005; Flam, 2005; Robnett, 2004; Schrock, Holden and Reid, 2004; Gould, 2002; Aminzade and McAdam, 2001)。

最后,弗罗因德(Freund, 1998)从拟剧论的视角,集中讨论了与社会结构和权力相关的界限,如何被不公正地操控/划分。依据社会地位和表演需求,感情可以鼓励某人向他人开放或关闭边界,也就是说,情感可以促使人调整能感觉到的体验空间(275)。这意味着一个人的地位越低,他就越可能封闭自我,使自己处于演剧状态以维持社会礼仪,但是,感情仍可能从体内流露(277)。弗罗因德(Freund)认为,少数民族、下属,以及那些围绕侮辱问题与他人交涉,希望把"改变"现状视为"正常"的人,担心他们的"内在"自我被更强大的他者察觉,如要排遣具体的、演剧的压力,唯一途径是通过躯体(283-4)。这与情感和健康社会学领域的研究相一致(Leventhal and Patrick-Miller, 2000; Williams, 2000)。

理论建构:界定不合理痛苦的范围及受难者的反应

尽管文献清楚表明,针对不合理的痛苦问题仍有进一步的研究空间,但仅仅指出这种形式的痛苦存在,还不足以构建一个理论概念,该概念有助于我们更深刻地理解"未被承认的痛苦富有生机的、需要进行现象学阐释的诸多方面",与"造成痛苦存在、痛苦体验的社会关系及结构"之间的关系。

依据上面的分析以及如下的示例,我们把"不合理的痛苦"定义为牵涉苦难经历的痛苦:(1) 没有得到社团、某人归属的社会群体、对某人来说重要的人物以及自我的承认,或者在社会中被其忽视;(2) 可能被污蔑为理所当然的不正常者,或者牵涉到文化误读,这种误读要么关于对其反应的正确方式,要么关于其病因;(3) 可被理解为依靠合法化连续体而存在。通常来说,"不合理的痛苦"与更加宽泛的阐释标准以及社会中有组织的权利关系相关,又通过某人的社会互动及人际关系来调节。换句话说,"不合理的痛苦"是个体内在吸收、服从于与具体的情感体验不相吻合的道德准则,或经受该道德准则的煎熬时产生的苦楚。这种生活体验和社会期待之间的冲突,使别人表达同情或怜悯成为社交上的不当行为,这反过来又加剧了苦楚。我们的"不合理的痛苦"理论无疑与"被剥夺的悲痛"这一概念产生了共鸣(Doka, 1989, 2002),因为"(人们)蒙受了不被承认或无法被公开承认,无法被公开哀悼或不能得到社会理解的损失"(1989: 4)。重要的是,"被剥夺的悲痛"这一概念已被用于理解同性恋群体内的丧友(参见 Green and Grant, 2008)。这种共鸣支撑了我们的观点,即痛苦和苦难至少在一定程度上依据如何融入(或脱离)社会期待和环境而经历不同的体验,同性恋者的生活有助于我们洞察"不合理的痛苦"的建构与体验。尽管这两个概念密切相关,但"被剥夺的悲痛"这一概念可被视为从属地位,为"不合理的痛苦"这一概念提供更广阔的理论依据,这包括但不限于对丧友和损失的理解。

像艾哈迈德(Ahmed, 2004)对羞愧的讨论一样,我们认为"不合理的痛苦"源于社会,它是一种在理想化的他者面前的失败感,没有遵循规范的脚本而招致了情感上的代价。然而"不合理的痛苦"这一概念比羞愧更为宽泛,正如它比"被剥夺的悲痛"这一概念更为宽泛一样,它可能包括别的情感,如孤独、愤怒,或者担心受到医疗专家的冷遇而产生的各种类型的身体上的苦楚。实际上,我们的概念也比侮辱这个概念宽泛,侮辱这个概念只是支撑前面论述的不合理性的理据之一。尽管我们的概念可能与希夫(Scheff, 2000:97)视羞愧为对社会关系的威胁这一讨论相关,尽管我们一致认为"不合理的痛苦"像羞愧一样,通常把自己隐藏起来,但我们不会轻易就说,它的所有种类都对受难者隐藏(Scheff, 2000)。"不合理的痛苦"也与卡茨(Katz, 1988)的分析密切相关,他围绕易受蒙羞在我们社会结构中非均衡分布的方式,来探讨犯罪的形式。这也表明,卡茨(Katz)的关注内容仍然比我们这儿讨论的要窄。

可以这样假设,一个人的痛苦越被认为与结构的、规范的、文化的框架相关,他就越可能把它表达出来而非通过身体来体现。毕竟,如果一个人被视作合理的受害者,如果同辈们已接受过相同的针对怜悯之心的训练,如果一个人遵循"同情的礼仪"标准,那么他暗中需要别人对他的苦楚作出"给予同情"的反应,尽管该反应的程度和特性依据社会地位及人际关系的亲疏度等因素而产生很大的差异(Berlant, 2004; Holstein and Miller, 1990; Clark, 1987)。如果一个人的苦楚被误解(而不是被侮辱或认可),在某种程度上它可能由受难者表达出来,但很少会引起具体的反应。对于犯罪受害者(Kenney, 2002b)来说,其家庭成员、朋友以及其他人可能对痛苦中的受害者表示同情,但对如何作出合适的反应产生了误解,因此避免作出回应。结果,受难者的社交圈可能会缩小,或者他们可能学会掩藏他们的感情。还有一些类型的痛苦可能被忽视、相对而言不被认为那么重要,或很少被关注。被忽视或被认为不重要的痛苦例子包括:死囚犯的家庭成员的悲痛(Jones and Beck, 2007)、在急救病房中对无家可归者的处理(Jeffery, 1979)、对家庭纠纷中男性受害者的态度(George, 1994)。这些受难者受到习以为常的怠慢、面临服务缺失的困境,或者受到性别脚本的限制,他们很快得到这样的信息,即他们的苦难是不重要的。

我们认为,"不合理的痛苦"不断延伸的关键在于它依靠一个连续体而存在。在任何特定的历史、社会和政治环境中,痛苦的合理性是相对的,其变化范围是从合理性的痛苦(即苦难被认为值得同情);到不太严重的"不合理的痛苦",其中个体苦难被误解、被忽视、被认为不重要;

再到最极端的"不合理的痛苦",其中个体被侮辱——经常达到这个程度,即他们的痛苦被视作"应得的惩罚"。

循着这样的连续体,你可以在文献中找到一些例子。首先是那些人的痛苦,他们背负起初被人理解的痛苦,但这些痛苦的持续时间又过于漫长,这在"复杂的悲痛"中可见一斑(Johnson et.al., 2009)。其次是那些表达情感时被定义为情感反常的人(Thoits, 1990)的痛苦——比如,在婚礼上表达悲痛。第三是遭受极度侮辱的社会群体中的成员经历的苦楚。体现"不合理的痛苦"的此类例子包括:"瘾君子"及酗酒者经历的剧烈痛苦,或者那些试图重新融入共同体的有前科的人遭遇的困难(参见 Schwartz and Skolnick, 1962)。一个合理的假设是,被侮辱的相对程度越大,躯体化及富有生命力的痛苦表现就越明显。这种躯体化痛苦可能导致个体无法有效地发挥作用,再加上源自富有生命力的身体(Denzin, 1985)的感情流露(Freund, 1998),让这些人看起来更与众不同(Scarry, 1985),因而为其负面的刻板形象(Shilling, 2003)提供了"证据"。之后,我们会发现,洞悉"不合理的痛苦"的动态,有助于我们理解非正式的,甚至是正式的标签,以及各种社会管控措施和意识形态的符咒,特别是那些通常被视为来自社会互动及环境的各种情况的医学化处理。

但是,此连续体不应该仅仅被理解为这样一个连续体,即在其内部不同类别的苦难者必然被放置在同一范围内的不同点之上。也就是说,某个患有纤维肌痛的人不一定与预定的"不合理的痛苦"的"等级"相关。相反,正如上述涉及怜悯的讨论所提到的那样,根据当时的社会及历史环境,行动者的"不合理的痛苦"体验可能沿着连续体而发生改变(Berlant, 2004; Bendelow and Williams, 1995b)。实际上,依据描述异常行为的文献,我们认为,当行动者对如何处理"不合理的痛苦"带来的演剧压力而作出反应时,他们可能会尽力获得对某人体验环境的控制权,这对选择极为重要。这些选择包括但不限于:(1) 通过给某人的痛苦感情贴上自我的标签而接受一个消极的自我概念或偏差认同,但不采取异常行动,也不扮演不正常的角色加以支持(Rubington and

Weinberg，2005：385）。① 这也会牵涉个体把"改变"现状视为"正常"（Charmaz，2000；Goffman，1963），以及默默遭受痛苦时需要对信息进行仔细处理等举动；(2) 当"改变"比较困难时，依赖其他人的积极努力，这些努力试图维护"正常的"交往行为（Rubington and Weinberg，2005）；(3) 参与主要道德准则的合理化建构，并为之辩护（Scott and Lyman，1968；Sykes and Matza，1957）；(4) 通过参加亚文化的活动而深入到亚文化内部，并获得自尊与承认（Rubington and Weinberg，2005；Cohen，1955；Lemert，1951）；或者(5) 采取"第三级的异常举动"来转变偏差认同（Rubington and Weinberg，2005；Kitsuse，1980），这牵涉到抗议当前的道德体系，通过政治行动和激进主义试图使自己或所属群体合法。在这里，斯凯瑞（Scarry，1985）对强加于痛苦之中难以言传性蕴含的文化内涵展开的讨论，暗示了我们的模式与这一讨论具有关联。处理"不合理的痛苦"（在沉默和理性中遭受苦难）的第一种和第三种反应，可被视作受害者的内部机制，这些机制参加了被斯凯瑞（Scarry）定义为，由行使规范性权力的政权和环境创造的，行动者的世界的"消失"过程，而第四种和第五种反应可被视作创造性的社会行为，在斯凯瑞（Scarry）看来，它们是用来对抗痛苦的。

说明和阐述："不合理的痛苦"和男女同性恋的体验

为了清楚地说明"不合理的痛苦"这一概念，现在我们从对同性的欲望或性行为的侮辱，或者从个体表达男女同性恋性取向时的开放程度来探讨这种痛苦。男女同性恋者遭遇的痛苦包括（但不限于）：因为性取向被否认、被家庭成员和朋友疏远、受到身体或性攻击、毫无原因

---

① 这些选择还不够详尽。肯尼（Kenney，2004：244-9）注意到，处于类似境况中的个体，基于对信息资源的意识和过去行为方式的定位或对创新性反应的综合，可能怎样选择、学习或创新反应。尽管可能仍有人建议，选择应聚焦与如下相关的方面，比如，污蔑这一属性的可见性（Charmaz，2000；Goffman，1963）、与重要的亚文化接触的可得性，或者各种不合理的机会结构的可得性（Cloward and Ohlin，1960），他仍不能忽视那些能自我反省，具有自我意识的个体作出更多种创新反应的可能性。

就失去工作或住房,最后是担心上述事情发生而产生的痛苦。那样的担心可能促使其有必要过上或主动选择"双重生活",而且导致深深的羞愧感。很清楚,过着"双重生活"这一例子阐释了弗罗因德(Freund, 1998)的观点,即充满矛盾和困难的情感工作催生了"演剧压力",那通常是不被承认的和"不合理的痛苦"。

我们称男女同性恋者"不合理的痛苦"为"柜子里的痛苦",要明白,这不是同一类型的痛苦,但都可能由各种原因、体验或环境造成。实际上,我们选择这个例子的部分原因,是为了强调"不合理的痛苦"这个连续体因社会的、历史的和地理的条件而形成的诸多途径。男女同性恋者饱受痛苦这个案例特别具有说明性,因为"柜子里的痛苦"的诸多方面满足了我们对"不合理的痛苦"进行定义的所有条件:柜子里的痛苦不被承认或在社会中被忽视;同性恋者的痛苦往往是他们被假定具有的异常行为被污蔑为理所当然;同性恋者的痛苦可能源自,针对痛苦如何作出正确回应的文化误读或对痛苦病因的误解;柜子里的痛苦可被认为依赖合法化连续体而存在。

不断变化的历史和政治环境提供了一个例子来说明,"不合理的痛苦"如何依赖一个连续体。加拿大同性婚姻的合法化,以及随着婚姻制度的争论范围扩大而积极开展的男女同性恋权力运动,已帮助人们改变对曾被广泛认为不合理的,甚至是"理所应当的"痛苦的看法。人们不再认为对同性的欲望应受到惩罚,它更多地被视作人类性行为多样性的一部分,而且与不久之前相比,至少在一些社交圈里,"柜子里的痛苦"更可能得到人们的承认。实际上,北美同性恋权力运动已有助于建立一个能让参加者从道德层面上深切感受到自我价值,相对于异性恋文化来说制度完备的亚文化。尽管受到个人和社会的质问,但这个运动已令人鼓舞,通过肯定性行为的多样性,它已开启了一项旨在取代异性恋主义者的道德说教的运动。这个不断变化的历史和政治形势是环境的一部分,在该环境中,人们宣布"出柜"——这通常被理解为一种身份形成的过程,在此过程中羞愧的枷锁被扔掉,他们开始接受或自豪于性身份——尽管对这个过程来说,有意识的政治化并不是强制性的。

围绕男女同性恋身份形成(即"出柜")的过程和体验,人们已做了大量的工作。① 已有一些分析模型被提出,以便帮助人们更好地理解这种人生转变,②而且已有一些针对出柜的过程和体验如何因种族、性别、年龄、能力、阶层、历史时期及民族的不同而开展的研究。③ 研究还调查了出柜对男女同性恋者家庭成员的影响,④以及它可能对工作场所或教室产生的影响。⑤ 另外,研究还考察了在出柜过程中因特网的作用或地点的重要性。⑥

许多关于出柜的研究聚焦对个体层面的关注。出柜常被视为深层次的个人转变,即个体经历了自我发现、实现、表白,或作出改变生活的选择。出柜过程与对他人进行诉说的过程结伴而行,这在许多区分"走向自我的出柜"与"走向世界的出柜"的叙事中有所体现(Wolfe and Stanley, 1980)。实际上有许多人虽涉足同性恋,但不把他们的性行为透露给同性恋圈子之外的人。还有一些人虽不隐藏他们的性行为,但并不选择把他们那方面的生活政治化。这强调了一个事实,即出柜并不总意味着同性恋身份的政治化。然而,即使当男女同性恋并不以公开或政治的方式出柜时,出柜这一变化仍然对同性恋者的体验极为重要。考虑到这个变化的私人性质,以及个体在公共表达性取向时方式的选择,许多文献聚焦对个体层面的分析就不足为奇了。

有趣的是,处于出柜过程中的个体会有所反应,并作出那些我们认为可能适合于体验"不合理的痛苦"的选择,它们可能是:(1) 选择待在

---

① 之前针对出柜过程的研究而作的引用是例证,还不够详尽。

② 参见 Johns and Probst, 2004; Chirrey, 2003; Floyd and Stein, 2002; Esterberg, 1997; Levine, 1997; Morris, 1997; Eliason, 1996; Cox and Gallois, 1996; Kitzinger and Wilkinson, 1995; Phelan, 1993; Rust, 1993; Cass, 1984a, b; McDonald, 1982。

③ 参见 Parks, Hughes, and Matthews, 2004; Li and Orleans, 2001; Bhugra, 1997; Bohan, 1996; Jackson and Brown, 1996; Savin-Williams and Diamond, 2000; Lynch, 2004; Jones and Nystrom, 2002; Sherry, 2004; Samuels, 2003; Appleby, 2001a, b; Mallon, 2001; Watzlawik, 2004; Ryan, 2003。

④ 参见 Cohler, 2004; Herdt and Koff, 2000; Lynch and Murray, 2000; Oswald, 2000。

⑤ 参见 Ward and Winstanley, 2003; Taylor and Raeburn, 1995; Schneider, 1986; Raissiguier, 1997。

⑥ 参见 Heinz et al., 2002; Munt, Bassett, and O'Riordan, 2002; McKenna and Bargh, 1998; Holt and Griffin, 2003; Valentine and Skelton, 2003。

柜中,径直"改变"自己,默默遭受痛苦,因而形成了消极的自我概念;(2) 依赖异性恋规范且具有适应性的行动,对于所有关心这方面的人来说,这样的行动维护了传统的异性恋交往行为;(3) 参与同性恋的合理化建构,并不质疑异性恋规范的支配地位(比如,"我不能帮助我所爱之人"——传递出不言而喻的信息,即如果某个人能那样做的话,他就不会是女同性恋者或男同性恋者);(4) 参与同性恋亚文化,该文化通过对同性恋者的承认,来帮助同性恋者培养自尊以及积极认同感,但它仍然不太可能挑战亚文化圈之外异性恋主义的支配地位;或者(5)通过要求同性恋的合法化,要求人们承认柜子里的痛苦而积极参与政治,借此挑战异性恋主义和同性恋恐惧症。

但是,与柜子里的痛苦相关的合理性连续体,不仅仅是经历"发展"的不同阶段后带来的个体进步问题,不同阶段的发展目标是使男女同性恋者具有更加积极的自我感,或成为更可能参与激进主义的人。正如塞奇威克(Sedgwick)已经指出的那样,柜子是一个具有广泛影响的比喻(Sedgwick, 1990),因此一个人没有必要待"在柜子里",来体验柜子反映出的社会与文化动态给其带来的不被承认的苦楚。通过把自己变成可辨认的女同性恋者或男同性恋者,以及通过宣布出柜等方式来违背异性恋主义的规范,可能是同性恋恐惧症的痛苦行为产生的动因。也就是说,一个人可以"出柜"并拥有积极的自我形象,但恰恰是对"出柜"的公开,可能招致异性恋者的假想,或遭受因同性恋恐惧症而对其发起的攻击。实际上,可能不管个体如何"完全适应环境",都不能确保他们的痛苦被承认,也无法确保其合法性。

尽管在关于出柜的研究中,对个体的关注已让人"道出了"根植于社会发展模式之中柜子里的痛苦,但不同机构、结构及社会环境之间的联系并没有充分显现。一个值得注意的例外,源自埃文斯(Evans, 2002)围绕课堂上对性身份的讨论,以及老师布置的,讨论是否公开性行为这一情感工作所作的研究。在此,埃文斯(Evans)强调了社会结构的位置与情感工作之间的联系,指出那些处在生存边缘上的人,必须完成性质不同的情感工作(32)。着重强调环境或机构的其他研究,通常聚焦出柜过程中的地点和空间(Weston, 1995; Valentine and Skelton,

2003)。其论点是,城市空间为性行为的多样性提供了如此多的有益资源,以至于成为都市人,通常被认为对女同性恋或男同性恋身份的形成极为重要(Aldrich, 2004; Weston, 1995)。城市里居住着大量的、各式各样的人,因此,企业能从服务特定的亚文化市场中受益。也就是说,考虑到异性恋的支配地位,在人口有限的乡村开办一家服务同性恋者的书店或酒吧并不是切实可行的风险投资。

而且,乡村通常并不拥有大到能够开社区会议的同性恋社区,它们能提供的不同类型的性榜样以及潜在的伴侣的数量也很少。实际上,长期以来,城市被视为一个能够提供匿名、人口密度及多样性的地方,而匿名、人口密度及多样性让性自由成为可能——更广泛地说,不仅仅为同性恋者。考虑城市/乡村的差异,对理解地点在性行为的社会建构中所起的作用非常重要,因为城市提供了机会,乡村排除了机会,①它还提供了诸多例子来阐释痛苦的不合理性怎样随地理环境而可能不同,以及地点怎样成为可以不依赖别的因素而公平行事的连续体中一个可能存在的变量。也就是说,虽然不断变化的历史和政治环境具有巨大的影响力,而且出柜的生活体验与柜子里的痛苦的相对合理性相关,但是,不管某人在出柜这一转变中处于什么位置,城市和乡村空间的差异性可迅速改变这个人在柜子里的痛苦这一不合理性连续体中所处的位置。换句话说,保持对"不合理的痛苦"这一概念相当的敏感度,开辟了理解这个问题的多种途径。为何男女同性恋者通常被吸引到城市中心区?为什么?因为待在乡村对他们造成伤害,②即使这些地方是他们的

---

① 参见利特尔(Little, 2003)围绕对空间和地点的性别化和性化理解如何影响异性恋所作的一项研究。

② 这个例子有助于澄清情绪、感情和感觉之间的关系。如果情感可被视为向自我传输信息的一种身体感觉(Hochschild, 1983),那么从情感上感知到因为乡村地区某人性取向的不合理性,包括如果被人知晓某人重要而隐秘的欲望很可能被施加的污蔑,而提出的潜在诉求,将导致一种与自我相关的"评价"反应,一种降低某人地位的做法。这可以通过一种稍微不同的方式,借助希林(Shilling, 1997)对涂尔干(Durkheim)研究的核心内容,即"社会的躯体感受",来进行操作。这种地位的降低在认知上和具体情绪中都得到体现。实际上,考虑到把自己隔离并进行弗罗因德(Freund, 1998)曾讨论的演剧的需要,它可能以令人不快的方式,在各种感觉模式中显示出来,这些模式与登青云(Denzin, 1985)进行现象学阐释时曾讨论过的富有生命力的身体相关。

"家",但它以诸多方式伤害了他们,这些方式让最近的政治变化和历史进步对男女同性恋者权利和认可的影响,显得黯然失色。它以诸多方式伤害了他们,因为在女同性恋者或男同性恋者同性恋身份形成的过程中,他们不能被照顾、遇到的问题不能被处理、他们不能被赦免。它伤害了他们,因为当前乡村的社会和文化特征——这个地点本身造成了许多人苦楚的不合理性,这不仅仅归因于优势种群的信仰(他们可能对同性恋持多样化甚至正面的观点)。"不合理的痛苦"这个敏感化概念,不但具有潜能支持我们得出,乡村被认为是异性恋者的空间这一推测性结论(Little, 2003),帮助我们于细微处理解性迁移,它还帮助我们理解主观的、具体的驱动因素和外部结构因素之间的关系,如何建构别的群体的迁移模式。

而且,通过应用"不合理的痛苦"这一概念,出柜可被视为对"改变柜子里的痛苦的合理性的那些因素"的持续导航。不再被简单地理解为内在的自我认同过程、通向启蒙的旅程,或者走向政治激进主义的进步,出柜可被视作围绕合理性连续体的持续谈判。出柜不仅仅是人生转变,更应该是边缘与复杂的性分层系统之间,持续的协商权力的关系(Rubin, 1993)。这样,"不合理的痛苦"这一概念让我们更好地解释了如下事实之间明显的矛盾,即"出柜"既是男女同性恋者人生的一个阶段,又是女同性恋或男同性恋者"从未停止做"的一件事。

结论

"不合理的痛苦",作为一个新的概念,隐含在各种更早的、更侧重对羞愧、悲痛、蒙羞和侮辱的研究之中。但是,通过整合情感社会学中围绕规范的、现象学的和拟剧论的传统所做的研究,我们提出一个具有潜能来全面综合并加强之前对痛苦、悲痛、羞愧、蒙羞、侮辱研究的概念,以及它们与社会结构、环境和规范相关的方式。我们已经表明这个概念可以应用于、甚至推动同性恋体验这个重要领域的研究。实际上,它对社会学研究中其它几个广阔领域的深入研究具有启示意义。

因此,在某一时间点或某一文化中被认为是"不合理的痛苦",在另一种文化中可能被认为是合理的,甚至是值得同情的。至少在一些社交圈里,就与出柜相关的痛苦而言,北美男女同性恋者的情况就是这样。与同情一样(Berlant,2004),既然"不合理的痛苦"的属性并非一成不变,那么探究跨越时空的社会如何建构"不合理的痛苦"就显得非常重要。当我们在历史的长河中向前发展时,尽管人们对标准一致的发展或"进步"已形成一定的认识,但时间并非是一个统一的标准,合理性的属性变化既存在于不同社会环境、不同地点、不同时期之间,又存在于它们之内。同样,"不合理的痛苦"这一概念可能会结出硕果的未来研究领域已经出现,这些领域将检验以斯佩克特(Spector)和基特苏斯(Kitsuse,1977)的研究为基础的许多作者的研究成果,斯佩克特(Spector)和基特苏斯(Kitsuse)在其发表的声明中讨论了社会问题的产生及其社会结构,该研究工作本身更新并拓展了霍华德·贝克尔(Howard Becker,1963)早期的研究。在这一领域,洛塞克(Loseke,1993)的研究尤其具有启示意义,在洛塞克(Loseke)看来,正在形成中的社会问题是一个寻找受害者的问题。实际上,这个观点可被拓展为正在形成中的社会问题是一个需要寻找支撑合理痛苦的证据的问题,或者是声明发布者竭力把不合理的痛苦变成被社会承认的合理痛苦的问题。

如上面所概括的那样,经历"不合理的痛苦"的行动者面临几个选择。通过理解面临"不合理的痛苦"时制约不同选择和为不同选择创造条件的因素,我们可以更清楚地分析社会问题的发展过程。不要简单地把社会问题视为寻找受害者的问题,这样我们可以更好地理解社会进程,该进程让声称应获得他人认可的社会自我和关系得以形成。实际上,埃米利奥·维亚诺(Emilio Viano,1989)提出的用于分析种种受害行为的产生,以及为这些受害行为获得社会认可而抗争的四个阶段模型,也可用这种方式重新阐释。不过,用其他最近开展的,针对情感以及社会运动(该运动考虑了社会范畴、问题、规范的产生及其演进之中的结构关系和权力关系)之所以产生的研究工作,来补充此类相对多元的研究也非常重要。最后,考虑具体情感在揭示社会行为和社会运动新的意义或内涵中所起的作用也非常重要。

采用我们的"不合理的痛苦"概念开展进一步研究的第二个领域关注的内容是,痛苦的相对合理性或不合理性取决于那些正在讨论此问题的人的视角。实际上,对一个人来说应该得到的同情、关注、赔偿,可能被他视为合理的痛苦,则有可能被另一个人认为是不合理的,甚至是理所应当的。因此,"不合理的痛苦"这一概念除了具有理解基于身份的社会改革运动的效用之外,考虑"不合理的痛苦"在社会冲突中的潜在作用也非常重要。比如,围绕谁是冲突中"真正的"或"最大的"受害者,霍尔斯坦和米勒(Holstein and Miller, 1990)讨论了"受害者竞赛"问题(113 - 15),肯尼和克莱尔蒙特(Kenney and Clairmont, 2009)通过对恢复性司法青年会议的观察,已经注意到针对受害者的攻击性言辞和防御性言辞的使用。实际上,至少在一定程度上,也许可以考虑把与社会学的三位一体种族、阶层和性别相关的更广阔的社会冲突,视作处处隐含了一个群体的苦难的合理性/不合理性问题。因此,"不合理的痛苦"这一概念有助于我们理解对社会运动的反应或者抵抗,这些运动源自与痛苦体验相关的合理性诉求。实际上,这个概念为让我们理解社会运动及对其抵抗增加了现象学层面的阐释深度和一个具体视角。

第三,除了上述社会运动与社会冲突领域,探究"不合理的痛苦"动态的、具体的特性同样重要。尽管从理论上来说,登青云(Denzin)和弗罗因德(Freund)整合对现象和身体的研究之后提出的构想受到欢迎,但仍有必要对社会中"不合理的痛苦"作深入的定性分析。① 尽管说可能难以接近并获得"所受的痛苦被人污蔑"的群体或个体的信任,索茨(Thoits, 1990) 提出的,借此可更好地描述情感异常的四种结构状况可被证明为招募参与者的有用的起点,而且通过提供可以集中和分散参与者诸多可能的结构性力量还可以证明,它们在编码和分析的初始阶段是有用的。

即使在招募参与者时存在困难,但从现象学视角理解"不合理的痛

---

① 本书中西奥多修斯(Theodosius)采用的那些方法可以作为一个例子来证明,为何说它们尤其有益于更好地获取与社会环境相关的主观体验。

苦",将成为推动从社会学视角理解情感、身体、健康和基于身份的社会运动的重要一步。如果"不合理的痛苦"被置之不理的话,可能会导致一些愤怒的行为,比如人际暴力或别的形式的犯罪行为,这在关于蒙羞的研究(Katz, 1988)及谴责罪犯的叙事(Maruna, 2001)之中可见一斑。同样,"不合理的痛苦"可能导致二次受害(Kenney, 2002b),于是,一个人在对痛苦作出社会反应或其痛苦被社会忽视时,接受了受害者的角色。

总之,我们认为"不合理的痛苦"这一概念可能对理解如下三个方面尤为有用。(1)社会问题的产生、声明发布者以及社会运动的发展;(2)因为对基于身份的社会运动作出反应或抵抗,而导致了社会冲突的形成及其细微差异;(3)与具体而富有生命力的痛苦相关的变量的影响和关系,该痛苦尤其与社会学领域中涉及身体、健康和异常行为的文献描述相关。但是,这并不是一个详细清单,我们猜想这个概念可以应用在许多不同的环境中。比如,本书中德里(Deri)的研究可能运用了这个概念来了解,在多角恋关系中,感知因嫉妒而导致的痛苦中潜在的损失这一做法,如何被他人理解,如何被效法。

最后,未来的研究必须整合但必须超越与规范相关的外部问题,比如需要坚持"同情的礼仪"规则(Clark, 1987),依据"表达"和"感情规则"(Hochschild, 1990)"管理"某人的情感,以及必须回避"情感异常"(Thoits, 1990)。考虑任何特定的社会或社会情境中不合理痛苦的病因同样重要。当然,索茨(Thoits)提到的结构变量,如多角色占用、亚文化的边缘性、规范的和不规范的角色转变,以及决定当前角色和礼仪的严厉规则,为研究网站提供了有用的想法,她建议我们把自助和抗议团体纳入考虑范围,这同样为研究网站提供了有用的观点(188)。同样,弗罗因德(Freund,1998)建议对背负了被强加的且压力巨大的情感工作的下属、少数民族以及那些必须处理社会侮辱和视"改变"为"正常"的人(281-2)开展研究,这么做也是非常有用的。实际上,我们建议开展这方面的工作,其依据是"表明社会结构的不平等性、社会结构的歧义性,以及身体/精神健康问题之间存在联系的健康社会学中早已存在的文献"(Clarke, 2004; Stolzman, 2000)。

此外,其他领域的研究很可能展示了其研究风貌。实际上,从现象学视角关注富有生命力的身体的"不合理的痛苦",很可能是希林(Shilling, 2003: 8)称为社会理论和研究中身体的"缺席的在场"的一个核心成分。然而,忽视"不合理的痛苦"会让我们无法摆脱自我,无法采用能挖掘我们的常识性假设和理解背后的内涵的社会学视角:仅仅因为社会上不同形式的安排有序的痛苦被视为是不合理的,我们还不能认为在社会学的分析中可以忽视那些痛苦——实际上,这种在社会和文化层面上被允许的忽视,其本身可被证明是一个重要的社会力量。不过,通过致力于研究这个观点,并把它视作一个敏感的概念(Blumer, 1969),我们期待能让大家充分理解社会学研究中的许多关键领域。从这个意义上来说,至少我们可以质疑,我们是否需要继续把痛苦视作一个零和游戏,其中一个人或一个群体合理的痛苦侵犯了别人的权利,我们甚至可以探索未被承认的痛苦如何被融入社会组织,尽管——或者说实际上因为——它的不合理性。

第五章 情感限度内的宗教：柏格森与康德

亚历山大·勒费布尔和梅拉妮·怀特[①]

> 与人类并存的宗教，必须适应人类的结构。
>
> ——亨利·柏格森《道德和宗教的两个来源》

引言

有几个原因可用来解释康德(Kant)与柏格森(Bergson)之间的对立，或许最明显的莫过于他们对待宗教的态度。然而，尽管在对待宗教问题上他们的分歧非常典型，可柏格森(Bergson)与康德(Kant)的对立却来源于一个共同的见解：他们都设想人类被赋予过度的理性，这种理性会扭曲甚至破坏人类生活。宗教是研究情感，尤其是研究理智与情感之间关系的享有特权的领域。当然，这些术语需要具体化；但是，作为本文起点，我们认为哲学和神学一样，都普遍认为宗教是情感与理智对立的典范。一方面，宗教一直都未受重视，被斥为"伪装成神学的人类学"(福伊尔巴克，Feuerbach)，"意识形态和虚假意识"(马克思，Marx)，"幼儿神经症"(弗洛伊德，Freud)，"关于感觉的荒谬表达，被毫无诗歌和音乐天赋的形而上学家们传播开来"(卡纳普，Carnap)，以及"范畴错误"(赖尔，Ryle)(参见 de Vries, 1999:2—3)。另一方面，从卢瑟(Luther)到当代的福音传道，信仰和信念一直就是接触"无法被人类理性所理解和接近的"上帝的唯一途径(Luther, 1969:30；也可参见

[①] 本章谨献给比阿特丽斯(Beatrice)，她虽然没参与本章的写作，却使一切变得更加快乐有趣。

Connolly,2008:39—68)。总之,这些观点表现出一种自相矛盾(即在相互对立的方向中形成的共同的预设)。从理智与情感之间相互的对立面出发,一种观点认为,当人的理智控制了情感时,宗教就会消失,另一种观点认为,如果信仰可以不受理智操控,宗教将会一直存在下去。

之所以说康德(Kant)与柏格森(Bergson)对情感社会学的研究具有重要价值,主要是因为他们批判并避免了这种矛盾。正如我们在下文将要看到的那样,康德(Kant)认为,与其说是反对情感过度,不如说是对理智的过度使用导致了过度的情感反应。① 柏格森(Bergson)认为,情感的目的在其用来检验理智令人沮丧和分解的倾向。正是基于这种反对理智与情感对立的观点,我们转而探索二者之间的关系,这彰显了本文的目的:借助康德(Kant)和柏格森(Bergson)关于宗教的讨论,来评价情感的本质、功能与来源以及它与理性的关系。

根据康德(Kant)与柏格森(Bergson)针对理智内部潜在的狂热各自所持的观点,我们建议深入研究他们对宗教的看法,继而探讨他们对理智和情感的认识。为了更清楚地解释康德(Kant)与柏格森(Bergson)共同的观点,我们先来看斯坦利·卡维尔(Stanley Cavell,1979)针对康德(Kant)重要的宗教作品——《单纯理性限度内的宗教》(*Religion within the Bounds of Bare Reason*)所撰写的一篇出色的评论,"这是典型的康德式做法,他超越了可以预期的启蒙运动,这场启蒙运动在最著名的非理性领域(即宗教)内从事着用理性对抗非理性的事业。书中部分章节的合集称为综合观察,每一章分别总结了康德(Kant)宗教作品四个组成部分的其中一个,它们共同构成了我所认为的关于非理性的一般理论,这个理论系统地描述了这样一类现象,每一个现象分别代表了人类理性的一种特殊的变形。康德(Kant)分别称这

---

① 若要针对康德(Kant)和情感开展有价值的研究,特别是他对过度理性和病态般的激情之间相似之处的关注,可参见凯吉尔(Caygill,2006)。针对社会学视域下柏格森(Bergson)意图颠覆理智与情感之间传统对立的论述,参见盖姆(Game,1997)如何应用柏格森的"创造性情感",以便在知识实践中构建一个培育奇迹、爱和欢乐的"充满激情的社会学"(398)。另外参见鲍尔(Power,2003)把"创造性情感"的讨论视作一种定性的、多样性的讨论,这种多样性肯定了在自由中共同生活、相处一处时应采取的新的生活方式。

四个组成部分为:狂热、迷信、幻想和巫术"(455)。

卡维尔(Cavell, 1979)这样赞美道:康德(Kant)是出色的,他向我们展示了理智威胁要强加其自身的一些特定的扭曲形式。我们将对卡维尔(Cavell)评论的内涵进行扩展。第一部分将详细描述康德(Kant)眼里的理智如何引起不计后果的情感,如激情或热情。① 第二部分将转向柏格森(Bergson)关于"静态宗教"的讨论。其中,直觉与情感抵消了人类理智那令人沮丧和挫败的能力。第三部分和最后一部分将聚焦柏格森(Bergson)对"动态宗教"中的爱进行的比较棘手的讨论。爱对于《道德与宗教的两个来源》(*Two Sources of Morality and Religion*)来说极为重要。情感不仅将我们从发动战争的本能倾向中解救出来,还反击了将人类与上帝和尘世分隔开来的理性倾向。当我们试图定义柏格森(Bergson)提出的致力于限制理性的"创造性情感"这一概念时,我们集中讨论爱(可能很冷酷无情),并对标准进行详细说明,以便明确它的功能。我们主要作出了两个贡献。第一,通过对比一个宗教观念,即理智高于情感〔康德(Kant)〕还是情感高于理智〔柏格森(Bergson)〕来对情感进行具体分析。第二,作为对康德(Kant)宗教哲学的延伸与批判,我们将对柏格森(Bergson)的《道德与宗教的两个来源》(*Two Sources of Morality and Religion*)进行新的解读。

康德(Kant):对理性的狂热

在第一版《单纯理性限度内的宗教》(*Religion within the Bounds of Bare Reason*, 1973)的前言中,康德(Kant)明确表明宗教是道德的产物,而不是反过来。事实上,他认为"道德根本不需要宗教……而是通过纯粹的实践理性(道德)的力量达到自足的状态"(2009:3)。纯粹

---

① 翻译问题使康德(Kant)对情感、情绪、激情与热情之间的细致区别变得复杂化了。例如,情绪常常不加区分地被当成激情、情感和感染(为讨论之需,参见 Caygill, 1995:56-9,313-14)。概略地说,我们用激情指代一种情感,这种情感由于过度理性已体现病态的特征并具有潜在的破坏性。这一用法为康德所特有。针对情感这一概念被视作激情和情绪的世俗化一有趣的讨论,参见狄克逊(Dixon, 2003)。

的实践理性完全地、无条件地控制着人们的意志,不需要通过外部的(宗教的)目的来了解一个人的责任或迫使它发挥作用。然而,康德(Kant)并没有在道德与宗教之间建立一个直接且必然的关系。二者的关系根植于这个事实,即道德对它在世界中的实现并非没有关注。实际上,将道德与其经验的存在统一起来是一种责任。康德(Kant)称之为至善。但是,由于至善的实现视超出了有限个体控制的情况而定,我们只能假设——但仅仅作为一种理性原则或思想〔康德(Kant)会称之为"反身性"假设(52)〕——"只有一个高大、道德、神圣和全能的人才能将善的这两个要素统一起来"(5)。因此,宗教是纯粹实践理性自然且必然的产物。总之,康德(Kant)强调了两点:第一,道德是宗教的基础;第二,宗教并不是一个意外或偶然的现象,而是为了满足道德的内在需要,即至善的实现而产生的。简言之,"道德必然导致宗教的产生"(8)。

用柏格森(Bergson)的话来转述这一观点就是:单纯理性应该是人类行为与宗教内容的来源。然而,有一种可能:理性不能决定这两者之中的任何一个。换句话说,行为与宗教可能存在除理性之外的其他来源。这一可能对于康德(Kant)来说至关重要。它恰恰代表了人类特有的引起两种悲伤的条件:罪恶与狂热。一方面,罪恶之源在于人类接受了一条准则,这条准则通过感官的本质而不是道德规范来决定人类的意志。另一方面,狂热之源在于教会规则的创立以及不被纯粹的实践理性支持的实践。我们分别来讨论这两个方面。

罪恶

康德(Kant)所持的一条基本原则是,罪恶的根源在于选择的自由。因此,康德(Kant)反对两大传统。一是反对基督教教义,康德(Kant)认为罪恶不是人生来就有或是继承得来的。对于他来说,这是将罪恶归咎于不属于我们的行为,这将抵消罪恶应承担的责任(2009:04)。二是与斯多葛哲学相反,罪恶并不存在于各种感觉或自然冲动之类的东西之中。通过将罪恶根植于我们的自然法则中,同样撇清了人类的责任(57—9)。康德(Kant)的观点不是要否定人类感觉的本性(包括自然需求和情感),而是要将其置于适当的位置。只有当我们把追求感官享受提升为行为准则时,它才被称为罪恶。因此,康德(Kant)认为,道德的人生需要在决定人类行为和自然需求的理性,与从属理性的情感之间作出合理的安排。正如阿诺德·戴维森(Arnold Davidson, 1993)所言,"之所以将(感官本性)纳入,是因为我们期望确立正确的生活方式,并且为动物与神明之间的纽带提供一个合适的结构。我们对合适的结构进行的选择就是对人性的选择"(83)。我们要强调的是,考虑到用一个病态的准则去替代道德的准则,这一诱惑无法根除——因此,康德(Kant)认为人类的罪恶是普遍的或者"激进的"(32)——道德或理性的生活不需要从自然需求或情感中解脱出来。我们只需让它们保持在适当的位置。

狂热

尽管《单纯理性限度内的宗教》(*Religion within the Bounds of Bare Reason*)从论述罪恶开始,但很清楚的是,康德(Kant)同时关注着一个更隐蔽的危险。这一危险出现在对该书四个组成部分的每一部分进行总结的一般性评论之中。在评论中,康德(Kant)认为,为了解决由人类罪恶本质引起的道德问题,一些想法随之产生,尽管它们不是理性的宗教的构成要素,"意识到自己不能正确处理其道德上的需求,理性把自己向奢侈的(或超验的)想法延伸以弥补这一不足,而没有把这些想法作为被扩张的财产的一部分而据为己有。(理性)未对这些想法的可能性或现实性提出质疑,只是不承认它们是思想和行动的准则"(2009:52)。

在本文写作之前,康德(Kant)在十多年来写的一封信中对"不同年龄的人可能陷入无尽的宗教疯狂"进行了评论(Kant, 1967:83)。我们可以说,一般性评论中的疯狂具体分为三种:优雅(评论 1 和 4:实践可以抚慰超自然的信念)、奇迹(评论 2:相信与经验法则相矛盾的事件)和神妙圣事(评论 3:相信对理性来说难以理解的概念)。一方面,康德(Kant)承认,这些观点对包装或表现纯粹实践理性这一概念具有价值。

我们一会儿将谈到,它们是对道德需求的回应。但是另一方面,通常情况下(可能"在任何时代"都不可避免),这些理性的观点都被误解为对超自然的积极的见解。准确地说,不是这些观点本身,而是这个误解歪曲了理性。也是这一误解让一般性评论达到深度统一。虽然表面上它们是三种截然不同的宗教幻想,但实际上可以归结为一个原因:未能将纯粹实践理性作为宗教的唯一来源。本节接下来的部分将讨论两个问题。第一,理性如何引起宗教特有的幻想?第二,理性以何种方式激起它本应抑制的狂热?[①] 讨论这两个问题就要提到柏格森(Bergson),他坚持与康德(Kant)对话,同样描述了理性与道德需求、幻想与狂热之间复杂的内部关系。

我们从理解幻想与狂热的根源时所犯的错误入手。在其批判性作品中,康德(Kant)宣称人类需要把概念与感性的直觉或具体实例关联起来。根据不同关注点存在的不同问题,这种关联性被冠以不同的名称:针对理论理性的"图解式说明"(Kant, 1996a:A137—B176),针对纯粹的实践理性的"典型性"(Kant, 2002:67),以及针对审美判断力的"象征性"(Kant, 1987:58)。宗教也不例外;实际上,如下这种需求比较紧迫,"由于全人类对'最崇高的概念'和'理性的依据'的自然需求,这些概念和依据是感官能够把控的东西,即某些由经验确认的东西以及诸如此类的(如试图普遍地引入一种信念时,某人需要实际考虑的一种需求)东西,所以,我们必须依靠某种过去的宗教信仰,这种信仰也通常被发现近在手边"(Kant, 2009:110,修正的翻译)。

康德(Kant, 2009)在两个层面上进行了论证。在历史层面上,他认为一种新的宗教若想被世人接受——即使是卓越的理性的宗教,基督教(127)——它的教义必须借助于可感知的例子,即便这些例子看起来与它的合理内核相矛盾(如奇迹)。康德(Kant)期望的是,一旦理性的宗教被人们认同,它就不再借助这些可感知的例子(152)。但是,在更

---

① 有关康德(Kant)积极评价热情和偏好的讨论,大多出现在《判断力批判》(*Critique of Judgmen*)和《论学科之冲突》(*Conflict of the Faculties*)中,参见盖勒丝(Gailus, 2006:28-73)和利奥塔(Lyotard, 2009)。

深层次或更普遍的层面上,能恰当体现纯粹实践这一概念的例子,就反映在这样的人类需求之中。为了便于理解,道德概念必须图式化。比如,基督就是用来阐释人类在道德上取悦上帝的一个明显的例子。作为连接上帝与人类世界的桥梁,基督为基督徒如何在生活中发挥模范作用作出了示范(63—6)。只要我们知道这些例子是用来解释纯粹实践概念的,它们就是完全可以接受的,甚至是可取的。它们不仅是必要的,而且是有益的,它们可以生动地表达道德概念。

然而,例证带来了独特的危险:它们可能被误认为是它们原本想要表达的概念。风险在于我们可能会颠倒概念和直觉间的优先顺序,以至于直觉变得最重要。因此,我们有可能把对道德概念的解释视作它的谓词,这种可能性是宗教图式化的固有成分。这一失误使我们从正面认识超感觉,"这种思考方式(通过可感知的例证解释纯粹实践概念)是我们不能抛弃的类比图式化(目的是阐释)。但将其转变为由目标决定的图式(以扩展我们的认知)就是神人同形同性论。从道德目的来看,这种理论会产生最危险的宗教后果"(2009:65)。在理论认知方面,这个问题不会存在。① 感性并未阻碍对人类知识的获取,也未对人类知识的储备进行限制,而是对人类知识进行定义。但由于实际原因,感性会造成双重威胁:第一,我们可能把感性的本质当成行为准则(罪恶)的基础;第二,将模式作为对目标本身的规定(幻想)。理性的后一种诱惑,兼具自然的与堕落的属性,它是宗教幻想的根源。由于理性具有追求绝对的事物以及彻底了解超感觉的内在倾向,理性引起了错觉,认为纯粹实践概念(只有启发作用)的合理模式就是超感觉的认知。现在剩下的问题便是要看一下理性如何激起狂热和激情。

我们可以通过康德(Kant,2009)对《圣经》的阐释所作的讨论来分析这个问题。回顾一下,道德是宗教的基础(即纯粹的实践理性),所以,所有的宗教大体相当:每一种宗教都有一个由各种形式的阐释和叙

---

① 如果得到更好的解决,它不会以这种方式出现。当我们脱离了可能的体验规定的限制时,具有辩证性质的幻想就会在理论理性之中产生。当我们用合适的例证来替代它们意图表达的理念时,妄想就会在纯粹的实践理性之中产生。

事发展而来的合理内核。当然,某些宗教更忠实于这个内核,但一切都在内核之中(111)。于是,对于康德(Kant)来说,对《圣经》进行解释的关键是纯粹的实践理性:有鉴于(启示录的)文本,"(理性的)解释,似乎通常都过于勉强,可能有时确实过于勉强;只要文本能够容忍(接受)它,相对于那种要么其自身内部根本没有包含道德的东西,要么与道德动机反其道而行之的对《圣经》的字面解释,那种解释是较为可取的"(110)。建议用纯粹的实践理性来解释《圣经》是出于两个原因。首先,它是道德的,能够启发研究。其次,它被普遍共享,以确保能被公开讨论和争辩(参见 Rawls, 1989, 1999)。但是,当旨在表示宗教概念的图式的理性基础被削弱时,会发生什么情况呢?康德(Kant)的回答是,源自经验的信念和主观感受是解读经文的基础。康德(Kant, 1996b)认为,如果没有一个纯粹的实践理性的核心,对《圣经》进行阐释的基础则建立在"一种特定的感觉(尚未证明且令人费解)"上(Ak 285;也可参见 de Vries, 2002:67—87),康德(Kant, 2009)批评的直接目标是卢瑟(Luther),因为卢瑟(Luther)认为,除信仰外,不需要别的标准来解读经文。康德(Kant)批评了这种把体验视为"启发"的功能,因为它威胁要把各种任意性和狂热引入宗教(83)。

迄今为止,我们已看到理性失去相对优先性的两个例子:(1) 是启示而非理性提供了宗教概念(错觉)的要旨;(2) 是感觉而非理性提供了宗教解释和实践(狂热)的基础。康德(Kant)的过人之处,如果我们可以这样说的话,在于他已经表明了妄想和狂热之间的关系。相信启示是不理性的,因为我们会被要求相信基于经验的事件给我们提供的超感觉方面的知识。任何被给予特权的宗教都会将信仰转变成可被感知的坚定的信念。或者,换句话说,当一个自然的道德需求(为了更好地阐释纯粹实践概念)被认为是超感知(错觉)的实证知识时,信仰便丧失其理性基础(因为其本身已依附于启示而非道德),将感觉作为接近超感觉(狂热)的认知和实践方式。康德(Kant)更大的成就是已经清楚地描述了错觉和狂热相联系所带来的灾难性后果。一方面,宗教团体变得封闭起来(从字面意义看范围狭小),因为它们仅以其团体成员个人所拥有的求同感觉为基础;另一方面,信仰变成强烈的激情,因为它已经用断言取代了论辩。对理性的狂热造成的结果是,通过假定超感觉概念具有正面知识——某些我们无法获知并且道德上也不需要的东西——感觉为宗教热情铺平了道路。这种热情只能教条般的坚守它的信念与实践。

柏格森(Bergson):分解的和败坏道德的理智

在几个方面柏格森(Bergson)不可能与康德(Kant)相去甚远。安妮·索瓦尼亚格(Anne Sauvagnargues, 2004)曾俏皮地指出,柏格森(Bergson)是一个"反康德"者(155;也可参见 Merleau-Ponty, 1960:288)。吉勒斯·德勒兹(Gilles Deleuze)也认为,康德(Kant)对于柏格森(Bergson)来说是一个"参照点",从康德(Kant)那里,柏格森(Bergson)反复测量着他的距离(2004:166;1991:23)。在一些重要方面,情况确实是这样,我们将在两个方面明确阐述柏格森(Bergson)与康德(Kant)基本的对立。首先,在柏格森(Bergson)看来,道德和宗教的起源是生物学。的确,柏格森(Bergson)的《道德与宗教的两个来源》(*Two Sources of Morality and Religion*)是社会生物学领域论述宗教的杰作(Ansell-Pearson 和 Mullarkey, 2002:37)。其次,对于柏格森(Bergson)来说,宗教和道德都不能在单纯理性的界限内发生。相反,宗教和道德均涉及情感。然而,尽管有差异,我们认为柏格森(Bergson)的《两个来源》(*Two Sources*)重申了康德(Kant)宗教哲学的主要见解。具体来说,我们发现,因为从康德(Kant)那儿受到启发,柏格森(Bergson)识别了理性内部试图对情感进行招揽并与情感相结合的那些幻觉和危险。

柏格森(Bergson)通过对康德(Kant)的持续关注开始了《两个来源》(*Two Sources*)的撰写,总的来说,这给我们准确勾勒出了整本书的主要论点。在他的整个实用写作过程中,康德(Kant)找出一组特别的情感,他称之为理性情感。对于康德(Kant)来说,这些情感之所以特别,是因为它们在我们履行责任时自发产生。对蒙羞、崇高、尊重和敬畏的体验体现了我们道德准则的典型经历。道德准则把我们的感官本质变成次要东西,而没有在理性之外施加任何刺激(参见 Saurette,2005)。柏格森(Bergson,1977)通过指责康德(Kant)犯了一个"心理错误"来开始他的批判:康德(Kant)之所以把其严肃且不可改变的观点归因于道义责任,是因为他认为那些与欲望斗争的特殊时刻便是我们正常的斗争体验(20)。对于柏格森(Bergson)来说,问题在于这种方法从其偶尔的实践经历考察了道义责任的超验本质。如此一来,它既解释不了道义责任的来源,也无法解释道义责任的本质属性。

那么,道义责任的本质是什么呢?柏格森(Bergson,1977)的经验法则是着手处理任何官能——道德的、认知的或语用的——通过询问它如何帮助拥有官能的生物进行生存和繁衍。简言之,责任的作用是将个体融入社会群体中,以确保它的健康和凝聚力。注意到如下这一点至关重要,即和康德(Kant)不一样,柏格森(Bergson)并没有将"生活中最普遍的现象"——责任仅仅局限于人类生活(29)。因此,柏格森(Bergson)以颇具讽刺的口吻想象如下情形,"如果我们想要获得一个纯粹的绝对命令,我们必须通过推理构造一个……让我们试想一只蚂蚁。它因反思而受到刺激,于是它断定它原来一直不停地为其他蚂蚁工作是错误的。它懒惰的倾向,就像智力之光一样仅会持续片刻。在最后时刻,当重新获得优势的本能迫使它继续工作的时候,作为告别词,即将被本能控制的智力会说'你必须因为你必须'"(25)。

我们看到康德(Kant)观点的三个重要的转变:第一,康德(Kant)认为,理性对责任下达命令,而在这儿智力成为不合群行为的条件。只有当蚂蚁进行反思,并且只要它能够一直反思下去的时候,它才质疑其对蚁群归属和责任的必要性。第二,本能使个体回归他的社会责任。对于康德(Kant)来说,感觉和本能的本质是利己的。与康德(Kant)相反,柏格森(Bergson)认为,正是本能重申了自我,并且反对智力建议的暂时的利己主义。第三,智力弥补了本能的不足之处或支持本能。智力和以前一样,为两支队伍同时效力:它是导致个人主义第一次危机的原因,但是然后呢,一旦个体重新融入群体,它便发布散漫但又无条件的命令。这种命令使本能的力量有效地倍增。这样一来,柏格森(Bergson)让智力在履行责任中居于次要地位,从而有效地颠倒了康德

(Kant)赋予理性的优先权。

当然,蚂蚁是一回事,人类则是另一回事。但是,柏格森(Bergson)的观点是两者都根据自己具体的构成在履行相应的责任。诸如蜜蜂和蚂蚁等昆虫的社会结构直接由它们天生的结构所决定的一样。在那里,责任产生的压力是本能的反应。正如柏格森(Bergson,1977)指出,社会生活是本能所固有的(27)。现在来思考一下人类的情况。人类的责任回应了蚂蚁遇到的同样问题:如何把个人与群体进行整合。但是鉴于人类具有智力,责任便以一种独特的方式表现出来。与此同时,一个关于生命的普遍现象是,依据所要讨论的具体的人,责任表现的方式也不相同。从《创造性进化》(*Creative Evolution*)中借用一句美妙的表达,昆虫和人类的责任"代表了对同一问题两种不同的解决办法"(Bergson,1998:143,修订的翻译)。

人类责任以何方式呈现?柏格森(Bergson,1977)的回答非常果断:习惯。根据柏格森(Bergson)的观点,人类的社交生活是由一系列相互交织的对不同群体的责任组成。例如,家庭、职业、教堂和国家,等等。这些责任通过它们在习惯中的体验变得具体而平凡。在习惯中践行之后,责任与其说是强压给我们的一种力量,还不如说是一种生活的组织形式或本质,"等到责任已完全具体化的时候,(责任)与某种趋势相一致,我们对它如此习以为常,以至于我们发现它很自然地在社会中扮演与我们身份地位相关的角色。只要我们顺从了这一趋势,我们就几乎感觉不到它。和所有根深蒂固的习惯一样,只有在我们离开它的时候,它才会显示其不可或缺性"(19,补充后的强调,修正的翻译)。

对这篇文章一系列的评论将把我们直接引到宗教这一话题上来。首先,当柏格森(Bergson,1977)指出习惯看似自然的时候,你若从字面上来理解他说的话,则容易上当。有效的习惯与未加思考的表演中的本能相似,但情况并非仅此而已。柏格森(Bergson)的论点更加有力。习惯是本能认为"被赋予可变性和智力的生命体"应该具有的形式(28)。习惯在动物王国中完成了本能所应承担的工作:它履行了责任,保证群体团结。因此,习惯和本能是责任的变体。它们形成了人类和动物社会之间的连续性与差异。

其次,尽管动物本能是固定的(因此它们建立的社会是预先确定的),但是,它们的习惯完全是偶发行为。因此,人类社会也是如此。正如一位解释者所说,"柏格森(Bergson)根本没有断言组织的社会和政治形式是由生物性决定的"(Marrati,2006:595)。柏格森(Bergson,1977)所坚持的唯一必要性便是养成对习惯的习惯(26)。没有习惯,人类社会便不复存在,因为它会丧失道义责任之类的东西。如此一来,柏格森(Bergson)设定了非社交性的限度。智力可以为利己主义提供建议,可以破坏任一特别的习惯或责任,但智力对习惯之类的东西进行挑战,这令人难以置信。康德(Kant)不承认人类是邪恶的以及人类能够否定道德准则的形式,和康德(Kant)一样,柏格森(Bergson)强调,即使智力否认任何具体的责任,它不可能挑战责任的形式。第三,柏格森(Bergson)认为责任和义务从根本上来说是被动的。我们必须塑造自己的道德,培养自己的习惯。事实上,根据柏格森(Bergson)的观点,人类应该付出更多的努力来抵制习惯和道德,而不是服从于它们。如果把康德(Kant)的观点颠倒一下,我们可认为,对于柏格森(Bergson)来说,人类的善是根深蒂固的,这个事实证明了人类的懒惰,而非其正直的品性。

让我们把前面的内容总结一下。责任并非起源于理性,而起源于生物学。动物和人类的责任对个体融入团体的迫切需要作出了回应。人类在这方面表现较为突出是因为他们被赋予了智力。拥有智力也会带来风险:通过消除对责任的约束,智力威胁着社会秩序。通过充当本能的代理人,习惯可以减少这种威胁;然而,当这种威胁适应了具有智力的生命体之后,具有智力的生命体便会违反责任,这种可能性将长期存在。在这个当口,柏格森(Bergson)引入了宗教。简言之,宗教具有准本能功能,这种功能把人类从智力中解脱出来。柏格森(Bergson,1977)明显以康德(Kant)的口吻开始他对宗教的分析,"过去一直存在什么样的宗教,现在就有什么样的宗教,这种假象实在是对人类智力的羞辱……但是,这倒没什么,人类必须面对事实。人类是唯一有理性的动物,也是唯一将自己的生存寄托在非理性事物身上的动物"(102)。

除了对蒙羞的经历这种明显的康德式情感的讨论,柏格森

(Bergson)认为理性生命体的存在成为迷信和错误产生的条件。动物是不讲迷信的,这是一个事实。这个事实让人类从非理性(而不是无理性的)动物中脱颖而出。因此,柏格森(Bergson)要解决的问题(1977)是去解释"一点也不理性的信念和实践以前是如何被理性的生命体所接受的,以及现在是如何被理性的生命体所接受的"(103)。柏格森(Bergson)和康德(Kant)之间进一步达成的共识是,他们都将宗教(和宗教错误)看成"人类思维的一般结构",他们拒绝将其局限在遥远的或者原始的过去(104)。卢西恩·利维—布鲁尔(Lucien Lévy-Bruhl)假定原始的思维和西方的思维之间存在差异(1923)。柏格森(Bergson)则撰文反驳,他坚持认为如果我们透视事物内部——特别是当人类表现出震惊或悲痛时——我们可以重新认识与智力相生相伴的原初的和长期存在的迷信。

现在我们来做一关键性的对比。对于康德(Kant)来说,理智必须批判或检查自己的过度伸展。这种过度伸展为幻觉和被动性所鼓励。理性体现出临界极限的特征。相比之下,对于柏格森(Bergson)来说,迷信本身是有益的检查,这一检查降低了理智的危险性。因此,迷信体现出临界极限的特征。这就是我们必须重建的柏格森(Bergson)那令人惊讶的结论。把理智带来的危险全部列出来是一个不错的开头:(1)商讨利己主义(这具有分解的能力);(2) 知道我们会死(这会败坏道德);(3) 不完全预测未来(这会令人焦虑)。首字母为 D 的两个单词可以总结这些危险:智力既是可分解的,又是可以败坏道德的东西(Bergson, 1977:205)。因此,如果聪明的生命体想要兴盛的话,人类生活必须解决智力提出的具体问题。

> 如果在某些特定的时刻,智力威胁要破坏社会的凝聚力——如果社会必须继续下去的话——在这些时刻,就必须要有一种牵制智力的平衡。如果这个平衡不可能是本能本身,因为它的位置已被智力取代,那么虚构的本能也必须达到同样的效果……(这种虚拟本能)不能直接行事,但是,既然智力致力于表现,智力便会考虑一些"虚构的"表现,这些虚构的表现与现实表现相反,并且借助智力本身,它们成功地对智力

工作产生反作用。这将为创造神话的功能提供解释(1977：119,补充后的强调,修订的翻译)。

创造神话的功能——即柏格森(Bergson)所称的虚构情节——是宗教的核心。其目的是做出对行事和生存有害的智力倾向进行核查的一些姿态。正如一位解释者所说,"虚构情节是智力的一种行为,但它的基本功能是抵消智力本身内在的一些倾向"(Bogue,2006:204)。柏格森(Bergson,1977)详细描述了虚构情节,可以说它是一种智力或虚拟本能。兼具本能和智力,虚构情节的本质是构建能够"阻碍我们的判断和反对我们的理性"(109;也可参见2005)的表现形式(小说、神话、记叙以及幻觉等)。①

总结一下本节内容。我们大体概述了智力与神话,或为阻止危险而由虚构情节所采用的表现方式等所导致的三种危险。我们也明确了产生于宗教或受宗教信仰强烈影响的情感。对于柏格森(Bergson)来说,因为宗教是智力的一个特征,所以这些情感是人类在所有时代和所有地方都存在的典型特征。简言之,宗教催生了人类情感生活的大多数领域。

利己主义

对于柏格森来说(Bergson,1977),是智力而不是理性呈现出病态,因为"(智力)首先会为利己主义提供建议",并且无视给予群体特权的本能(122)。为了反驳利己主义,我们的神话创造机能产生一种虚假的感知或回忆,"现在,一名护卫者出现在敞开的门前,挡住道路,赶走行人。因此现在,这个城市的某位保护神在那里进行阻止、威胁和惩罚"(122)。所以,借助一种禁止、判断和惩罚他人行为的神权力量,宗教让社会责任翻了番。在这个作用中,虚构情节强化了为群体的延续性提供的诸如责任、忠诚、强迫、恐惧、内疚以及道貌岸然等情感。一旦宗教假定了一位保持警觉的神,整个的人类情感便得以确立和加强。

---

① 在我们的用法中,情绪是一个更高阶的词语,它包含诸如懒惰、被动和懒散等气质,它们被冠以一个不太恰当的词,"情感"。

死亡

人们知道凡人必死,因为只有我们才拥有对他人死亡进行反思并以此推及自身的智力。对于柏格森来说(Bergson,1977),这种认识是对人类生存的一种阻碍。它败坏了道德,使人失去行动能力;对于动物来说,最无用的事情莫过于它意识到自己必将死去(130)。虚构情节再一次前来解围,"(自然)通过想象人类死亡之后生命的继续来反对凡人必死的观点;被自然掷入到已接受死亡观点的智力领域中的这种意象再次理清了一切。由这种意象促成的对死亡观点的否认,仅仅体现了自然界的均衡,把它自己(即自然界)从错误中解救出来"(131)。因此,宗教作出了一个战胜智力的防御性反应。来世的概念催生了确信、平静、希望、恐惧、热情、不确定性、怀疑以及不相信等感觉。这些都是宗教对我们精神生活具体的和直接的贡献。

不确定性

或许智力带给我们主要的礼物是它允许我们预测未来。但借助允许我们洞察未来的同样的预测能力,我们意识到未来是多么的不确定。这是一个了解得越多知道得就越少的典型例子,"没有先见之明就没有反思,没有焦虑就没有先见之明,没有对生活依恋程度的片刻的减弱便没有焦虑"(Bergson, 1977:210)。对死亡的认识是确定的,对未来的认识却是不确定的。然而,这都让我们产生焦虑并且阻止我们的行动。这里,虚构情节介入进来,让我们想象一种指导我们行为、监视我们未来的超感知的因果关系(称之为有神论),"相应地便出现一个表征,它占据有利条件,有能力来践踏或占领自然拥有的空间"(140)。在这种情况下,宗教较少核查智力,相反,它更多的是容许我们与智力并存。它不再使我们对不确定性感到手足无措,反而用自信、感激和平静取代了不确定性。

柏格森(Bergson)与动态的宗教:爱

我们刚才已经指出,虚构情节催生了对人类进行界定的情感。但是,虚构情节虽催生了情感,可柏格森(Bergson)却仍用"动态的宗教"来描述情感现象。这种情感——这种宗教也是——便是爱。当然,将宗教与爱等同起来,赋予了柏格森(Bergson)基督徒的身份(参见 Marion, 2007:221—2)。但是,为了理解柏格森(Bergson, 1977)如何看待其基督徒身份,或许最好从《两个来源》(*Two Sources*)中著名的(众所周知晦涩难懂的)结论性句子开始,"不管我们选择小的还是大的措施,我们不得不面对一个决定。人类呻吟着躺在那儿,身体的一半被其自身进步的力量压垮。人类没有完全意识到他们的未来掌握在自己手中。他们首要的任务是决定要不要继续生活下去。即使是在难以驾驭的星球上,如果他们只想生存,或者意欲为实现人类抱负付出更多的努力,那么他们的责任就是明确作为创造诸神机器的宇宙最基本功能"(317,修订的翻译)。

我们可以逆向操作。准确地说,虚构情节是创造诸神的一台机器:其目的是准确地创造那些阻碍智力的表现方式。但是,本文中柏格森(Bergson)的观念截然不同。他所谈论的诸神就是我们,也就是人类。这个令人震惊的观点与柏格森(Bergson, 1977)关于时间和进化的宇宙学观及哲学观密切相关。我们尽可能简单明了地解释它。对于柏格森(Bergson)来说,生活的本质在于创造力。正如我们在讨论昆虫和人类责任时所看到的那样,不同物种仅仅代表着针对生存所产生的问题的创造性解决办法。但是,尽管每一物种的形成都标志着一个创造性的努力或行为,可它也意味着进化的相对停止或固定。每一个新物种的活动都"无限地遵循着同样的循环"(209)。蚂蚁将还是蚂蚁。然而,人类不同;它必然不会一成不变或进行同样的循环。借用德勒兹(Deleuze, 1986)使用的一个恰当的表达,人类本身能够经历一次"转换",并且能够理解新事物的创造力和产生过程(7;也可参见 Lefebvre, 2008:89—90)。或者,换句话来说,人类本身能够思考、体验时间(或持续的时间)以及进化(时间中的生活)。

但是,我们还能做更多的事。我们不仅可以理解、准确思考时间与生活,还可以拓展和更新生活本身的活动。这就是动态的宗教。从它抚慰人类的方式(像前面提到的"静态的"宗教那样)来看,动态的宗教并不代表一切事物,而且它也不满足于对一切事物进行准确的思考(如哲学那样);更确切地说,如果动态的宗教这一开放而又富有创造力的完整体,过去没有承受使其固化的那些物种带来的沉重负担的话,它现在就能揭示生活的本真。柏格森(Bergson,1977)于是便颠倒了有关恩典的教义。与其接受上帝的救助和赐予,人类不如开启神圣的创造力。我们有成为"上帝助手"的潜能,"上帝需要我们,正如我们需要上帝一样"(232,255)。但是,《两个来源》(*Two Sources*)的结尾告诉我们,我们神圣的天职是一种潜能,而不是一种必要的能力。康德(Kant)在人类的选择中考察善与恶的区别,和康德(Kant)一样,柏格森(Bergson)也将其文本置于决定和责任之中。借用一个康德式的表述,我们必须通过额外的努力让我们配得上我们富有创造力的特权。① 只有那样,我们才能"爱别人并让(我们)被他人所爱"(255)。

我们获得了爱。就像我们说过的,它不单是一种与动态的宗教有关的情感;相反,爱是宗教的全部内容。有爱的地方就有宗教。当然,随之而来的挑战是如何详细说明柏格森(Bergson)的意图。鉴于对爱进行抽象表述极具吸引力,我们的论述过程未免过于冷酷。我们认为柏格森(Bergson)对爱的理解包含六个标准。然而,注意到如下这点非常重要,即柏格森(Bergson)并没有声称他关于爱的著作具有原创性。他这样表述神秘的传统,"上帝是爱,也是爱的对象:这儿蕴含着神秘主义的全部贡献"(1977:252)。对于柏格森(Bergson)来说,神秘主义的

---

① 在描述威廉·詹姆士(William James)对1906年旧金山地震的反应时,柏格森(Bergson)提供了一个关于虚构情节的生动例子。詹姆士一瞬间的冲动是将地震描绘为一种蓄意的、个人的和暴躁的力量。柏格森(1977)评论道:"智力,在本能的驱使下,改变了这种情况并且唤起了那种慰藉人的意象(也就是说,是故意的而不是机械力量导致的意象)。智力赋予这个事件以统一性和个体特征,该统一性和个体特征从该事件中创造了一个淘气的,也许是有害的生命体,但它仍是我们中的一员,具有友善和人性的特质。"这种情景的确会阻碍我们的判断,违反我们的理性,但它还是发生了,旨在服务一个合理的目标:战胜恐惧和瘫痪。

价值在于它展现了爱与上帝之间的这种关联(参见 Cariou,1976)。为了探究发生了什么,我们求助于我们的标准。

无目标的

就基督教教义来说,神圣的爱不会厚此薄彼。它不只属于被爱的人。实际上,神圣的或神秘的爱甚至超越了要爱你的邻居这一基督教训诫。它不会误导我们将其与罗曼·罗兰(Romain Rolland)所称的万能感联系起来,"对此时此刻出现在本身具有强烈存在感的世界上的感悟……对自身和周围世界之间的那种根本的共同归属的感悟"(Hadot,2009:8)。柏格森(Bergson,1977)是一位严格的人,他认为,神秘的爱并不依赖于内容;它无疑延伸至人类、动物和自然界的一切,但是"这些可能遍布神秘之爱的事物中没有一样足以界定灵魂的态度,因为严格来说,它没有它们也行"(38)。就像生命的本质不是一个物体或物种,而是一种创造性倾向,爱的本质也不是某一事物的本质、甚至不是人性的本质。它被生命重要的创造力所吸收,也参与生命重要的创造力的形成过程(参见 Ansell-Pearson and Mullarkey,2002:37)

体现

虽然爱超越了任何特定的事物,柏格森(Bergson)认为它总是通过具体的个体,即神秘主义者得以体现。柏格森(Bergson,1977)用基督教的话进行这样的描述,"一直以来有超常(个体)出现,体现了这种道德"(34,补充后的强调)。因此,爱与体现之间存在一种复杂的关系。一方面,从字面上看,它被融入肉体,通过个体被具体化。爱人总是有血肉的。另一方面,爱在其任何具体实现中体现出至关重要的趋势或创造性的倾向。爱不是有血肉的。但是我们必须谨慎,不能把柏格森(Bergson)与柏拉图式或者基督教式的形而上学混淆:爱不关乎来世而关乎现世。像德勒兹(Deleuze,1989)可能认为的那样,动态的宗教是"对现世的信仰";它体现了对整体之中每位存在者的信念和肯定(172)。

召唤

"如果一位伟大神秘主义者所说的一句话……得到我们中的一个或者另一个人的附和,但愿它不是隐秘蛰伏于我们中间的神秘主义者,仅仅在等待一个觉醒的时机(Bergson,1977:100,补充后的强调)?"柏格森(Bergson)反复用来描述与神秘主义者关系的词是召唤(appel),这个词在法语中意味着呼吁和召唤(34,84,100,各处)。并且,正如他在另一语境中所说,"人们总是向这些神秘主义者寻求那种完整的道德"(34,补充后的强调)。这种语言显然归属于神学领域:我们与神秘主义者的关系是一种转变和召唤的关系。但是,我们必须明白什么被召唤了:跟随一个神秘使者并不是为了模仿他,相反是为了获取自身的爱和快乐的方式。在另一个语境中,拉尔夫·沃尔多·爱默生(Ralph Waldo Emerson,1849,2000)会说,另一个伟大的个体的价值完全是并且仅仅是发现自己的天赋(132-3)。与神秘主义者的关系,无论亲身体验的还是间接的,它同时也是客观的和个人的:一方面,神秘主义者只代表发现自己突出能力的时机;但另一方面,与神秘主义者的相遇再次将我们的爱引向一种趋势,这种趋势无处不在,你可以从和我们有特殊友情的神秘主义者身上找到例证。

吸引力

柏格森(Bergson,1977)喜欢称神秘主义者为一种新物种:他们当中每一个的出现就像创造出一个由单独个体组成的新物种,其生命力间或在一个独特(个体)中达到顶峰(95,修订的翻译)。毫无疑问,柏格森(Bergson)意在讽刺:最原始的个体进化后进入了死胡同,成为一种无法繁衍的物种。① 这并不是指那些神秘主义者组成一个独特的物种(能繁衍的物种);相反,对于每一个神秘主义者来说,他自身就是一个物种。那么,他们怎么繁衍? 柏格森(Bergson)的回答是,神秘主义者对我们产生了吸引力,一种事实上"无法抗拒的吸引力"(96)。因此在

---

① 也参见德勒兹(Deleuze,1990),他谈及让我们自己配得上这个事件的必要性(149)。

这里,正如在他的召唤概念里一样,柏格森(Bergson)马上保存,进而修改了关于爱的普遍标准:吸引他人和繁衍后代。借助召唤的力量,我们加入到神秘主义者之中,目的只是为了发现自我。在吸引力的影响下,我们为神秘主义者那令人无法抗拒的榜样的力量所折服,这样一来,我们获得重生。

转化

爱无边界可能是陈词滥调。但在柏格森(Bergson,1977)手中,它却变成了一个超验的宇宙学论题,"(爱)本身就是生命力,它完全与那些特殊的人进行交流,他们……在现存的矛盾的作用下,转化为为了创造一个新物种的创造性而努力,并且继而变为一场被定义为停止的运动"(235,修订的翻译)。爱无界限,也没有障碍。出于爱,它可以——以对于任何人来说都难以置信的轻松方式——完成任何事情。这对于柏格森(Bergson)来说也是如此。神秘的爱无异于完成了人类物种的一次改变。或者换言之,人类是进化的终结,这对于神秘主义者来说并不是问题。事实上,神秘主义的全部目的是改变人类以适应思想、体验和持续的活动。目前,这肯定显得很抽象。但是,我们会在这一章的结论部分进一步讨论这个问题,这时,我们探讨神秘主义改变人类的两种方式:通过检查我们的战争本能,通过消除我们因理性而对持久性所持的否定态度。

神圣的

柏格森(Bergson)的著作体现出一个内涵深刻的斯宾诺莎主义维度,即我们体验到上帝的喜悦和爱。斯宾诺莎(Spinoza)认为,我们在正确观念中获得的喜悦等同于上帝的喜悦,我们"感觉并且经历了永恒",但是,柏格森(Bergson)声称"深入到(神秘的爱里),我们应该找到一种与生命中创造性的努力相吻合的感觉,不管这种感觉是真实的还是虚幻的"(Spinoza,2002:374;Bergson,1977:54,修订的翻译)。当柏格森(Bergson)宣称我们体验了上帝的爱时,他所说的内涵并不是人们所理解的那种内涵。不是说我们体验上帝对我们的爱(他的喜爱和恩赐),而是通过重新焕发生命那具有创造性的冲动力,我们分享上帝的喜悦,并得到他的肯定。正如柏格森(Bergson)所说,如果宇宙是创造诸神的机器,那么神圣的爱就是我们自己的。

尽管这六个标准几乎只是柏格森(Bergson)有关爱的论述的皮毛而已——更不用说神秘学和动态的宗教了——我们试图展现他是如何保存,继而修改它的一般含义的。爱是没有目标的,但又依附这个现实世界;爱被体现出来,但又超越了有形的存在;爱是我们重新发现自我的一种亲密行为;爱是促使个体加入群体的一种吸引力;爱通过改变人种而完善了人类;爱是神圣的,因为我们如诸神一样去爱他人。这一章标题——"情感限度内的宗教"——的目的当然是为了对比康德(Kant)和柏格森(Bergson)。我们已看到,对于康德(Kant)来说,理性的宗教审视我们试图把理性向超出我们认知范围拓展的倾向,以及我们试图诱发准备与宗教相结合的激情的倾向。根据柏格森(Bergson)对静态的宗教和动态的宗教的区分,我们单独对柏格森(Bergson)进行论述。静态的宗教具有创造神话的本性,这减少了人类理智给人类带来的种种危险。动态的宗教被定义为神秘的爱。把康德(Kant)和柏格森(Bergson)联系起来的是对由理性导致的幻想和危险保持的高度敏感性。此外,他们反对将理性与情感直接对立起来,而是探索它们如何相互强化和耦合。最后,他们都致力于涉及宗教的批判哲学。宗教赋予了每个官能以地位,也明确了其所受的限制,这样生活即使不幸福,至少也可以保持平静。但是,我们已在他们之间诸多的差异中找出了一个:康德(Kant)和柏格森(Bergson)在哪一个官能应负责任上意见并不统一。在康德(Kant)看来,应该由理智审视情感。柏格森(Bergson)则认为,无论是静态的还是动态的宗教,智力必须受到限制,这样人类才能通过迷信(静态的)或者爱(动态的)得以兴盛繁荣。

最后,我们简述两个例子。在这两个例子中,柏格森(Bergson)督促爱在将智力保持在其适度限度内去发挥关键作用。或者消极地说,我们探讨了智力两次否定爱之后付出的代价,其中一个代价是我们与上帝分离开了,另一个代价是我们彼此分离开了。在其所有作品中,柏格森(Bergson)始终围绕智力对时间和持久性的否定展开研究。智力,像我们所有的官能一样,是进化的产物。其主要功能是预测未来;就此而言,它将时间设想为一个外部框架,在这个框架中诸多事件正在发生并且可以被估算出(参见 Bergson,1998:ix—x)。所有这一切实际上是非常必要的。但是柏格森(Bergson)的观点是智力否定时间;它否认时间的创造性和不可预测性。在他的早期作品中,对时间的否定歪曲了精神体验[《时间和自由意志》(*Time and Free Will*,2001)]和进化[《创造性的进化》(*Creative Evolution*)]。然而在《两个来源》(*Two Sources*)中,否认时间,严格地说,就是对上帝(智力的、经验的和实践的)否认。要修改一下斯宾诺莎(Spinoza)关于"上帝或时间"的定理:上帝或时间,物质或暂时性。或者,如德勒兹(Deleuze,2004)所说,上帝是一种运动,而不是一种生命(185)。因此可以肯定地说,柏格森(Bergson)的《两个来源》(*Two Sources*)是一部批判性作品:它界定了智力作为一种实用行为的合适地位,详细阐述了它过度扩展的代价。这个代价就是与时间的实质相分离,因而与物质本身分离。那么,用什么来核查智力? 柏格森(Bergson)的回答是直觉,"(它)是获得精神、持久性和纯粹变化的东西"(1938,1974:33,修正的翻译)。尽管我们不能详述这种深奥的概念,也不能追溯它的历史,但是我们认为《两个来源》(*Two Sources*)把对直觉的重新解读极大地推进了一步。爱在《两个来源》(*Two Sources*)中代表了柏格森(Bergson)对直觉的最终认识:"直觉被转向内部;并且在我们大多数人都不可避免要经历的首次直觉强化中,如果它使我们意识到我们内在生活的延续性,进一步的强化可能有助于理解我们存在的根源,因此也有助于理解日常生活的根本原则。现在,这不正是神秘灵魂的特权吗(1932,1977:250)?"因此,神秘的爱既有消极的又有积极的作用。一方面,它审视了智力对时间的否定,另一方面,它帮助我们了解现实,不论这现实被称为生命、时间还是上帝。

尽管智力对时间的否定非常重要,但柏格森(Bergson)专心于一个更紧迫的问题:战争。① 为了总结在《两个来源》(*Two Sources*)中对"封

---

① 事实上,柏格森(Bergson,1977)近乎以讽刺的口吻进行描述,因为他把自己的年龄描述成人口过剩和享乐主义中的一员["性吸引力是我们整个文明的基调"(302;也可参见 Lawlor,2003:91-7)]。

闭社会"的讨论,柏格森(Bergson,1932,1977)认为人类本能地组成明确而独特的团体(无论是家庭、部落、社会等)。因此,封闭社会中的爱与上帝的爱完全不同:它牵涉到选择与排斥,并且不把仇恨排除在外(39)。正如柏格森(Bergson)所说,"这两个对立的准则,人即他人之上帝和人即他人之狼很容易调和。当我们明确表达第一个准则时,我们在考虑某个同胞;另一个准则适用于外国人"(39)。然而,智力忽略了两种爱之间本质上的不同之处。它所看到的是爱似乎在无限制扩展:由爱家庭到爱国家,由此推及到爱全人类。"在这三个趋向中它会看到一种感情,日趋增长,涵盖越来越多的人(38)。"对于柏格森(Bergson)来说,这是一种幻觉,它错误地把不可简化的各种各样的爱进行了分组。封闭的爱不能无限扩展,它的前提条件是通过排斥他人来维持一个明确的团体。从封闭的爱这一角度看,我们感到"突如其来的寒冷,一想到(我们)'为人类工作'这个想法。但是这个目标范围太广,导致效果过于分散"(36)。这种唯理智主义者幻想的后果是灾难性的。和同时期进行相关研究的卡·施米特(Carl Schmitt)一样,柏格森(Bergson)也预料到人权只有在一个愿意支持人权的特定共同体中才能有效。① 这种思维的错误之处在于,相信爱和对人类的保护能够在封闭性社会中发展起来。正是为了应对这种危险,神秘主义的爱承担起紧急的政治输入任务。一方面,对"神秘主义的爱"的本质的明确陈述将它与封闭的爱区分开来,并且避免了唯理智主义者对这两种爱的混淆。另一方面,无目标的和积极的"神秘主义的爱"有助于我们战胜"排斥和战争"的本能。正如柏格森(Bergson)所说,这种封闭倾向可能是"根深蒂固的",但像康德(Kant)一样,他对我们或许总能违背它而进行选择抱有希望(288)。②

---

① 尽管柏格森(Bergson)的论点提到了针对本能和智力之中的战争的超验状况,但是我们不该无视《两个来源》(*Two Sources*)写于20世纪30年代早期这一事实。此外,我们不应忘记柏格森对国际政治和国际联盟的成立的积极参与(参见 Soulez, 1989)。

② 参见勒费布尔(Lefebvre,2011,2012)针对柏格森(Bergson)对人权进行理论阐释的观点所作的探讨。

第六章 作为情感政治的人道主义

劳拉·苏斯基

引言

当我们目睹了人类的煎熬与痛苦时,同情、怜悯、愤怒和悲伤之类的情感便会油然而生。早期的道德哲学家,最富盛名的亚当·斯密(Adam Smith)预见了南希·舍曼(Nancy Sherman, 1998)提出的"富有想象力的运输"的潜力;他们注意到对他人苦难体验的想象是怎样激发道德行为对此作出反应的。对情感推动力量的信任,道出了运动这一概念之中"情感"一词的由来。情感可能鼓动或煽动我们。当看到人类受苦时,我们可能会被"感动"得流泪。感性时刻的力量是强大的,因为它们可以影响情感被感知的范围。情感的推动能力也表明了感性时刻的脆弱性,因为我们在可能失去我们控制的情感的推动下付诸行动。

18 世纪的思想家,比如亚当·斯密(Adam Smith)讨论了同情心具有的,可以作为人道主义情感,可以打着苦难的名义触发行动的能力。但是,文化历史学家托马斯(Thomas, 2009)认为,对于他人苦难的同情感会产生一种"奇怪的道德地形"(33),在这个道德地形中,人道主义情感可能同时产生冷漠和慰藉,所以这些情感本身并没有能将"触角"导向一方而非另一方的"道德陀螺仪"(35)。同情心在当今政治景观中颇令人怀疑。人们常常设想同情心可以建构伦理关系,而同时它又在人道主义者和受难者之间形成一种阻碍"真正的"社会关系的权力关系。"软心肠的人"对于经历苦难的人来说意义重大,但他们并不能从本质上为遭受剥削的人伸张正义。

布朗和威尔逊(Brown and Wilson, 2009)指出,人道主义情感政治化的最重要之处在于推动力问题。情感是怎样、何时以及为何推动我们产生伦理行为的呢？受到这些更大的问题的启发,本章旨在分析可能用来详细阐述推动过程的情感模式。我的目标是考查诸如同情、移情之类的情感如何常常被构想成人道主义行为的推动力或触发器的。我认为,政治行为的"触发器模式"看重某些情感,而轻视其他情感,从而使我们对情感因素的定位先于政治因素。当情感被定位成触发器时,它的政治性就完全由引发政治行为的能力决定了。

　　本章首先简要介绍人道主义概念发展的思想文化史。对于如何从历史层面理解视"同情心"为"一种特定的人道主义情感",我作出了回应。当今针对同情心明显具有局限性的批判造成的结果是,移情被看成一种极可能引起孤单的情感。这样的解读将移情定位为最适合人道主义项目的情感,因为据说它能够提供给人道主义受害者"真正的"认同感。但是移情怎样能够建构出一个截然不同的社会关系,而不是愤怒或悲伤之类的情感呢？本章的第二部分试图回答这个问题。我采用了艾哈迈德(Ahmed)提出的情感的本体论观点作为理解情感依附本质的框架。艾哈迈德(Ahmed, 2004)既反对"由内向外"的情感模式,这种模式认为情感从自我内部向外延伸;同时她也反对"由外向内"的情感模式,这种模式将情感视为从自我外部向内延伸的文化实践。她认为,情感既不存在于个体也不存在于社会之中,而是会生成"将个体和社会作为物体进行描绘的平面和范围"(10)。通过探索情感交流的交替模式,我期望能够为人道主义事业这一复杂又往往存在缺陷的领域提供一些见解。

人道主义情感

　　作为一种政治的、社会的、哲学的观点,人道主义是一个相当模糊的概念。它与慈善和博爱松散地联系在一起。又常常用来描述某些组织、国家及个体的行为。当被定位于更广阔的社会运动时,人道主义常常被描述为现代社会中世俗化的或是"残留"的宗教反应,是福利国家的激励手段,或是公益组织或文明社会的一部分。人道主义这一概念适用于各类社会行动者,包括向国际慈善机构捐助的群体,代表国家出面调停人权践踏的群体,甚至还有对动物表现出人性化情感的群体。人道主义的概念仅仅出现在哲学和政治学思想的几部词典之中。在仅有的条目中,对于它的定义集中在"人类价值观的中心"以及"对于社会改革的情感奉献"(Dunner,1964:245)。①

人道主义组织和机构在二战后开始兴起。这些组织与政治、情感继续保持着相当模糊的关系。比如国际红十字会成立之初主要是一个政治中立的组织,旨在在战争时期提供援助。冷战结束以来,国际人道主义组织变得越来越专业化和体制化了。结果,人道主义的目标变得更加政治化。早前提供救济的议程被公然的政治议程所取代,用以消除冲突根源(Barnett,2005)。如今捍卫人权更像是人道主义的口头禅,而慈善机构模糊不清的职责和管理工作已经被更为激进的国际组织抛弃。但是,尽管人道主义的文化历史与人权的文化传统有相通之处,尤其是在国际人道主义的当代空间,但它们也有不同的历史传统,需要进行"细致的区分"(Wilson and Brown,2009:5)。

人道主义运动的出现,要求人们相信人类的能动作用具有结束苦难的能力,而不论苦难多么遥远。拉克尔(Laqueur)在18世纪的现实主义小说以及验尸报告、临床报告等医学著作中发现了这一转变。对于拉克尔(Laqueur,1989)来说,这类著作的新颖和关键因素在于,它们详细描述了人类的痛苦,揭示了读者和这些痛苦之间的"因果关系",从而展现了一种道德责任,尽管这种道德责任常常被选择性地运用到社会行为中,"某人或某物做了一些引发痛苦、折磨或死亡的事情,而在特定的情况下,这些可能得以避免或缓解"(178)。通过展现这种关于"感知习惯"的因果关系的文本,痛苦有可能得到缓解、减轻,甚至最终被阻

---

① 人道主义在道德领域需要一席之地,因为它是一种"关注他人"的行为,同样它也可能失去这种本质性的道德地位,如果这种"关注他人"的行为服务于自身利益的话(Badhwar,1993),正如一些国际关系领域思想家所认为的,国外援助绝不能被视为是人道主义的。这种"关注他人"的本质使它完全处于社会学而不是经济学的范畴,因为人们认为经济主体总是根据自身利益而采取行动(Wolfe,1998)。

止,而人道主义者在这一过程中成为代理人。

18世纪人道主义的出现也可以在这一时期的道德哲学和感伤文学的发展中找到踪迹。在这些历史语篇中,事实上在很多当代的社会和政治文本中,人道主义情感常常与道德情感中最为"动态的""积极的""社会的"特点联系起来。在《国富论》(*Wealth of Nations*)出版之前,亚当·斯密(Adam Smith)的《道德情操论》(*The Moral Sentiments*)试图说明仁慈之心如何与基于自我经济利益的市场结构相兼容。对于斯密(Smith,1984)来说,让观者想象自己处于他人的境地,同情之心就会起作用。通过这种方式,个体便不需要成为受难者群体的一分子也能为他伸张正义。"在每个专注的观者心中",斯密(Smith)写到,想到他人的处境,"一种类似的情感油然而生"(10)。休谟(Hume, 1949)也认为,道德可以在各种情感中找到源头。这种关联在《人性论》(*Treatise on Human Nature*)第二部中得以详细阐述:"理性是而且应该只是各种情感的奴隶,除了服务并听命于情感外,不能妄求行使任何其他职责(415)。"

在早期的感伤主义文本中,同情心的对象主要是"不幸的"可预测群体:穷人、犯人和奴隶。18世纪人道主义情感的表现似乎依赖于种族、阶级和性别差异的存在。正是这种社会不公的状况似乎允许了同情心作出人道主义表现。约翰·马伦(John Mullan, 1988)提醒我们,感伤小说中的仁慈天性得到赞美,它被视作一个"难得宜人的瞬间",而非一种引发社会变革的"普遍社会现象"(146)。但是,对于同情心新型描述方式以及痛苦可以通过人类努力得以治愈的思维模式,推动了"公众同情心"的发展。斯奈德(Sznaider, 1998)在区分福利国家早期和晚期的慈善形式时解释道,公众同情心开始将奴隶制的废除描述为"取消早期的价值观和习俗的合法地位",因为它们"在道德上应受到谴责"并且是"残忍的"(120)。当然,人道主义感情的表现是有选择性的。尽管18世纪的感伤主义者信奉感情,为穷人难过,这种感性形式极有可能与更为广泛的社会残忍同时并存(Todd, 1986:132)。米(Mee, 2000)指出,18世纪悲苦的伤感故事涉及了诸如童工之类的真正的社会问题,但是它们仅仅为文雅的读者提供了"抒发感性"的机会(404)。而有些著作,比如18世纪威廉·布莱克(William Blake)的《天真之歌》(*Songs of Innocence*)和《经验之歌》(*Songs of Experience*),敏锐地指出,如果没有引发积极的同情心的话,怜悯是空洞虚无的。所以,尽管感伤文学以情感的沉迷为特点,这种特色并不足以使我们放弃对更积极的人类同情心的探究。

有些学者指出,在这一阶段的感伤文学中存在着浓厚的矛盾意识。奥德丽·贾菲(Audrey Jaffe, 2000)关于同情心的著作特别关注了同情心与中产阶级身份之间的微妙关系。她认为,维多利亚小说中很多直观的叙述是为了创造出中产阶级战战兢兢处于"恐惧"和"幻想"之间的"原初场景"。对于贾菲(Jaffe)来说,"维多利亚时代的同情对象与维多利亚中产阶级的自我表现密不可分,这主要是因为对于中产阶级观者来说,他们代表了他自己的关于社会退步的潜在叙事"(9)。朱莉娅·埃利森(Julie Ellison, 1999)指出,对于"感同身受的痛苦"的感知,关键在于"从开始就感受到疏远和内疚"(122)。谈及殖民历史,她认为"殖民主义的真实政治"展现了充满强烈矛盾的愿望:"事实上征服和宽恕都是可能的(147)。"肯尼迪(Kennedy, 2004)最近关于国际人道主义的著作《美德的黑暗面》(*The Dark Sides of Virtue*)采用了相似的词汇来描述新型人道主义的可能性。他问道,"想象一位人道主义者行使的权力不是基于事实的人道主义知识,而是我们所熟知的身为人类而具有的所有的矛盾、无知和不确定性"(354)。

但是人道主义情感也旨在"形成诸如情感的合理对象那样的其他东西"(Ahmed, 2004:191)。所有人道主义的吸引力在于,针对我们认为寻求我们帮助的人遭受的苦难有多重要或多值得救助而作出的一些评价。人道主义具有明显的叙事特征和表现维度。通过社会以及政治参与者见证或者翻阅有关人类苦难的文字资料以及视觉形象,人道主义可以推动人们采取行动(Brown and Wilson, 2009)。英国奴隶制的废除通常被称为第一个也是最重要的国际人道主义运动,因为这需要政治行动来结束离我们遥远的、看不见的痛苦。但是奴隶的痛苦是在不同的历史和社会语境下建构和重构的。关于美国奴隶制的废除,凯洛(Kellow, 2009)指出,反对奴隶制的争论存在着很多互相抵触的形式。美国独立后,一些美国人面临着奴隶制与美国自由的价值观之间的争端。一些美国人维护那些"认为释放奴隶应当给予奴隶主相应补偿"的奴隶主的财产权,一些人则对奴隶制本身明确反对(133-4)。

国际人道主义作为一种"主义"获得了权力:它曾经只是一种应急救助的做法,而且仅仅是缓和医疗,现在具有如此大的范围和规模,以至于成为"促进重建地理政治秩序"的关键角色(Barnett, 2005:723-40)。很多人将国际人道主义干预视为北美外交政策的延伸。例如2003年国际红十字会驻巴格达办公室的爆炸事件说明很多人持有这种观点。政治与人道主义救济之间的分界线已经断裂了。拉图什(Latouche, 1996)错误地将非政府组织和慈善组织的扩张当作对殖民发展逻辑的遵从:"统治世界(31)。"拉图什(Latouche)对西方人道主义某些版本持怀疑态度,他质疑对普世主义的怀念是否会将西方推入"虚假普世性的无数陷阱"(122)。唯一"真正的普世性"意味着"不同文化之间的真实对话"(125)。

拉图什(Latouche)的评论将人道主义看成一种社会规约形式。与那些赞同福柯(Foucault),将现代社会的演变看成更加微妙复杂的权力形式的观点如出一辙,拉图什(Latouche)的分析重点在于现代社会人道主义叙事代表的争端和社会控制(Sznaider, 1998)。情感同样是社会规范的部分实践(参见 Hunt,本书;Wouters, 2007)。阿莉·霍克希尔德(Arlie Hochschild)关于情感社会学的重要著作也表明了情感劳动需要对情感进行压制和规约,于是劳动者付出了沉重的代价(参见Theodosius,本书;Walby and Spencer,本书)。同样,伊娃·伊路兹(Eva Illouz, 2007)强调了情感生活从经济规约和交易获取信息的方式。她声称,现代资本主义意味着个体"私人的"情感生活被公开"表演并受制"于"经济和政治领域的话语和价值观"(4)。

人道主义者作为社会和政治参与者的构想受到苦难本身的建构模式的影响。摩根和威尔金森(Morgan and Wilkinson, 2001)认为,社会学作为一种"道德科学",与苦难的含义有分歧。① 当"苦难面临理性的限制"并"提醒我们关注无法从实际出发进行解释的某些体验的超世俗意义(神奇的、宗教的、迷幻的)"(204)时,"尚未解决的神学论问题"仍然存在。摩根(Morgan)和威尔金森(Wilkinson)提出疑问,理性和进步的观点如何能持续对抗20世纪的历史记录呢?他们认为,如果社会学能够研究苦难,那么便可以为我们的时代提供一种"社会正义论"。尽管将苦难的体验和"痛苦的思考"解释清楚非常不易,却对于被他们视作一个项目的那件事来说是绝对必要的,即探索"现代性中文明丧失的形势",并打破"理性构建的经济结构和社会进步"与明显的非理性的暴力和苦难之间的距离(Morgan and Wilkinson, 2001: 210)。

很显然,向现代性的转变是情感及情感调节分析中的一个关键部分。我们需要通过审视远离传统的社区关系而转向非个人化的工业关系这一运动,来分析我们与他人的苦难之间的社会关系。当然,我们不应该想当然地认为这种转变一定代表了人道主义"为他人服务"水平的下降。有些社会学家认为这种转变具有积极意义,因为它引入了一种新的道德性,能够更好地处理差异以及不是基于"共同体"的苦难类型。例如,在特纳(Turner, 2002)提出的"世界性道德"模式中,社会研究的当代发展状况令人不安。作为"革命英雄","充满激情地投入到社会和政治事业"的现代知识分子形象已经不适应"碎片化的多元全球文化"了(59)。

当代全球空间中对相距甚远的他人的"情感"的道德内涵之一仍然反映了人道主义情感的选择性本质。我们对全球苦难的反应也必须与"大众媒体及全球性的开发活动中人类苦难的选择性呈现"相关(参见Butt, 2002; Lidchi, 1999; Tester, 2001)。尽管我们倡导普世性的人

---

① 人道主义的分析不只是在社会学研究领域占据重要地位,也涉及其他相关领域。贝克尔(Becker, 1968)在阐述没有理由让社会学家在科学家和人道主义者之间作出选择时使用了"人道主义者"这个词汇:人们强烈地认为一个人可以"体现出对实际的、可应用的科学进行控制的迫切需要"和"致力于这种终极价值且同时成为一个服务于'好心人'需求的人道主义者"(302)。社会学是一门要求"以人为本"的学科。但是伯杰(Berger, 1963)曾经指出,"对人的慈善产生的兴趣,对于社会学研究来说可能成为传记式的起点",但是"恶意的和遁世的世界观可能产生同样的效果"(2)。

文主义，但并非所有的人道主义冲动都会被付之行动。当我们在现实中遭遇个体苦难时（Wilson and Brown, 2009），人道主义冲动似乎会增强，可这种冲动却很难被有关重大苦难的故事所激发。亨德里克森（Hendrickson, 1999）运用海湾战争的例子来说明这种选择性，他解释说，涉及军事干预时，"某些微妙的人道主义情感"就出现了："对二十几个被夺走保育器的科威特婴儿的强烈道德关注，很容易导致对上百万个没有食物和干净水源的伊拉克婴儿的道德冷漠(234)。"人道主义冲动似乎一直处于"大众同情心蕴含的自由理想与具体情况的特殊性"（Jaffe, 2000:22）之间的紧张地位。结果，它处于一种动态的、常常不确定的社会关系之中。我们对人道主义情感的理解主要基于我们怎样从个体化的情感转变成自省或他省的情感。

建构社会行为

当代哲学家玛莎·努斯鲍姆（Martha Nussbaum）和理查德·罗蒂（Richard Rorty）曾赞同政治情感模式的潜在用途。其他哲学家，最知名的汉娜·阿伦特（Hannah Arendt）则告诫要提防情感政治，她特别提出了"怜悯的政治"。当今学者在语言方面似乎更赞同强调移情伦理意义的道德情感。这种转变从根本上说，表明了从同情的话语"我意识到你的痛苦"向移情的话语"我感觉到你的痛苦"的转变（Wilson and Brown, 2009:2）。在这种情况下，移情提供了从政治层面来看更舒适的词汇，因为与同情和怜悯相比，它成为更平等的、更政治化的、最终更具有社会认同性的情感政治的简易形式。移情政治的慰藉体现了人道主义伦理的新需求：要表现出与受害者的团结，以及帮助他们重塑尊严（Barnett, 2005:733）。例如，处在全球发展中的当代学者谈到战后发展的新模式，该模式不是在慈善目标的激励下消除大范围的贫穷，而是为了迎接参与式的、地区性的、可持续的发展（Sachs, 1992）。莉莉·乔利亚拉基（Lilie Chouliaraki, 2010）通过探索人道主义交流如何利用不同的审美模式实现人道主义观者与受难者之间的情感联系而阐明了这种转变。早期的模式主要基于现实主义的"冲击效应"，在这种效应中，内疚和羞愧成为中枢情感。后来的发展战略更多依赖于试图为受难者恢复尊严和重建能动作用的积极形象。乔利亚拉基(ChouLiaraki)认为,尽管两种沟通机制存在差异,却都没能"为大众对于苦难的反应行为提供合理的建议"(109)。当它导致观者的同情疲软或无力感时,人类苦难的"冲击效应"形象也许尤其存在问题。

对情感加以分类的一种方式是在诸如快乐、恐惧、悲伤之类的基本情感以及内疚、尴尬之类的自觉情感之间进行区分。自觉情感的独特性在于它们需要自我意识,并有助于复杂的社会目标的实现,而且与基本情感相比,它们出现在童年时期的时间要迟一些(Tracy and Robins, 2007: 6-7)。自觉情感如羞愧属于道德情感,因为它们提供了做好事或坏事的"推动力量"(Tagney, Stuewig, and Mashek, 2007)。将移情之类的情感定位为自觉情感,为提炼道德情感的独特性以及探索理性与情感之间的不同关系提供了分析功能。正如迈克尔·刘易斯(Michael Lewis, 2007)阐释的那样,感觉移情意味着我们"感受到一种情感并且意识到我们对这种情感的感觉"(36)。正是因为理性与情感之间的复杂关系,我们很难预测引发这些情感的社会语境或体验。情感"自觉"方面的复杂性也与道德具有的社会联系的复杂性相关。

从因为同情而承认痛苦向因为移情而感知痛苦进行转变,并不容易也不简单。就移情而言,我们常常将情感等同于政治行为,认为移情是政治团结模式所固有的,而同情则是怜悯政治所固有的。但是,用艾哈迈德(Ahmed, 2004;2004a)的话说,政治化的人道主义必须证明情感"依附"于人群、地点、符号、个体、社会、精神和集体的动态方式。

即便是具有强烈社会性的感情,比如移情,也不能克服这种情感面临的不平等情况。人道主义者感受到的任何情感能否消除提供帮助者和被帮助者之间的基本差异?有些形式的痛苦是无法通过移情共同感知的(Ahmed, 2004)。这儿潜藏着连接殖民主义、帝国主义、种族和性别不平等的历史。科佐尔(Kozol, 2008)认为,我们常常将消极地观看一些暴力场面,比如每天关于伊拉克的视频,与"亲眼目睹"人类苦难的概念区别开来。她认为,我们假定的移情的"伦理视野"一定不能"无视"它本身的"政治投资"。她断定,"人权学者和激进分子应该意识到,视觉的见证陷入了有关权力和统治的新殖民主义错综复杂的历史问题中"(68)。

在这儿,艾哈迈德(Ahmed)对情感经济学的反思意义极为重大。她断定情感不是"个人事务",它们也不是"从内向外移动的",她认为情感是动态的、"非驻留的"、"有所作为的"(2004a:117)。尽管她没有特别关注道德情感的考察,我认为,她对于情感如何运作使我们"依附"于客体以及使我们"采取行动"的分析,对于人道主义情感具有启发意义:"推动我们的,使我们去感觉的东西,也是将我们留在原地的,或者说给我们提供栖息地的东西。情感可以作为世界的一个'意外的附属物'而产生影响……偶然性与接近度有关,足够接近的话会碰触到他者并被他者影响。所以,依附我们的,将我们与此地或彼地、此物或彼物联系在一起,以至于我们无法与之分离的,就是推动或影响我们无法停留在同一个地方的因素(2004b:27)。"

人道主义情感试图在社会和政治空间中对我们进行调配。我之所以用调配这一概念,是因为它维护了伦理关联对推动人道主义的重要性。同样,拉克尔(Laqueur,1989)和其他人也强调,关联性使人道主义者将自己与他人的生命看成是息息相关的。调配的概念说明关联性包含很多因素。我们可以设想某种情感,比如移情,是在个体与社会之间、个人与大众之间移动的。① 人道主义情感的调动不仅通过人道主义者和受难者之间的关联,也通过大幅度地改变这种关联所依赖的环境得以实现。艾哈迈德(Ahmed,2004)强调,对于不公正现象的那些抗争并不关乎感情质量,它们不是关于"好的"或者"坏的"感情。诚如她所言,"这是关于我们如何在感情的推动下,与想要反抗的标准或者想要治愈的伤口之间建立一种不同的关系"(201)。

---

① 这一分析与那些对伦理关怀感兴趣的女性主义者从事的研究进行对话,比如特龙托(Tronto,1993)强调了关怀怎样"通过与隐私、情感、需求之间的联系而导致概念上的贬值"(117)。关怀伦理为国际关系和正义的传统模式提供了替代方法,因为它不再看重理性和自主的自由主义价值观。它认为自我在本质上是社会性的,因此反对自由主义理论框架下的关于自我和社区的抽象的个人主义观点(Friedman,1993;Held,1999)。伊路兹(Illouz,1997,2007)也详细阐述了自由主义及其在分析"公众"生活和"个人"生活的作用。

这种构想需要重新审视政治情感中处于支配地位的"触发模式"。这样的模式将某些情感确定为政治情感,因为它们会引发政治行为,而把其他的定位为非政治的或反政治的情感,因为它们不会引发政治行为。阐释"触发模式"最好的例子是愤怒。人道主义者很少与这种较为负面的或比较具有政治狂热的情感联系在一起。将情感视为一种调配,我们便很少去关注悲伤等非理性的情感应该如何处理,而是更多地关注它如何将我们置于社会和政治语境之中。

伍德沃德(Woodward, 2004)认为,当代的情感经济学正在发生转变。这一独特性的关键在于,我们在媒体无处不在的文化之中见证了情感的"扁平化",在这样的情感环境中,我们将情感体验当成一种"感动",并非一定要深刻地或强烈地去体验(参见 Hunt, 本书)。伍德沃德(Woodward)也注意到,个人情感的组成内容同时也在增加,尤其是男性情感的组成内容。即便是美国前总统乔治·W.布什(George W. Bush)等男性政治人物也可能是"富有同情心的保守派",会明显感受到他人的痛苦。当代情感中的紧张情绪在人道主义政治中更为明显,在这里,体验和表现之间的关系对于动员过程至关重要。如果我们对人道主义情感,比如同情的体验处于表层,或者如果我们只是从意识形态的立场考量同情心的话,我们就无法完全体会苦难的社会性,而是有可能屈从于一种以自我为中心的情感体验(参见 Illouz, 2007;Wouters, 2007)。乔利亚拉基(Chouliaraki, 2010)指出了将"道德问题移出"当代人道主义情感风景画的危险,于是一种个人的、常常是自恋型的情感认知"把自我情感变成了理解全世界苦难的度量标准"(121)。也许更激进的人道主义的前途在于通过将人道主义者"移入"到处理不公正的不同情感关系中,从而能够面对自己。

结语

当我们看到有些广告恳求我们帮助那些被灾荒和疾病折磨的孩子们时,我们发现自己虽被感动却不能提供帮助,我们必须质问:情感到哪里去了?人道主义情感势必有一些转瞬即逝的特点。在构建个体与社会、大众与个人之间的空间时，它也可能会消失。这种昙花一现的特质是对人类苦难作出情感反应的复杂性，以及预测哪些情感反应会影响政治行为体时存在的困难的另一种暗示。情感远不像我们可以想象的政治燃料，更像是政治本身。正是因为不管我们是不是感受到了它，不公平本身已经介入情感领域，因此，情感成为揭露社会不公项目的重要组成部分。霍克希尔德（Hochschild, 2007）认为，"通过感觉，我们发现了自己的世界观"（88），确实如此。人道主义情感的流动性并不存在于某种触发时刻，而存在于伦理关系的社会空间内。

本章首先从人道主义如何被推动这一问题说起，读者可能认为我没有贴切地回答人类的苦痛如何推动人道主义行为，别人的痛苦为何尚未得到解决之类的具体问题。我们可以通过对人道主义叙事，以及受害人与苦难的社会和政治建构的密切关注来回答这些问题（Brown and Wilson, 2009）。在本章中，我认为情感模式的分析对于理解情感动员这一项目至关重要。如果我们仔细思考人道主义情感使我们参与进来并采取行动的运作方式，我们可能就会加深对人道主义行为和人道主义漠视的理解。关于如何理解情感动员问题的答案似乎与"对某一特定情感是否具备政治潜力所作的鉴定"无关，而更依赖于对"人道主义如何将我们安放到一个由'不公、苦难和情感'之间的政治关系建构的空间之中"所作的阐释。

情感社会学家也许发现自己处于奇怪的境地，他们认为，情感从内在和根本上说是社会性的，而同时他们又提出，情感的分析在社会学中并不总占有突出地位。鉴于社会学常常声称自己是"道德科学"，这种奇异性特别不太适合用于道德情感的分析。比如舍曼（Sherman, 1998）认为，移情或者富有想象力的刺激是"占领社交型世界的基本要素，不管这个社交型世界怎样扩张"（113）。针对人道主义认知的社会动态的探讨，社会学显然还有很多作用要发挥。

人道主义的情感空间变得越发凌乱，丝毫未贴近我们渴望的道德指引下的空间。移情只是当今人道主义者可能采纳的许多情感途径中的一个。面对他人的痛苦和苦难时，我们可能感到恐惧、愤怒、恶心或悲伤，而这些感情可能导致一系列的行为，事实上这将导致无所作为。

人道主义遭遇唯一可以确定的是,如果我们简单地将他人的苦难想象成自己的,便无法充分理解他人的苦难(Nussbaum,2001)。在这种情况下,人道主义的情感空间必须是社会性的:必须由个体和他人的存在同时占据。同样,情感空间也必须是动态的,感伤的心也绝不是静止的。

第七章　文明进程和情感生活：当代情感的强化与空洞化

艾伦·亨特

引言

我对情感问题的研究兴趣，不是直接产生的。我一直致力于了解纷繁的说教政治，想要了解其如何影响组织和活动。在刺激道德调节的项目中，社会焦虑显然发挥了显著作用；但我关注的不是个体焦虑，而是社会性的群体焦虑。尝试将焦虑概念化为一种情感，很有必要。

在阅读文献的过程中，我发现大部分有关情感方面的文献著作显然都有其心理学上的智慧根源，也可以推测情感表现为个人的心理状态、情绪或感受。最初，我是从"社会或集体情感"的角度来思考是否有意义。我认为，对于区分情感问题的社会学调查路线，最有效的方法就是坚持情感是有其历史的，坚持研究情感历史，给我们提供了一个社会学视角，而不是一个心理学视角的空间。情感史上的一个主要推动力，一直关注情感特征的历史分期，它是通过使用诸如"情感风格""情感制度""情感氛围"等概念而获得的——就像斯特恩斯（Stearns）的论点所阐释的那样，20世纪20年代，在美国出现的"美国酷"的情感风格被定性为"客观，但很友好"（Stearns, 1994）。本章节的内容将分析发达资本主义社会的当代情感氛围（另见Bookman，本书；Suski，本书），我将其定义为两个不同进程之间的分歧表现，一个表现为情绪的激化，另一个则产生明显空洞化、扁平化、浅薄化的情感氛围。

通过雷蒙德·威廉斯（Raymond Williams, 1977）"情感结构"治疗的部署和诺伯特·伊莱亚斯（Norbert Elias, 1978）"文明进程"的分析，我将探讨情感的分期问题。这两种传统的研究方法,完整地提供了全社会的情感社会学的必要组成部分。威廉斯(Williams)将情感与社会结构链接起来,相对于分离个体的情感,他更强调群集的多元化情感。伊莱亚斯(Elias)则提供了情感和社会实践之间的联系。

雷蒙德·威廉斯(Raymond Williams)

对于解决情感问题,马克思主义文化历史学家雷蒙德·威廉斯(Raymond Williams,1977)提出了一个卓有成效的途径。他认为,生活经验可以通过转换来探索,这种转换发生在他所谓的捕捉"就像是实际生活和感觉的意义和价值",以及它们与系统信仰互动(132)的"情感结构"中。威廉斯(Williams)采用"情感"来回避"世界观"或"意识形态"。情感结构,有其特定的内部关系、连锁和张力,它控制着这些可以在特定的世代和不同阶级中发现的共同元素和互联。威廉斯(Williams)没有过多论及世代,但对其论点有一佐证,一代又一代分享情感结构,而情感结构是情感范式变化的主要预兆。一代人的集体认同,体现在其对形成事件的回应上(Eyerman and Turner, 1998:96)。例如,加拿大和澳大利亚军队参加第一次世界大战,就是出于他们对其国家的认同感。每一代人的情感结构,都会产生一系列独特的身体风格和行为举止,时尚和情感潮流。因此,20世纪60年代的人们,他们共享重要的文化和政治标志,而这些文化和政治标志则提供了激发性革命的情感取向。

威廉斯(Williams, 1977)提出的情感结构,包含了"具体结构的特定联系,侧重点和假设,以及通常最受认可的形式,特别深入的出发点和结论"(134)。这样的结构并不统一;他强调,需要考虑结构差别和不同等级情感的复杂关系。我们习惯于将心情看成个人经历的各种情感的汇总表;而我则对"心情"的概念进行了扩展,认为"心情"是更为抽象的作为社会聚集的感情结构概念的一个可行的概要版本。更为普遍的是,社会结构会呈现出可能有效地被称为"情感气候"或"情感制度"的东西。

情感变化从文化等级配置中产生,通过超越情感变化,来探讨在何种程度上国家机构可以作为情感代理,从而扩展威廉斯(Williams)的思想,这种做法可能是有价值的。例如,20世纪的国家福利,不仅促进了"社会公民"的话语,而且孕育了区别于公民的,作为主权"主体"的旧模式的情感参与。T.H.马歇尔(T.H. Marshall, 1963)对在政治、经济和社会权利方面崛起的族谱的解释是富有影响的,它让我们自上而下地审视情感问题,比如,对穷人或失业者给予同情;但自下而上探索回应,也可能是卓有成效的,例如怨恨不平等。重要的是,通过情感角度来看待社会政策问题,这种做法是富有成效的。登青云(Denzin, 1984)强调情感、情感反应的能力,认为它们是生活意识、涉及内在道德情感和主体间性的"自我感觉"的一个关键维度。情感是个人和集体经验的交集;人们通过自我情感和集体情感结构,来融入社会和人群之中。

诺伯特·伊莱亚斯(Norbert Elias)

伊莱亚斯(Elias)的主要观点是,"文明"与推进"社会约束对自我约束"的实践互相关联(1994:443),这是由社会阶层之间的竞争性斗争所导致的,而这种斗争首先发生在受宫廷管制约束的贵族之间(1978)。文明进程造成了大范围的克制情感的灌输实践,例如影响两性之间的关系,饮食习俗等,这成了一个习惯问题,并导致改变互相关联的人格结构,例如,家庭主义和婚姻性行为的个人主义。伊莱亚斯(Elias)写道,"社会制裁支持的禁令会在个体的自我控制中复现"(1978:190)。伊莱亚斯(Elias)很少关注特定的情感(除了一些显著的耻辱角色),因为他所关注的,可能是笼统地称为负面情感的自我控制的内化。他提出,对情感放开的管理,体现在对侵犯、愤怒和它们替代品的约束上;例如,在体育运动中,侵犯他人是受规则和执行机制(裁判员,裁判长等)制约的,并被排除在其他社会活动的领域之外。在日常生活正式控制缺位时,只有当自我约束机制的内化足够广泛和足够强烈时,才有可能放松对情感的控制。

伊莱亚斯(Elias)努力强调,在现代化进程中,文明发展会采用不同的形式,原因在于大部分人口都卷入了更广泛和发展特定动态的联系之中。由于低阶秩序卷入了这些相互依存关系的长链中(其中,自我约束机制或多或少地成为自动机制),短期冲动服从于长期远景。这就意味着,文明进程的特点是紧张和矛盾。因为个人欲望和激情所带来的挑战交织着自我约束的规范性预期,个体向这种挑战妥协,所以他们会经历紧张或压力;在这个过程中,他们会感受到源于羞愧和尴尬的痛苦。现代社会生活所强调的紧张关系,包括了个人自我协调和与他人关系的协调,越来越强调个体之间的差异("我"),而不是共享共性("我们")。现代社会阶层和性别之间的权力越来越趋于均衡,所有的社会成员都必须对他人礼貌相待。越来越紧张的现代生活,意味着个体会面对一系列更大的社会分化、专业化和高度竞争所产生的独一无二的压力。这样,在自我约束的压力下,个体可能会向自发冲动让步。这些结构上的差异化和个性化的压力,对个体施加压力,使其不能够再安全地管理自己的冲动;因为这些动机不能再合法地作用于社会,他们的内部可能会受到影响,来体现焦虑中的自我和其他干扰、被干扰的条件。这种紧张关系,可能会造成社会行为模式的困境,比如性的了解程度和非正式性的适当级别。

当代社会生活的一个特征就是泛滥着各种形式的冒犯他人的行为;这些行为一般并不违法,但会困扰他人,并且持续性的行为还可能危及社会秩序。这种行为在成年人中有所体现(比如,开车过程中使用电子设备,从车窗向外抛掷杂物),主要体现在未成年人不尊重师长、店主以及他人,造成越来越多的社会秩序混乱,从而削弱了集体主义观念。这种小孩往往脱离父母的掌控,或者是其父母不愿尝试实行父母控制的传统期望(Field,2003)。首先,我们有必要修改伊莱亚斯(Elias)关于实现自我约束就是个体变孤独过程的假设。但是,还有必要强调,这个过程涉及了伊莱亚斯(Elias)所认为的内部约束和外部约束。特别是小孩在家庭和学校生活的人际交往中,习得了自我约束。如果大部分小孩没有习得必要的自我约束,以维系与集体的切实联系,这将对集体和更大范围社会情感生活影响很大。

伊莱亚斯(Elias)很小心地避免将"文明进程"与"自我控制"等同起

来。当伊莱亚斯(Elias)因暗示文明进程平稳前进而受批评时,他自己也很清楚,文明趋势和非文明趋势是共存的,比如,愚昧野蛮存在于情感表述失去约束的环境中。他坚持认为,文明进程并非是平稳的或易于实现的;文明进程是把双刃剑,它的迸发对于参与者来说并非一定是愉悦和便利的。

伊莱亚斯(Elias)对于当前非正式化的趋势是认同的,这种非正式化的趋势,比社会规范的有效内化要求更多;更重要的是广泛分散的能力,这种能力已经变得几乎自动化了,通过这种能力,个体能够在大量互动情境中选择正式和非正式的合适层级。我承认我不愿让相遇就不会再见面的销售人员直呼我名。当然,这仅仅表明了非正式性的实践发展的速度有多快。

我所提出的问题与伊莱亚斯(Elias)的相关之处在于:我们如何去理解文明进程中的人格结构的转变?它使人们有可能在放松情感控制的同时,不限制自发的和危险的冲动。伊莱亚斯(Elias)的主要贡献,可以很好地被概括为,他提出了"受控的情感放开",按照他的说法,文明进程总的体现为内在的自我控制能力的牢固确立,情感的自发性不再对文明行为构成任何风险。这种受控情感的放开特点为当代异性关系,这使得两性之间达到相当的熟悉程度,与此同时,性侵犯和性骚扰的现实还在提醒我们,情感约束的放开总是不稳定的。这个转变的一个关键特征,是在外部施加的对个体冲动的约束和源于持续、严格的自我控制的约束之间,实现平衡中的变化。但伊莱亚斯(Elias)反对文明进程,仅仅涉及自我控制延伸的想法。重要的是,他通过对生活工作的理解,认识到他专注于了解文明和非文明过程的动态效果。这是他参与德国历史的核心,他努力尝试解决理解纳粹主义兴起的问题(Elias,1996)。现在,是时候利用这些资源来探讨当代社会情感史的发展了。

当前的情感矛盾

当代情感制度的主要特点是,情感强化的矛盾存在与扁平化的情感体验共存。人们一致认为,19世纪末,迅速出现了一种新的情感风格。对于这种新的情感风格,沃伦·萨斯曼(Warren Susman, 1984)的观点也许是最好的,即从性格到人格的转变。这涉及正确的(男性)风度外部定义的规则(咬紧牙关,挺直腰背,走在外面的人行道上陪护女性,等等),和一组截然不同的围绕女性谦逊特点规则的转变。人格转向涉及个人主义的追求,这种追求是由自治、真实、独特的情感和行为特征组成的。与性格世界相比,人格世界不那么严格地强调性别。但在 20 世纪早期,人格是以男性特质为主的。人格的上升,涉及从外部定义的行为规范,转向个人构造自我或多或少的层次感的禁令,从而将一组一致的情感实践和性情放在一起,实现转变。情感塑造的产生遵循情感表达的意义,而不是像先前那样专注于情感控制,在主体性表现上发挥了重要作用,这很有意义。这并不意味着情感自控能力的消失,而是把重点转移到情感管理问题上。

自我控制的实践随着时间和跨文化背景而产生变化。在 20 世纪,一些 19 世纪的标准已经得到强化。例如,围绕个人卫生问题,出现了一整套日益扩大的约束和消费者至上主义;对诸如个人暴力和守时等不同做法的限制也得到强化。但是,其他 19 世纪的主题,包括礼仪形式规则等已经衰落。在 20 世纪,很少有详细规则(例如,对情感实践进行严格的性别区分出现退潮,以及对立场态度的关注度下降)。育儿方面的实践行为已经变得更加非正式和缺少纪律,这样的变化是显而易见的。一系列更具体的展现个人自律的方式,已经在范围和特质两方面(例如,对食物的摄入量、体重、吸烟、酗酒等的限制)得到了扩展。

从性格到人格的转变,构成了个体形成的重要历史变化。那么,我们应该如何去理解当上述情况出现时,为什么会发生变化呢?有两个因素具有重要意义。首先,是消费主义的兴起,其结果是选择的重要性突显出来,要求消费者在追求社会差异目标时进行主动选择——布迪厄(Bourdieu, 1984)在其差异研究中对此进行了分析。同样,个人也必须对其人格形成作出选择。中产阶级不断扩大的新前景,进一步刺激了消费者至上主义。他们不再拥有足够的经济资本来提高孩子们的社会经济环境,没有足够的资源提供代际继承,因此父母帮助孩子培养人格的虚幻目标就变得越来越重要。教育日益成为获得一般文化资本或经济相关技能的途径。人口结构发生变化,表明中产阶级生育抚养的孩子数量变少了。父母为自己的孩子,投入了越来越多的时间和精力。原来讲究的纪律服从,日益淡出。父母与子女的情感交流更多了,而且由此寻求刺激他们的自制能力,与这种自制能力相关的个性和技能,让他们找到特定的角色,以适合更加复杂的社会分工。这些过程不仅促进个人自我的形成,还促成越来越自信的中产阶级精神气质的集体形成,一种在乎自己与城市工人阶级区别的、自觉的中产阶级意识,由此产生的自我控制文化既强大又自信。

这一新的中产阶级精神的一个重点,是强烈关注经济领域的新动向,它与19世纪的中产阶级关注积累不同;其目标不怎么专注于追求财富,新的中产阶级定位于追求事业有成。探讨中产阶级形成的不同阶段中"职业"观念的转变史,会是十分有趣的。"职业"涉及长期努力的追求,往往跨越整个工作和生活,聚焦于通过"提高"日益形式化的机制,从而专注于内部发展。这种长期的努力,需要稳定的情感自我控制,认同企业,并与同事合作竞争。早先,特别是从19世纪80年代以来,这样的工作被视为一个相当大的挑战。通过提出"现代"工作带来的繁忙压力成为一种压力源,这种压力也对身体和精神健康有普遍威胁,于是,神经衰弱快速增多,这首次使中产阶级和工作之间的关系成为公众关注的焦点(Beard, 1972; Gijswijt and Porter, 2001)。到了20世纪末,工作压力再次达到了流行病的程度(Wainwright and Calman, 2002)。

中产阶级的形成过程,改变了情感生活的构成。对情感控制维护的重视度有所下降,对行为问题也不再保有激情。其中,关键的要求变成在特定社会情境下,适当情绪反应的选择;情感管理的概念包含了这种情感行为的风格,并将其体现在工作和家庭生活中。

职场中的情感

从19世纪晚期开始,心理学通过新的语言,为运作学校、监狱、工厂,特别是在职场中解决人的主体性问题提供了手段(Rose, 1989; Illouz, 2008)。职场,成为情感重构的关键地点;如何遏制职场人士的愤怒情绪一直是人们关注的问题,在两次世界大战期间,人们对情感构成产生的关注日益剧增,从而促进了刺激效率的合作关系——尽管在理性的效率和工作满意度之间,总是存在紧张关系。

在职场,情感构成总是不顺利和不完整的。它的特点是分层排序之间的矛盾,需要情感的顺从和服从,需要高度的自我克制,同时需要员工的自我激励。实施纪律,造成了对职场行为监控水平的提高。但是,在工作生活中,工人努力逃避管理的监控,当缺乏约束时,许多工作情感代码就会自由发挥;"逃跑的企图"意味着从常规和单调的工作中寻求解脱,有些是单纯的休息,而另一些则是违法和抵制(Cohen and Taylor, 1992)。从属群体有两种不同的声音,即隐藏的和公众的(Scott, 1990)。进一步探讨职场、学校和其他机构中发现的抵制情绪,会很有意思。破坏早期现代社会规则,从严格的社会等级秩序得到解脱,这一点已经颇受重视。克里斯托弗·希尔(Christopher Hill, 1972)指出,"一波又一波的感觉"暂时"把世界颠倒"了,并从教会、国家、社会和上级的权威中,将老百姓解脱出来(参见 Hobsbawm, 1959)。

情感纪律强化的一个重要特征,是情感问题日益被视为可以干预的合适事物。重要的是,随着人力资源工作人员类似扩大化,他们在愤怒和暴力这样的项目中提供准司法框架,职场中正式的纪律守则也在膨胀。行为最突出的领域,和在种族问题中出现的"公平"问题,已经纳入"差异"的领域。两性关系的纪律行为已经十分突出,包括了骚扰和歧视问题。

同时,就如在职场中实施情感的克制,20世纪见证了非正式主义潮流的兴起。等级之间的距离被削弱了。通常这是计划外的,就像不同位置的人们之间,越来越多使用昵称;但是,通常对等级正式性能在多大程度上被替代,有很容易理解的规则。虽然使用昵称来称呼顶头上司已经越来越普遍,但对更高级别的人使用非正式称呼,还未得到许可。一些计划也向工作中的非正式性寻求促进合作,比如,餐厅的包间渐渐消失,以及引入促进社交能力的活动,这些活动的范围包括荒野冒险和打保龄球,等等。

这样的非正式倾向与强化过程并不矛盾，但应将其理解为对居于主导地位的情感范式有利，产生一个更复杂的日常生活框架，呼吁个人获得自律性的水平，从而使这些更为强烈的情感要求可以得到处理。非正式性没有取消，甚至没有削弱等级制度。它通常表现为取代社会等级和社会差异正式承认的要求。最明显之处在于，处于不同位置的个体之间言行的非正式模式：学生与教师之间、两代人之间、两性之间。这些变化都很少发生，如果有的话，那么规则很明显。它不再强制要求男性为女性开门，但这么做涉及了时机恰当的问题，在于不明朗以及犯错的可能性太大了。像我们生活在这些转变的关系中，需要在各种反对的动机和行为中取得微妙的平衡，比如，直接和讲究策略，简单和复杂。

尽管很难用直觉感知这些尚未表达的规范，但大多数人都很有技巧并成功地做到了，并把情感表达能力和克制所具有的新形式内化了。正如伊莱亚斯(Elias, 1994)所观察的，"随着越来越多的人必须将自己的行为与他人的行为协调，行动的网络必须组织得越来越严格和精确"(445)。我们所要补充的是，这必须是在没人组织的情况下实现的。对于这个困难，伊莱亚斯(Elias)自己的解决方案不尽如人意，因为随着有意识的自我控制以来，他调用"牢固确立了的、自动的、自我控制的盲目运行机制"(446)。这忽略了人们与日常生活复杂性协商的显著技能。因此，有必要强调非正式化的方面对自我约束的机制提出的更高要求；没有"非文明"进程，而是涉及文明进程从外部约束到内部自我约束的形式变化。

非正式进程与被视为实行"重新正式化"的潮流共存。在上个世纪，情感约束正式化以礼仪半形式化系统的形式存在。虽然礼仪作为行为正式规范的体系，已从很多社会生活中褪色，但举止礼仪已获得了较为正式的存在。在历史上，礼仪得到了社会排斥做法的支持。今天，情感敏感性的重要领域由制度支持的规则保护，这些规则是关于强加克制情感的政治正确性的。这需要很强的内化和自检机制，尤其体现在语言规则里，例如，使用抑制"女孩"和"女人"的替代词汇，或者抑制使用"因纽特人"这个词汇，以及要求记住目前获准的标签。与讲究持续的礼仪规则的习惯因袭相反,除了强大的内化,外部的道德教化很强。此外,还有重要的制裁,以惩罚对言行规范破坏的行为。冒犯行为可能导致被打上文化上和政治上重要的标签,比如"种族主义"或"性别歧视"这样的被社会排斥的重要机制。

集体情感

当代情感生活的矛盾,要求个人既有表现力又有约束力,这需要在获准的文化情感标准和情感行为的日常现实意识之间,实现小心的平衡。虽然这样的情感生活很复杂,但很多时候我们在许多经常遇到的情感环境中,实现"运行"自发性的公平程度取得成功。我们对情感倾向有合理的清晰理解,就如我们的预期和情感表达或实践允许的范围那样。

此外,还有第二个更深的情感悖论的形式。迄今为止,我的讨论一直定位于传统的框架,是把情感当成个人体验或人际间关系的影响的。正是在这样的背景下,大部分将自己描述为情感社会学的研究工作已在进行之中。其特点是,关注表现情感特征交互性社交的图表化。就目前而言,霍克希尔德(Hochschild, 1983)对乘务员情感工作商业化的研究,充分体现了这种方法。霍克希尔德(Hochschild)揭示了社会经济环境中,传统礼貌的能指在工作状况下的自觉自律中被动员起来,她做得很好。然而,还有就是,一个对任何这样针对情感的"社会背景"方法的固有限制,设置了两个领域——一个是情感,另一个是其存在的社会环境。例如,霍克希尔德(Hochschild)的工作并不打听飞机上的情感来自哪里;情感被她理所当然地看成是常识的情感,"我们都知道"——愤怒,嫉妒,等等——就好像这些都是人类的"自然"禀赋。实际情况是,部门经理和其他当权者可以召唤员工表现出合适的商业上的情感。我们需要的是一个社会情感理论,从情感是一个整体组成部分出发,认为不仅有关联,也有这些关联定位于其中的结构。举例来说,爱情可以是两个人之间共享的个人情感,但同时它也是社会中社会关系的结构特征,其中,"爱"是一种感觉结构,即使不被所有的人理解和期望,也被大多数人理解和期望。

一种情感的深刻社会性,最显著的表现在于集体或分享情感的重要性。集体情感的出现,让人们分享一种情感反应,而不一定是彼此直接接触。因此,集体情感不一定涉及这样的情况,即人们一起处于共享位置或社会背景,比如,人群就是个例子。更有趣的是,那些不同的个人,大量经历同样的情感和政治道德反应的情况。情感共享时,人们揭示同一评估状况,分享集体情感的标准,对情况反应的适当范围取得一致意见。集体情感的另一个维度,就是涂尔干(Durkheim, 1912, 1961: 241)所谓的"集体欢腾"的经验——这通常发生在宗教仪式上,作为其结果,参与者自己变了,但更重要的是,改变那些共享经验者之间的关系。当组合起来的个人感觉到自己被一些外部事件控制,他们的思考和行动开始变得不同于平时;在构成共享代际经验的事件中,这特别重要,例如反对越南战争,或1999年西雅图反对世界贸易组织示威活动这样的集体行动。

有一个集体情感的经典和重要的例子,足以说明集体情感的更广泛类别,就是(阶级、阶层或集团之间的)憎恨。为了区别于更有消极含义的英语单词"怨恨",使用法语单词"*ressentiment*"是合理的,同时也因为憎恨长期以来都是争论的焦点。关于集体情感,重要的是其与社会(通常是政治的)行动形式的密切联系。憎恨,这种情绪或感觉不仅与个人的自我意识相关;更确切地说,它是输入客观社会结构的一个元素,因为它似乎总是在一个或多个社会阶层的不同位置表现出来,总是能够进行集体社会行动。

尼采(Nietzsche, 1887, 1989)对憎恨概念命名时,在他对基督教和资产阶级道德的历史联系批判的背景下,他关注的是贵族和奴隶在道德上的区别。他强调,奴隶道德被动性(宽恕,若有人打汝之右颊,则更以左颊予之)。这一概念获得发展,获得了更广泛的细微差别。舍勒(Scheler, 1961)对憎恨的思考与尼采(Nietzsche)的略有不同,他关注的奴隶道德表现在无能的仇恨、嫉妒和报复的欲望,可是他在另一种文化中没有表达,而是秘密地渴望得到它否认的价值。这种形式是等级秩序崩溃的社会特征,但仍然充斥着不平等和嫉妒。雷纳夫(Ranulf, 1938, 1964)将憎恨与他所谓的要求惩罚罪犯的"无私的道德义愤"相联系。他的想法与一直受到高度自我约束的中下阶级的存在相关,与自己的欲望挫折和苦难的经历有关。这类怨恨,可以针对违反了这些自我强加规范的任何社会团体或阶层。雷纳夫(Ranulf)1938 年的研究认为,德国法西斯主义是中下阶级愤慨的关键实例。

憎恨使得它可以了解构造特征,如何通过附加到不配和不值的他人的负面情绪中介来刺激社会政治行动,尤其是对不平等的形式、缺点,以及种族和阶级。巴巴莱特(Barbalet, 2002)指出了链接结构和机构的情感重要性,他甚至坚持认为,所有情感都与参与者的权力和地位的差异相关。

不同群体和阶层的愤慨形式不同,还可以通过对它们的区分,来增加复杂性和变化,例如对上升和下降阶级进行区分(Barbalet, 2002b)。因此,当拒绝上升中的商人阶层获得没落贵族的特权社会空间时,而这种维持没落贵族此前阶级自信的显摆,他们却再也负担不起了,政治和情感的内容将会不同。憎恨的一个很常见的形式,是用来针对违反这些自我控制预期标准的群体。我记得,小时候在第二次世界大战之后的英国小镇,每年都有一些我们称为"吉卜赛人"的人驾着马拉大篷车,安营扎寨在城市的边缘。在他们逗留期间,居民认为,你必须购买吉卜赛妇女上门兜售的衣服挂钩,如果你不买,坏的事情就会发生,比如会有农产品或动物被盗窃。人们对吉卜赛人又怕又恨;他们令人不安的存在形式,和他们总是留下的混乱,导致人们都觉得"有人应该做些什么"。当地警察同情投诉的时候,他却会坚持他无能为力。这个例子的一个有趣的特点,是行动欲望的共同存在("有人应该做的事情")和宿命论("没有什么我可以做的")。

这是动员自发的真理宣称("吉卜赛人都是贼")的憎恨的特点,通常遇到的阻力小,或者,当有阻力时,共同价值观的行为是充满激情和有组织的,比如,在 1994 年卢旺达的种族屠杀事件中,情感调动是如此之强烈,他们不仅针对图西族人,而且针对温和的胡图族。憎恨的概念有助于理解各种社会运动,范围涵盖了从偏见的相对温和形式,直至一些最恶劣的种族灭绝行为。憎恨的典型表现,可以用 19 世纪美国的禁酒运动和今天的反吸烟运动来说明。古斯菲尔德(Gusfield, 1963)在剖析禁止时没有使用憎恨的概念，但完全符合他对美国农村地区基督教新教地位下降，对应来自欧洲南部移民缺乏自我控制的举止和习惯的考虑。今天，加油站讨厌吸烟者且对吸烟行为进行限制，并在同一时间显示对非吸烟者的自我控制和尊敬(Brandt，2007)，这就是一个无法自我控制的明证。有趣的是，彼得·斯特恩斯(Peter Stearns，1999)强调了自我控制斗争的重要性，会错过它的另一面：要么憎恨那些没能做到的，或更糟糕的是，庆祝他们缺乏自我控制。

最近出现的憎恨形式，是针对肥胖者的。此前，每个人的身材和体重不一样，这是一件很自然的事情；但现在，我们有"肥胖"作为医学道德的范畴(我们也应该考虑类别因子)，我们有一个集体，认为"肥胖"因其明显缺乏自制力的"生活方式"而被憎恨。一般形式体现在一个由信仰所引致的困扰，某些第三方得到了不应有的优势(例如，为肥胖乘客分配第二个座位)。将它与羡慕区分开来，是很重要的，别人都认为，要拥有对利益的欲望(Barbalet，1998：137)。憎恨也集中于源于没能在一个合法的分布式系统成功的耻辱，其结果是，集体的愤怒会针对那些不遵循规则、不公平获益的人，这是对移民趋势性憎恨的很常见的形式。憎恨的情感颇有重要性，因为它揭示了情感的更为普遍的特征，作为事先没有计划的和人们对社会环境的结构特征的总体非反性反应；简言之，情感提供了主观经验和客观环境之间的联系。值得一提的是，憎恨的新形式不断涌现。特别令人感兴趣的，可能是所谓的"新主义憎恨"，这是由社会边缘人士(通常被称为"下层阶级")表达出的，他们显示出侵犯的极端形式，和上面讨论的与反社会行为密切相关的、无节制的、敌意的极端形式。另一种新形式的憎恨，出现在数字媒体的重要角色中，以拉什·林博(Rush Limbaugh)为代表，他明显广泛分散了可能激发集体政治行动方式的憎恨情绪。

把恨和憎恨进行比较，是很有意义的。在憎恨和恨之间，存在诸多重合之处，憎恨很可能包括以负面情绪为目标的恨的情绪。但是，这两者之间也有很明显的差别。恨，可能既是个人的也是集体的，而憎恨，可能在某些集体形式中经历。我可能会恨一个人，并且认识到其他人不会和我有一样的情感。但是，一个集体的"我们"，可能会憎恨其他个人或社会团体。

文化历史揭示了一波又一波的憎恨和社会仇恨。当代情感得到公认的社会焦虑和恐惧的支持，也许没有像憎恨那么强，但也是集体的情感。它不仅是社会合法承认自己的恐惧和焦虑，而且还几乎成为一个预期，承认存在着这些情绪。父母通过揭示他们对自己孩子的焦虑，来表明他们养育子女的投入，无论是解决他们的安全问题，还是他们的教育问题，或者他们的身体或精神健康问题。在21世纪早期，很常见的一件事情是，我们会被提醒大概两代人以前，这样的焦虑不那么容易表达出来。这种趋势由安全意识进一步放大，这主要表现为恐惧和焦虑的情绪，创造一个充满感情的气氛。这种气氛主要是通过个人和社会之间的关系表达出来的。事实上，焦虑和恐惧已经成为我们时代的主导情绪。

情感可能会以个人和集体的形式表现出来，但我们对这一事实的关注还不够。情感不仅在文化上，而且在时间上改变着它们的形式。有一个有趣的案例，是关于悲痛的。各种文化之间的悲痛各有不同；北欧人倾向于柔和的眼泪和低沉的呜咽，中东人的声音和身体表现构成与此则不同。更有趣的是，我认为悲痛证实了重要的论点，即情感的历史破坏了任何挥之不去的建议，认为情感是对外界刺激的自然和不变的生理反应(Stearns, 1993)。悲痛经历了显著的历史转变，涉及集体表现的扩张。一直以来，悲痛都有独特的群体表现。在许多文化中，死者的亲属聚集在葬礼或其他仪式上哭泣，这是一种集体欢腾的形式(Aries, 1985)。特别是当被哀悼的人有一个体制上的地位，比如是君主或宗教领袖，这样的哀悼，往往需要涉及大量的人员和他们的空间分离的表达。但最近，悲痛变得特别有趣，因为在西方，一个重要的新现象是集体悲伤的表达，其中哀悼者与死者没有任何个人或体制的联系。最好的例子是戴安娜王妃，以及其他如猫王和约翰·伦农(John Lennon)这样的名人依然受到崇拜。这样的持续和事实上制度化极度接近"集体欢腾"的悲痛的表现，是涂尔干(Durkheim, 1912, 1961)指出的宗教体验的核心，是"文化名人"的更广泛的现象的一部分(Schickel, 1985)。

如果思考由情感表现的历史变化，可以得出的一个重要推论是，应该将注意力从情感管理转移，而不是以任何方式来暗示情感自我控制的做法是不重要的。我并不是说，所有的情感都表现出这一特点。然而，要继续关注这个事实，嵌入在特定的历史文化语境的情感，可能会受到管理或自我控制的双重限制，以及在鼓励情感表露的环境里得到提高。

情感受到历史变化的影响，这是不足为奇的。更有趣的且要解决的问题是：当他们做的时候，为什么情绪会发生变化？为什么他们向一个方向，而不是另一个方向发生变化？一个有效的方法，是检查个人情感的传记；对愤怒（Stearns and Stearns, 1986）、嫉妒（Stearns, 1989）、厌恶（Miller, 1997）和恐惧（Bourke, 2005）进行研究的重要工作已经展开。这种方法的风险，是把个人情绪当成孤立个体，但又努力试图去避免它。另一种方法，是设法捕捉某些特定时代一个人或一个民族的情感氛围。许多杰出的社会和文化历史，成功地体现出丰富和细致入微的社会形象；例如，人们可以从西奥多·泽尔丁（Theodore Zeldin, 1973）的叙述，"知道"19世纪和20世纪早期法国的感觉。捕捉情感文化最明确的尝试，是彼得·斯特恩斯（Peter Stearns）的"美国酷"（1994）。他的论述在很大程度上取决于我们所理解的"酷"，他把20世纪的美国文化定义为"客观的，但很友好"，这也同样可以用来描述许多其他当代西方社会，它们每个都有明显不同的变化。他的解释集中在情感克制的胜利，但是，他关于他成功地捕捉到情感克制与情感开放性和表现力平行要求共存的观点，是很有意义的。在社会生活的其他领域中出现情感扩张的，是人际关系领域。这种发展是与社会中女性地位的重大变化紧密相连的。19世纪的婚姻中，男性养家糊口，女性作为家庭主妇，这是劳动性别分工的合同雏形。20世纪的婚姻，则越来越被构想为"伙伴式婚姻"（Lindsey, 1927; Collins, 2003），即双方都要追求情感上的亲密度和相互的性生活满意度。在本世纪初，也出现了各种形式的忠告文学的大扩张——离婚率的上升，引起了广泛的专业人士和个人的焦虑，并对文学产生了影响。也许，最重要的是婚姻忠告文学的扩张；但通过各种治疗咨询方法形成的婚姻专业知识，也就此开始了。与此同时,建构婚姻有问题的论述,则通过流行文化而广泛传播。

在婚姻里,围绕着情感有相当大的矛盾和争议的地方。一方面,有人担心父母权威弱化不应释放失控的情感,其中,妻子拒绝女性遵从承诺的"爱、尊重和服从"(Stearns and Stearns, 1986)。因此,带来的问题是促进"约束",而不是服从。然而,在伙伴式的婚姻中,新的情感化必须建立情感表达的空间。其中,一些忠告文学允许夫妻之间要互相表达愤怒;坎奇安和戈登(Cancian and Gordon, 1988)在20世纪女性杂志的研究,揭示了可以允许妻子表达愤怒,但又警告妻子不要陷入歇斯底里和眼泪的漩涡。伴侣式婚姻新话语的主要创新,是"沟通"的稳定,鼓励控制情感的表达。新的治疗技术,允许夫妇之间承认冲突中的愤怒是源于缺乏互相沟通。为了实现沟通,个人需要学会表达自己的情感,但同时要保持情感的控制。重点在于,给婚姻顾问创建了一个新的机会,将他们在配偶之间的调停者角色正式化。霍克希尔德(Hochschild, 1990)敏锐地指出,对情感展现的许可带来了"表达规则"需要的兴起。在婚姻中追求沟通,意味着使双方都要发展必要的技能,来揭开"感觉"面纱更有必要。生活体验的活生生感觉,已成为主体性的根本体现。

从"情感"滑动到"感觉"难以捉摸,但这很重要;它不是一个犀利的突破,但它是情感当代话语的特征。尼采(Nietzsche, 1887, 1989)直言不讳地说:"我反对现代情感娇气的害处(20)。"情绪通常采取区分形式和分类形式;它们受命于积极和消极的情绪。有一些模棱两可的情感,它们不能进行一个简单的正负分类,比如乡愁、怀疑,还有无聊,虽然这些情感往往会落在消极的一面。情感带有名字,尽管他们的含义并不一定准确,通常可能有一些他们指定的协议;常识直觉认为,当我们提到嫉妒、仇恨或孤独时,"我们"知道我们正在谈论什么。相比之下,"感觉"缺乏相同程度的定义。我能感到悲伤或快乐,这些情感被认为对同名情感是相等的;但也有不能命名的感情。其结果是,感情的文化,是个人所期望的感觉,而且在一定意义上,所有的感情都是我们自我认同合法的表达。

在纯粹关系的时代寻找亲密

当代情感话语中,最普遍的元素之一是亲密关系。这是一个很受欢迎的目标。然而,就像情感话语的其他当代元素一样,我们还很不清楚亲密关系到底要求着什么。20世纪的婚姻,夫妻双方渴望陪伴,今天成功夫妻关系的基准,是一个需要双方的封闭性、开放性和信任,以及设了很高门槛的信任的亲密关系。这是安东尼·吉登斯(Anthony Giddens)的"纯粹关系"的时代,其标志是非常奇怪的准契约主义的形式:双方同意开展关系的条件,是如果关系不再能够满足他们的需要,可以允许任何一方离开。因此,亲密关系超出了预定的欲望目标,但这正是这种关系生存的条件。伊娃·伊路兹(Eva Illouz, 2008)"亲密的暴政"的问题是正确的(105)。

亲密关系已扩展到更广泛的家庭成员关系之中,特别是父母和孩子之间。人们对家庭亲密关系的追求,在那句"有质量的时间"(quality time)中已很有趣地被表达了出来。关系的内容没有这么多,而是现代父母从忙碌的生活中,留出足够的时间来关注自己的孩子。"爱",不再是成年人之间性吸引的情感基础,而是父母和孩子需要确认他们的爱在其亲子关系之中起到了重要的作用。这里有情感悖论的证据;爱站在情感的顶点,但无论何时,父母和孩子即使分开一小会儿,它也已成为人们日常生活的仪式。因此,有一种程序化的爱能减少其情感导入。

梅斯·卓维亚(Meštrovicÿaa, 1997)试图通过他的"后情感"概念方法来捕捉这个轨迹。我不喜欢后情感这个词,因为"后"这个字表明社会已经不再感情用事。但是,他成功地捕捉到的是超越情感、追求情感的强度与剥夺他们任何实际内容的情感程序化三者并存。这就是我试图捕捉的今天情感越来越"空洞化"的想法的情感配置。我的意思是,虽然现代社会生活要求情感在个人生活中发挥更显著的作用,但情绪部署往往深度或强度不足。现如今,最明显的期望是每个人在真实情感的花费上都应该是"好"的。在新的礼仪书籍中,"好"变得仪式化、程序化,是情感自我命令需求的主要形式,这样情感不再受"情绪控制"

禁令的约束;然而,情感表现的调整方式是不可能出现侵犯或提高社会互动的情感温度。情感的贬值,集中体现在贺卡行业的兴起,使以感性和传统为内容的准情感行为成为可能;更重要的是,发送贺卡可以将购买者需要表达的活跃或个性化的情感释放出来。这种情感的贬值还表现在情人节的幼稚化——不再是一种年轻人爱情的表达,而是已进入强制性给班里每一个儿童发卡片的境界。这是母亲节例行公事地送一束鲜花,集中体现情感商品化的一部分;而且,为了性别平等之故,还必须发明出父亲节——虽然我的直觉是,很多人通过这种构思看到了父亲节,但还是会忽视它。因此,与其说描述"后情感",不如说这些过程构成了合成情感世界的转向。

合成情感的一个重要组成部分,是可能被称为"替代性情感"的部分。随着流行文化的扩张提供了无穷无尽的机会来让大家体验间接情感刺激,这些已经变得越来越重要。一种最常见的形式,是由电视肥皂剧提供的,观众被邀请分享虚构人物的情绪反应。电视剧人物在日常生活中的悲欢离合,不仅让虚构人物得到大家的同情,还能让他们的情感跨越虚拟现实的边界,成为观众自己的情感体验。很明显,在肥皂剧的附属杂志和在线网站中,角色和演员之间的划分是模糊的,观众可以接近直接参与真实或虚构的情感。在另一种电视提供的形式中,脱口秀的观众被邀请与精心挑选的情感剧制作人员进行情感交流;可以预计的是,观众选择自己会支持的一方,从而参与情感的展示。情感的公开展示提供的非常直接的展示不仅是具体情感,更重要的是广泛的文化结构的情感类型复合体。面对这样的情感词汇,个人得到了不必亲身体验情感,而能得到社会公认的或适当的情感反应的教程指南。有人可能会说,情感思想具有其时代特征,肥皂剧和脱口秀充分展示了特定时代的情感背景。乔克·扬(Jock Young, 2007)提供了一个令人愉快的例证。当时,正在放长篇肥皂剧《东伦敦人》(*East Enders*),他走进当地的一家酒吧,里面被动的观众正在看其中一集;他们不互相交流,但他们间接参与了上演的情感餐单(183)。名人文化同样提供了邀请,来参加名人们遥远但接近生活的情感脉络(Friedman, 1999)。

远处的苦难

合成情感重要的当代表现,是我们遇到远方苦难指数的上升。摄像机确保新闻媒体上充斥着来自远方的处于苦难之中人们的图像,通过遥远的难民营中饥饿儿童的照片,以及自然灾害、飞机失事等事件来集中地体现出来。媒体的高调,很有可能证明了新闻构成缺乏信念,给人以具有公共和政治重要性的构成事项于已无关的感觉,用远方人民的苦难来填补真空。但从情感的角度来看,这是重要的,因为它调动了观众怜悯、悲伤、痛苦的情感体验,而观众很被动,因为他们几乎什么都做不了;或者,观众最多只能拿出支票簿捐款,或往募捐箱里投出几枚硬币。处于被动地位的观众,对远处痛苦的情绪反应被煽动起来,但因观众和远处苦难的现实之间隔着千山万水,所以这样的反应只能是矫情的。因此,虽然它看来是情感表达的一种形式,但它过于频繁的浅薄,表明了这是情感空洞化的表现(另见 Suski,本书)。

不过,从远方人们的痛苦之中而来的,还有一个进一步的矛盾维度。每当本地发生涉及伤亡事件,咨询机构都会提供咨询服务,以帮助假定情感受到事件影响的人们。这显然是咨询专业人士的利己主义的表现,但这种反应还把受害者的范畴扩大到任何临近的程度。它构建了人的情感性,却忽视人通过自己的资源处理普通日常生活困难的能力。相对于更大规模的事件,如地震和水灾,在这种情况下,咨询团队正好落在救灾部队后面时,使得这一点变得更为明显。越来越多的司空见惯的是"陌生人"针对名人表现出的悲伤情绪和哀悼行为,可"陌生人"和名人之间的关系仅是虚拟的,这进一步说明了对远方苦难的当代反应的复杂性;戴安娜王妃去世后,人们对长寿的情感化表达便是表现这种反应的典型例子。

结语

本人试图利用由诺伯特·伊莱亚斯(Norbert Elias)"文明进程"概念和雷蒙德·威廉斯(Raymond Williams)"情感结构"理念支持的理论

资源,来对当代西方社会情感构成的社会学描述之间的联系,建立一个历史框架,来揭示横亘社会的情感潮流的矛盾本质。本人认为,亲密关系之间越来越外露的情感表达认可之间的紧张关系,其中亲子关系的高强度情感颇具代表性;另一方面,通过更广泛的关系显示其无处不在的情感性,往往在深度和强度上不足,本人已将其表述为情感的空洞化。再也没有比"爱"的情感方式更加明显的了,这早已被提升到人际关系强度的顶点,现在是广义情感处理的重要部分。当然,我们可能需要考虑的是,情感没有固定的内容。现今,"爱"是一个更广泛的范畴,指一系列积极的情感。如是此种情况,它强调的论点是一个持续空洞化的情感体验。

在日常实践中情感发挥重要作用的方式,界定了现代社会的独特文明和非文明特征。情感远远超过个人的内在感受和行为方式,它通过活跃的和有竞争的社会关系,形成感觉的结构。本人没有解决的更大问题是:本人概述过的情感文化的历史轨迹该如何去解释。对此,本人有几点思考。情感文化的变化,不能独立于更广泛的变化。目前,似乎对启蒙运动的核心理性主义有惊人的强烈反应,这需要采取与进程不确定性增加相关的、广泛扩散的、反智主义的形式。它最强的表现是越来越怀疑自然科学,最明显的表现是反对进化论。其中,撇开"智能设计"的争论,讲到反对客观主义的更深的潮流,一个主要的表现就是对由替代性医学和替代疗法的普遍性阐述的非理性、非证据形式的同情。转向主观主义的流行表达已经出现,体现在准备诉诸空洞化情感,具体表现为自恋,这种自恋拒绝了解建立和维持可行社会关系的实际困难。

第八章　情感问题的深入和理解

安德里亚·杜塞和娜塔莎·S.莫特纳

引言

本章探讨的重点是情感对于认知的重要性体现。它源于一个二十年之久的研究计划，我们探讨了知识建构过程中关系性、自反性和主体间性之间的相互关系，它们处于基本事实的方法流程和认识论概念互相交织的水平中（例如，Mauthner and Doucet, 1998, 2003; Doucet and Mauthner, 2002, 2006, 2008）。在几个跨文化定性研究项目中，我们一直在努力解决情感问题：我们自己，我们研究的受访者，以及那些我们田野调查的实践和认识论思考产生的反响。这本书的基调是情感社会学，我们的观点是情感在知识建构过程中影响深远。更具体地说，我们的中心围绕两个问题展开。首先，我们如何把情感融入我们的方法论实践？其次，我们如何不转变布迪厄术语"自恋反身性"的内容做到这一点？

本章分为三节。我们首先简要介绍情感研究理论方法的背景，同时也提出了情感怎么处理定性研究实践的一些细节。然后我们探索在研究实践中情感研究的选择方法。最后，我们解决的问题是是否以及在何处研究中持续关注情感会导致"自恋的反身性"。

背景与定义

我们对情绪的思考借鉴了跨学科的成果，包括人类学、社会学、哲学、地理和社会心理的研究。简言之,我们认为研究的情感得到体现(Rosaldo, 1980; Holland, 2007; Denzin, 1984),涉及判断和理性思维的问题(参见 Nussbaum, 2001),并且是突出的关系,从而构成"体现的、相互依存的人类生存"(Burkitt, 1997:42; Davidson, Smith, and Bondi, 2005; Davidson and Smith, 本书)。我们还假定认识论和情感之间的密切联系,这主要是基于一个观点,即情感构成了我们认识社会世界的方法(Game, 1997)。此外,我们对叙事分析的特别注重得出通过移情连接了解他人和他们的故事的结论(Nussbaum, 1990)。最后,我们采用了英国地理学家莉兹·邦迪(Liz Bondi)对情感地理的研究和她的论点,即知识的建构涉及关注研究者和研究对象之间的情感联系(Bondi, 2005; Knowles, 2006; Holland, 2007; Davidson and Smith, 本书)。我们同意邦迪(Bondi, 2005)的观点,即情绪是主体间性的,而不是主体内部的,应该"不是作为研究对象而是作为一个研究,研究者和研究对象都必然沉浸于其中的关系的联结介质"(433;另见 Hollway, 2008a, b)。①

诚如在本书中所述,在过去的十年,情感的社会学领域已经蓬勃发展;在更具体的定性方法领域内,它清晰诠释了几十年来尤其备受女权主义研究者的关注。然而,这种关注聚焦于实地调查和数据收集过程中的情感。长时间对话最知名的策划者是安妮·奥克利(Anne Oakley, 1981),她于三十年前发表的经典文章论述了女性之间的访谈,以及和研究受访者建立良好情感关系的重要性。

"合适访谈"的男性化假设统治了社会学教科书,在挑战这种假设时,奥克利(Oakley, 1981)提出,与客观、规范、分离的访谈方法相反,通过访谈了解他人的目标"当采访者和受访者之间没有等级从属关系时,以及当采访者准备在关系中实现个人认同时,最容易取得成功"(41)。

她对母亲们的访谈使她坚信自己的母亲身份能矫正采访者和受访

---

① 我们认识到对情感和感觉之间的差异、情感和人际交往过程之间的差异存在研究上的复杂性,在本文的其他章节涉及的区分,(另见 Turner and Stets, 2005)。

者关系中的权力等级,"双方都有着相同的性别社会化和关键的生活经历,社会距离微乎其微"(55;参见 Finch, 1984; Rheinharz, 1992)。尽管奥克利(Oakley)并没有在她的研究中明确使用情感术语,但她表达的要旨明确涉及特定类型的方法如何促进情感联系,以及反过来提高"社会距离微乎其微"的研究关系。

尽管奥克利(Oakley)的研究受到许多女性主义研究者的支持,但她基于性别的联系性和共同情感的观点很快就被视为过于天真和过于追求本质。十年后,这种观点被许多女性主义研究者批评和解构,他们认为研究关系情感上的联结也充满了研究者和被研究者之间必然关联的距离和障碍。社会学家特别指出潜在危险的问题,该问题与访谈中努力做到"友好"相关。例如,帕梅拉·科特里尔(Pamela Cotterill, 1992)注意到了"鼓励友谊以便聚焦人们的私生活的研究方法存在潜在破坏性影响"(597;另见 Stacey, 1991)。具有讽刺意味的是,许多女权主义研究者开始注意到,争取更大情感上的联系并不总是有直截了当的积极成果,这种观点可以被看成态度上的一百八十度大转弯。正如最近格萨·基尔希(Gesa Kirsch, 2005)指出的,"这或许是讽刺性的,学者们发现为了达到女权主义的目的,方法论发生了改变——加强合作,加强互动,并与研究参与者进行更坦率的交流——可能无意中重新引入了一些女性主义研究者希望消除的伦理困境:参与者感到失望、异化和潜在的剥削"(2163)。

研究者在讨论研究中究竟怎么投入情感问题的同时认识到这种投入的潜在危险,并制定了情感主题实地调查的其他守则。例如,实地调查中有大量关于情感衰竭的研究(Wolf, 1996; Hubbard, Backett-Milburn, and Kemmer, 2001)也在访谈或实地调查中管理研究者的情感(Chong, 2008; Coffey, 1999; Kleinman and Copp, 1993)。关于后者,研究者指出他们如何从事"情感管理",这就是卡伦·拉姆齐(Karen Ramsay, 1996)所谓的"实地调查中要学会喜怒不形于色",以及霍克希尔德(Hochschild, 1983, 1998)称之为的"面"要广,"行动要深入"。

也许对这个问题最广泛的处理方式在克雷曼(Kleinman)以及科普(Copp, 1993)所著的名为《情感和实地调查》(*Emotions and*

Fieldwork)的书中可以找到。尽管是十五年所写，但它对于情感的认知过程讨论仍然具有很强的针对性。他们争论的症结在于定性研究者倾向于强调积极情绪，包括对他们研究对象的关系连接。和研究关系的乐观描绘相比，这些作者鼓励实地考察人员认可他们在实地经历的一系列感受并对这些感受作数据分析。他们研究的优势在于克雷曼(Kleinman)以及科普(Copp)强调的实地调查和数据分析的情感，这一点尤其重要，因为后者相对较少受到关注。

我们的工作借鉴了克雷曼(Kleinman)和科普(Copp)的恳切建议，给予了情感数据分析更多的关注(例如，Mauthner and Doucet, 1998, 2003)。然而，尽管在这一点上，现在情感问题的数据分析和知识建构过程得到相当广泛的接受，但如何识别以及在我们的研究实践中如何处理情感问题，需要进一步关注。下面，我们开始这一挑战。

在认知历程中处理情感问题

过去的二十年里，许多研究人员已经发现了实地调查时关于情感的应对方式、管理和写作的方法。例如，借鉴精神分析概念的社会心理研究，如移情与反移情(参见 Bondi, 2005)和"捍卫主体"(Hollway and Jefferson, 2000; Hollway, 2008a)来给研究中情感处理的方法界定概念(Lucey, Meldody, and Walkerdine, 2003; Walkerdine, Lucey, and Melody, 2001, 2002; Hollway and Jefferson, 2000)。另一群知名学者试图把已知的情感方式并入关系研究者的研究实践，他们一直在开发和使用聆听指南，这种方法重点关注情感主体间性的实地调查和数据分析(Brown and Gilligan, 1992; Mauthner and Doucet, 2012)。这种方法对社会学和其他学者寻求研究中有意义处理情感问题是有用的，但缺点是他们在精神分析理论或实践中没有受过训练(另见 Bennett, 2009)。

在本章的第二部分，我们借鉴了聆听指南的方法来定性研究，以探讨知识建构过程中情感处理的三种方式。它们是：(1) 现场记录；(2) 连接实地调查和数据分析的过程；以及(3)基于研究小组的数据分析(包括记忆的研究)。首先从我们这个版本的聆听指南开始概述。

聆听指南

聆听指南也被称为以语音为中心的关系方法,是一种"社会研究的新兴方法"(Hesse-Biber and Leavy, 2006),这已经由林恩·布朗(Lyn Brown)、卡罗尔·吉利根(Carol Gilligan)和他们的同事发展了好几年,他们的同事在哈佛大学教育研究院研究女性心理和女童发展哈佛研究项目。其理论根源在于临床和文献研究的方法、解释和阐释学传统、关联理论(例如,Belenky et al., 1986; Brown and Gilligan, 1992; Gilligan, 1982, 1988; Miller, 1976, 1986)。自建立以来,它已经在多国的心理学、社会学、教育、社会工作等不同的多学科项目上得到使用、扩展和转变(例如,Brown, 1998; Doucet, 2006; Halbertal, 2002; Gilligan et al., 2006; Mauthner, 2002; Mc-Cormack, 2004; Tolman, 2002; Way, 1998, 2001)。

首先是20世纪90年代初在剑桥大学我们作为与吉利根(Gilligan)一起研究的博士后研究人员使用聆听指南的,莫特纳(Mauthner)在哈佛大学是吉利根(Gilligan)的博士后学生,她进一步深化了她的理解(1995-6)。在吉利根(Gilligan)的指导下运用这种方法的同时,我们也开始发展我们自己的版本。在接下来的几十年里,我们在我们后续的每个研究项目中都在不断进一步完善这个解释性指南,我们借鉴其他方法来完善它,尤其是最近叙事分析的创新(参见 Doucet and Mauthner, 2008)。在尊重历史的同时,我们的聆听指南版本是更重要的社会学的一部分,涉及我们对理论和经验理解的广泛兴趣,包括反身性、女权主义研究方法的方法论和认识论,关于什么构成"数据"的问题,以及对主体性的理论争论。

如果有一个聆听指南的经常性的核心方法,尤其在我们最近的研究中突出出来,那么它会是一组集成的主题,依赖于关系本体论、认识的主体间性、知识结构深入反思的方法,以及对叙事和叙述主体的强调。尽管其最初的创新出现在它特别注重如何分析定性数据的详细过程中,以及如何"做"到反身性,但它还通过公开接受采访的过程,反身现场记录,和基于组的分析来提醒深入参与研究过程各个阶段的研究者的极端重要性。

现场记录

在人种学或人类学研究中采取现场记录是标准的做法(例如,Clifford, 1990),详细的现场记录是社会学研究项目认知过程的一个重要组成部分,也是连接情感、观察、解释和分析的工具。克雷曼和科普(Kleinman and Copp, 1993)认为,当我们"埋头记录时,就会觉得自己是真的实地调查者,大量记录的笔记可以作为'记录的事实',也是我们在现场的证明,从而'淡化我们的反应倾向,觉得像称职的社会科学家'"(19)。他们认为避免研究过程和参与者的负面情感会推迟我们的分析和错过关键的观察,可能会引起建立在这些消极情感上的替代解释。我们还建议,现场记录可以作为数据收集和数据分析之间的重要的情感桥梁,而且进行自己的数据收集允许情感之间联系的可能性更大,这些情感既有实地现场的也有分析和写作的再现。这使我们针对越来越多的成熟研究人员委托越来越多的初级研究小组成员实地考察的趋势提出重要方法(Mauthner and Doucet, 2008)。

然而如何做现场记录的问题仍然是定性研究文本的一个"秘密"(参见 Wolfinger, 2002)。因此,问题依然是:我们如何利用现场记录来记一些可能在认知过程中很重要的情感?

聆听指南写作部分中关于现场记录写作的指导要么是明示的要么是暗示的。有两点可以在这里提及。首先,由于聆听指南的重点是听力,我们要关注录音机录制的声音和语调的情感品质,我们建议,在可能的情况下,研究人员要再听一遍采访,再开始写下最初的解释和回答。这可以对我们的研究对象以及说出和听到的叙事编织情感和智力反应进行组合(另见 Hollway and Jefferson, 2000; Hollway, 2008b)。

第二,与聆听指南方法相关的现场记录,是他们可以提供初次"反身性"采访数据读取的开始;即现场记录数据分析的开始时间是在我们重新接入研究对象,记录我们最初的关于相遇和不断发展的叙事多层次诠释的想法和感受时(另见 Somers, 1995; Doucet and Mauthner, 2008)。同时,如下所述,聆听指南提倡访谈记录的几个系统性的阅读,首次阅读与叙事研究和文学理论的见解相结合,结合读者反应(Radway, 1991)转化为叙事分析的集成(参见 Riessman, 2008)。甚至在访谈以现场记录初次录音的形式从谈话到文本转录之前,这种非常主观和直观的阅读就可以开始了。

在我们目前正在从事的项目中,①一些关于情感空间的最重要的见解出现在我们离开访谈现场——咖啡厅、家庭办公室、公共汽车或火车或小轿车后立即进行的现场记录写作。聆听指南的衍生方法,比如新兴的社会心理学的方法,与现场笔记的方式略有不同,关注研究人员的幻想和防范心理如何影响实地调查、分析和写作(Walkerdine, Lucey, and Melody, 2002; Lucey, Meldody, and Walkerdine, 2003);就像最近温迪·霍尔韦(Wendy Hollway, 2008b)所述的那样,社会心理研究人员还可以利用精神分析的见解,记录有关研究参与者具体记录的现场笔记。

数据收集和数据分析之间的联系

研究过程中我们处理情感问题的第二个方法是强调实地调查和数据分析之间的连续流;如上所述,这可以部分通过记录我们现场笔记的情感反应来实现。注意到情感联系可能,而且常常发生在现场,给人以"在那里"的感觉,这也是很重要的(另见 Geertz, 1973, 1988)。虽然看似简单,但当我们考虑当前的学术环境,越来越多的在研项目主持人和团队领导越来越少地从事实地调查,其本质就暴露出来了(参见 Mauthner and Doucet, 2008)。对这一观点重要性的最佳描绘是,尽管三十年过去了,给我们的印象仍然是强大的和值得重复的。用人类学家罗莎莉·瓦克斯(Rosalie Wax, 1971)的话来说:

有很多次,当我发现坐在教室或驱车许多英里去拜访印

---

① 杜塞(Doucet)目前正在撰写一本关于母亲的书,在加拿大和美国她们是主要的赚钱养家的人,而莫特纳(Mauthner)正就学者和他们的研究进行跨文化研究项目。

第安母亲都是这么费时费力,以至于我很想待在家里忙着"分析我的材料",而让年轻的研究助理做艰苦的、肮脏的、有时令人沮丧的杂务工作。但情况迫使我亲自观察和参与。当要写报告时,我非常欣慰我已经做了这项工作,因为在调查现场有我们不在现场就无法理解的各种各样的论述和评论的仪态。不知何故,坐在这么多印第安人家里……我自觉或不自觉地拾起了帮助我们"理解"的线索。我们不是通过内省或从别人的记录外推来拿起这些线索,而是通过记住我们所看到的,听我们听到的来实现(266-7,添加重点)。

不论研究者的职业生涯处于何种阶段,他们都可以从自己的采访中受益,因为这些构成了知识建构的"特权时刻"(Bourdieu et al., 1999:615)。正如上文所述,在研究中,情感是具体的、关系性的、在研究者和被研究者之间构成的主体间性,研究"数据"必须多于在访谈记录中写下来的内容。我们的观点是,情感收集在数据收集过程中进行,并用在数据分析中,可以使我们了解社会现象的特定形式。此外,这是一个更大的持续挑战"理论的奇怪划分和实地调研"的认识论问题的一部分(Wacquant,私人通信,2009;另见 Wacquant, 2009a)。卢瓦·华康德(Loic Wacquant, 2009a)阐明了这个特别的"自我生态"和认知自反性(121-2,另见2009b)之间的区别,他解释道:"……认识论的自反不是在项目结束时,起草最终的研究报告的事后部署,而是在调查的每一个阶段期间进行。它的目标是最常规的研究活动整体,在实施的时候,从选址和被调查者的招聘到问题选择的提出或回避,以及理论架构、方法工具和表达技术的参与全部涵盖(2009b:147)。"

分组分析

访谈记录分组分析也能为认知过程中处理情感问题提供进一步的空间。虽然聆听指南采用多个连续访谈资料的"阅读",但第一次阅读侧重于叙事阅读结合自反阅读,专注于包括情感在内的各种各样的反应。第一次阅读的后一部分涉及读取自己的文字,看我们置身于研究关系如何来作出回应。既提供了保持与研究对象持续关系的方法,又有"变得自反性"的具体方式,这种方法提出了使用"工作表"技术来阅读的优秀建议;也就是说,访谈文本转化为一份工作文件时,其中受访者的话放于一列,而研究者的反应和诠释被放在相邻列(Gilligan, Lyons, and Hanmer, 1990; Brown and Gilligan, 1992; Mauthner and Doucet, 1998;另见Norum, 2000)。这项技术使研究人员能够测试自己的假设和观点——无论是情感的还是理论的——如何以及在何处影响她对受访者话语的诠释,以及接下来她怎么写这些人。就像林恩·布朗(Lyn Brown, 1994)所描述的那样:"……第一次听或阅读要求听者/阐释者要尽她所能考虑她与讲话人或文本/文件的关系,比如她的兴趣、偏见和局限性,这些来源于如种族、阶级、性别和性取向等社会定位的关键维度,以及追踪自己的感觉,响应她听到的东西——特别是那些没有与说话者体验产生共鸣的感觉(392)。"

这种访谈文本的"阅读"可以在单独或在可信任的同事小团队中完成。在第一个研究项目中,我们和卡罗尔·吉利根(Carol Gilligan),还有一小群剑桥大学的博士生一起使用了聆听指南,我们集中精力花了约十七个月来分析彼此的访谈记录,并从该组研究中构建紧急解释和理论分析(Mauthner and Doucet, 1998)。在一个群体中工作是非常有用的,因为读了我们的记录提取物,其他人能指出我们可能错过或掩饰她们所认为访谈叙事的重要方面。这使我们敏锐地意识到,在知识建构中我们的情绪反应何等重要,以及我们控制选择或忽视探究和解释特定规则也是何等重要。也就是说,与其他同事一起工作强调怎么"通过不同的镜头,在不同的光线下,人们用多种多样的方式讲述故事和看待环境"(Gilligan, Lyons, and Hanmer, 1990:95)。

另一种处理主观性与情感的团队工作虽然小,却是新兴领域的"记忆研究"。根植于德国的女权主义理论家弗丽嘉·豪格(Frigga Haug, 1987)的研究和她的自我发展理论,记忆研究主要由英国研究人员承担(参见Holland, 2007; Crawford et al., 1992; Thomson and McLeod, 2009),进一步发展创新的办法来带出研究人员的情绪。通常在团队中工作,研究者使用不同方式的记忆研究来探讨与研究主题和研究受访者相关的情感,并反思情感如何影响知识生产。记忆的研究已经有效地应用在敏感或充满感情话题的研究中——如成为母亲、成为父亲、性暴力以及成年前的过渡期。汤姆森和麦克劳德(Thomson and McLeod, 2009)很好地阐述了记忆研究的价值,他们最近写道:"作为辅助研究实践,我们从事记忆研究已经十年了,常规记忆研究已经成为集体内沟通研究的重要组成部分,我们对研究课题的投入的自反性理解逐渐累积,或者彼此的联系与差别也被直接运用到方法和理论的发展中(16)。"

尽管有很多方法,但没有一个特定的方式或诀窍来承担记忆研究。其最近的迭代都是基于分组为基础的方法(Crawford et al., 1992; Gordon, Holland, and Lahelma, 2000; Thomson and Holland, 2005),或用单个的方法(Kuhn 2002, 2007),并与文本日志记录或使用摄影重点不同。尽管其研究实践具有持续多样性,但记忆研究可以被称为方法论的"家庭"(Thomson and Holland, 2009:29)与我们在认知的过程中处理情感的重要手段。

自恋的自反性

采用认知的方法涉及通过现场记录关注我们的情感,数据收集和数据分析中处理情感工作的综合方法,以及团队分析和记忆研究,带来的问题是为了实现"好"的认知,有多少情感研究需要完成,或者哲学家洛兰·科德(Loraine Code)称之为"负责任的认知"是什么(132)。另一方面,是否有可能性,我们在认知过程中考虑情感问题,我们会在不经意间转向布迪厄(Bourdieu, 2003)所谓的"自恋自反性"(281)?

布迪厄(Bourdieu)"自恋自反性"的概念是他更大的"反身性强迫性坚持"思想的一部分(Wacquant, 2006:11;添加重点),反过来,这是数十年来写作广泛主体的一部分。简言之,布迪厄(Bourdieu, 2003)通过以下方式描述了这一概念:"科学反身性站在后现代人类学的自恋自反性的对立面,也与现象学的自我生态自反性相对立,因为它将社会科学最客观的工具转向调查者私人,更具有决定性的是转向人类学领域本身,转向在它成员中培养和奖励学术倾向与偏见(281)。"

布迪厄与华康德(Bourdieu and Wacquant)的研究有助于进一步阐明他的自恋自反性概念；他写道："可以说，我主张的社会学与社会学家私人的自满和描写个人情感的回报或寻找鼓舞工作的知识时代精神几乎没有共同点……我还必须彻底从'反身性'的形式中游离出来，它是由观察者的写作和感情的自我着迷的观察体现的，这最近在一些美国人类学家中很流行。"……他显然消耗着实地调查的魅力，转而谈论他们自己而不是他们的研究对象(Bourdieu and Wacquant, 1990:72；另见 Bourdieu, 2003)。布迪厄(Bourdieu, 2003)因此关注的不是要将镜头聚焦"于私人"，也避免被"一种有时近乎暴露狂的自恋爆炸的'日记病'①"(282)欺骗；在其他地方，他敦促研究者区分"认知个体"和"经验个体"(Bourdieu, 1988)，他告诫大家不要被"传记的幻象"欺骗(Bourdieu, 1987, 引用自 Bourdieu and Wacquant, 1992:207)。鉴于上述诸点，我们的问题是：在反思认知过程中起重要作用的情感时，我们如何能确保我们不会因于研究过程中，这个过程构成"观察者写作和感受的自我着迷的观察"，它也支持"含蓄的虚无主义的相对主义"，反对"真正的自反性的社会科学"(Bourdieu and Wacquant, 1992:72)。

再次回到布迪厄(Bourdieu)和华康德(Wacquant)的观点，我们认为一个"真正自反性的社会科学"可以不仅通过关注研究人员的个人资料及履历定位，而且还要关注影响他们认知过程的理论、学科、体制、政治和文化定位中他的位置(Doucet and Mauthner, 2003, 2008)。在这方面，我们同意布迪厄(Bourdieu, 2003)认为的认知自反性不仅必须关注"'前概念'的记录和分析〔涂尔干(Durkheim)的意义上〕，其中社会主体从事社会现实的建构；而且还必须包括这些前建设生产的社会条件"(282)。正如华康德(Wacquant, 2006)所说的那样，系统性的关注需要给予"研究者的身份：她的性别、阶级、国籍、种族、教育，等等"，而且还有"她在智力领域的位置"，包括"纪律和制度附件"(11)。换句话说，这意味着研究对象或"社会现象不(是) 在个人的意识中被发现，而是在它

---

① 此处布迪厄(Bourdieu, 2003) 基于克利福德·格尔茨(Clifford Geertz, 1998:89)的推断，克利福德·格尔茨基于罗兰·巴特(Roland Barthes, 1980:532)的推断。

们陷入的客观关系的系统中被发现"(5)。

因此这个讨论的关键之处在于欣赏布迪厄(Bourdieu)和华康德(Wacquant)的论点,即当这个反思的思维仍然只集中于"社会学家的私人"上,那么在认知过程中努力做到自我反身性事实上可以被诠释为"自恋的自反性"。尽管如此,我们认为有一种处理情感和记忆的方式可以有认识论的权重。例如,在她主要关于照顾父亲的作品中,杜塞(Doucet, 2006,2008)反思通过数据分析,一个梦想如何在她身上发生,她意识到,儿时的记忆里有一个住在街对面的单亲父亲,事实上是在引导她把同情心给予父亲主要照顾孩子的生活叙事上。

杜塞(Doucet)有没有落入布迪厄(Bourdieu, 2003)明显蔑视的无耻地推行"研究者传记的特殊性或激发他工作的时代精神"(282)的陷阱呢?虽然这种危险的确有可能,但我们仍然认为它并不必然出现在这个自反性思考相当亲密的方法中。阿曼达·科菲(Amanda Coffey, 1999)认为,"自我放纵和自反性之间的界限是脆弱和模糊的",所以"自己揭示多少永远是个问题"(133)。我们的观点是,任何对记忆、情感和梦想这样研究的推动或关键部分的关注必须始终持续聚焦于他们为什么和怎么样对产生的知识有重要性的问题上。因此要求密切关注这些情感、记忆或梦想——无论是单独分析还是成组分析——如何将我们引向分析、解释和知识建构的特定途径(另见 Gordon, 1996; McMahon, 1996)。如果他们改变大方向或知识产生的要旨,反思和可能作为我们的"审计跟踪"一部分写下了,那么他们可能确实是有用的(Seale, 1999)。

我们还想指出的是布迪厄(Bourdieu)本人,在他最后发表的著作中(2008),他低调地认为有一种方法可以把"社会学家的私人"和他们的"直觉"转变为研究"资本"的一种形式:

> "这种自反性研究的实验……表明定义社会学家实际掌握技能的最稀有的源泉之一,其中人们在费用中称为核心组件的部分也许最终得到社会经验的科学利用,只要它首先受到社会学的批判,但是缺乏社会价值也可能是本身……从障碍转换成资本。正如我在别处说过的那样,这无疑是我母亲

的一个平庸评论……那个……引发的反思让我放弃血缘关系规则策略的模型。(86)"

布迪厄(Bourdieu)对于从他的母亲"平庸的评论"的承认"触发"了询问的一个重要理论原则,对我们的冲击既是彻底的,又是与他早期对自恋自反性危险的观点相矛盾的。这个承认不是他反思的唯一内容,他还用一种温和的方式反思了他的履历历史和他的情感联系是如何在促进特定理论兴趣中发挥作用的。

他重视个人履历影响的另外两个例子是布迪厄(Bourdieu)回忆他的父亲称赞他小时候反对学校权威的叛逆和"固执"。文章一开始是这样的,"重新找到一张我走在父亲身边的照片……我记得他曾经对我说,走出高中的时候,我把最新冲突与学校管理联系起来"(2007:89-90)。另一个实例是他对"寄宿学校的经验无疑对我的性格形成起了决定性的作用"的过程有疑问(2008:90)。这种反思使布迪厄(Bourdieu)成为盟友的考虑具有了可能性,尽管是一个在研究中主张认知过程中情感重要性的谨慎的盟友。正如我们已经就研究中的自反性做过论述,这是一个如何做的问题;这是一个"度"的问题,承认了解所有影响我们认知的必要限制(Mauthner and Doucet, 2003)。因此我们认为,关注研究和认知过程中的情感会转向"自恋自反性",这确实是有可能的。重要的是如何完成这项研究以平衡履历和情感影响,以及持续关注更大的认识论自反性概念的要求。据亨利·伯纳德(Henri Bernard, 1990)指出,布迪厄(Bourdieu)"已经展示了人种学如何能做到自反而不自恋"以及提出"人类学家和人种学理论家为自己发明的死胡同的出路"(58,71,转引自 Bourdieu and Wacquant, 1992:41)。我们都认为对于想要在认知过程中严肃对待情感的研究者而言,这仍是一个挑战。

结语

这一章中,我们强调跨学科的著作,特别是女权主义社会学家、情感地理学家和社会心理的研究人员,在知识建构过程中考虑情感因素至关重要。通过出这本书,证明了情感社会学领域的蓬勃发展;然而,很少有人关注研究实践和认知过程中如何处理情感问题。源于长达二十年专注于将聆听指南的方法扩展到定性研究的经验,我们提出了一些实用的策略以对我们知识产生的重要方式来识别和利用情感。具体来说,我们讨论的现场记录是情感数据采集和分析和成组分析以及记忆研究的集成方法。最后,在选择布迪厄(Bourdieu)和华康德(Wacquant)见解的基础上,我们探讨了研究人员如何在自反性思考和实践中不会陷入"自恋自反性",处理好情感领域的问题。

我们的方法强调在实地调查、现场记录和分析中研究者和被研究者之间的主体间情感的重要性。我们还注意到研究中挖掘情感社会心理学方法的价值,同时同意贝内特(Bennet, 2009)的观点,没有受过精神分析法训练的社会科学家不适合将这样的见解带入他们的现场记录和分析中。在我们认知过程中关于情感问题的最后一点涉及故事的复述和最终产生的知识输出。我们认为,对于处理并记录情感的研究人员的另外一个关键挑战是如何传达,甚至部分而言,身在现场与人们在一起时感性会变得丰富的——体现了与我们建立初步联系的主体,他们讲述故事时,声音富有情感,还有文本语言无法传递的肢体动作。也就是说,和华康德(Wacquant, 2008b)一样,我们认为关键是要处理方法论写作中的情感社会学,寻求"扩大文本的种类和风格,以更好地捕捉社会行为的品味和痛楚"(101)。

第二部分
情感与实证调查

在概念层面上,许多学者认为,情感在人类互动的塑造中起着至关重要的作用(参见 Turner and Stets, 2005; Probyn, 2005; Lupton, 1998)。然而,直到最近,关于社会学的情感研究在方法论上还是落后的。本部分简要论述了一些情感社会学方法论的发展趋势。

社会科学的整个工具套件现已向情感研究开放(Planlap, 1999),这既是祝福也是诅咒。由社会科学家来分析情感的开放是一个祝福,因为几十年来,情感主要是认知和神经科学探究的对象,是情感关系方面的黑盒。放任所有社会科学家来分析情感也是一种诅咒,因为理解情感连贯的理论仍然不多见,这可能会导致方法论的混乱。在情感问题这一点上,各章侧重于理论方面的问题,解决相关概念和本体论要求的漏洞。本书的后半部分转向实证调查,演示了情感的相关方法实际上怎样告知社会科学研究的工艺和技术。美国著名社会学家C.赖特·米尔斯(C. Wright Mills)不愿使用"社会科学"的理念和"社会研究"的首选想法,与此有关,因为研究情感需要的相关特定方法论和认识论要求不能被建构为抽象的经验主义意义上的科学性。

罗宾逊、克莱-沃纳和埃弗里特(Robinson, Clay-Warner, and Everett, 2008)认为,美国情感社会学呈现出两种方法论发展趋势。首先,出现了与上下文相关的定性和描述性的方法论办法。卡茨和霍克希尔德(Katz and Hochschild)是促成这一趋势的关键学者。第二,出现了使用形式化建模技术的定量和预测趋势。克莱-沃纳和罗宾逊(Clay-Warner and Robinson, 2008)的著作使这两个方法论的发展趋势展开对话。虽然《情感社会学》(*Emotions Matter*)中有几个章节停留在结构性问题上,但本书并不遵循对定量和预测方法论的趋势,原因有二。首先,情感关系方法怀疑试图预测情感理解或交互作用的结果。运用情感相关方法研究行动中的情感的,假定行动中出现无法预测的创意或意外情况。第二,我们质疑试图预测情感理解或交互结果的目标,以及运用这些可能会付诸实施的预测知识。例如,在刑事司法领域,试图预测情感理解的目标是与所谓的"反社会行为"的预防性监管以及刑事司法机构的权威延伸联系在一起的。这里值得注意的是,定量和预测方法论的趋势不是由加拿大社会学家追踪的。在加拿大,因为定性和描述性研究的趋势与美国一样,加拿大的社会学家和相关学者倾向于吸引更多来自英国的社会和文化理论。

以下几个研究原位情感的章节中,使用了多种方法技巧。研究原位情感意味着特定方法论和认识论的要求,这与结构主义者相反,但也是研究情感的心理学方法。一方面,结构主义者的思考忽视作为社会关系体验的情感元素,它的特点为现象、互动和物质性。例如,举例来说,尽管他的批判集中在分层和力量上,可由特纳(Turner, 2010)提出的情感模型趋于忽视互动和物质性的结构主义。然而,情感心理学的方法往往将情感从互动和惊人的、有形的经验(以及其他一样的情感)中抽象出来,以便于把它们当成定量研究的指标或(主要)变量。我们对情感研究的实验方法持批评态度,其中的互动是从自然主义的背景中割裂开来的,并将其缩减为实验室环境中的静态行为主义。从一个更大的自我格式塔分离情感分析,情感心理学理论可以是还原论(参见Sartre, 1949)。我们认为不是所有的心理学研究都是坚决实证的,但我们已经解释了心理学研究的这种方式,清楚地表明社会学及相关学科联结的方法要求在自我和社会结构的接口进行情感上研究的企图。关系方法的结果,无论采用何种方法论的形式,应该是情感的去具体化。

这种关系方法的方法论策略典型代表包括与访谈结合使用的参与观察和历史社会学或情感的历史化。而情感的历史方法〔类似于亨特(Hunt)和苏斯基(Suski)在本书中的尝试〕,并不在原位考察情感,这种方法将情感置于时空背景下,考察情绪指定如何在自我与社会结构变迁的交汇点随着时间推移。参与式观察和访谈配合使用〔类似于沃尔比、斯宾塞、德里以及布克曼(Walby and Spencer, Deri, as well as Bookman)在本书中的尝试〕可允许原位情感调查,但我们要强调长期人种学研究的重要性,以及定性的现实主义和主观主义倾向出现在细节和设计都不恰当的定性研究中。看到这些对方法的评价,我们认为关于它看待我们做研究的方式,情感社会学并不变得短视。我们认为情感关系的概念方法需要方法论和认识论的要求。就像杜塞(Doucet)和莫特纳(Mauthner)在他们那一章所述的,我们关系型的情感理解必须反馈到我们的研究面对它自己的理解。虽然在接下来的章节中提示如何学习关系型情感,但在定性研究领域需要更多的创新才能实现这一目标。

第九章　情感如何起重要作用：对象、组织和质谱实验室的情感氛围

凯文·沃尔比和戴尔·斯宾塞[①]

引言

对组织和那些组织中的工作人员的轨迹而言，他们与对象之间有着怎样的关系？有些文献谈到了这一话题。例如，萨奇曼（Suchman, 2005）探讨了对象的能力，联系到了组织中的人类员工。诺尔-塞蒂纳（Knorr-Cetina, 1997）认为，对象的社会性已成为社会性的主要形式。今天的组织出现了从单一的人类世界到将"对象看成关系的合作伙伴或嵌入环境"的转变(25)。对象在组织中发挥重要的、几乎是关键的作用。就像合作伙伴，对象对科学家也是非常重要的。

虽然论及对象和组织的文献越来越多，但还没有完全与情感社会学联结。情感可以被定义为与他人关系的经验(Barbalet, 2002)。直到目前，对组织研究中情感问题的实证研究(Sturdy, 2003)还比较缺乏。由于忽视了情感自身意义和对象之间的关系，使得对组织研究中情感问题的研究还缺少相关的理论和方法。研究组织的学者现在已经开始评估情感如何使人们对组织产生归属感、依恋感和团结感(Miller, Considine, and Garner, 2007; Landri, 2007; Rafaeli and Worline, 2001)。库普兰(Coupland, 2008)和他的同事认为，人们表达情感的方式预示了他们对组织活动的接受或摒弃。然而，对人们在组

[①] 我们感谢香提·阿内斯、迈克·莫巴斯、克里斯·赫尔和罗宾·史密斯(Seantel Anaïs, Mike Mopas, Chris Hurl, and Robyn Smith)的宝贵意见。

织中工作时的情感体验加以学术性的描述,是组织研究中的一项新发明(Sturdy, 2003; Ashford and Humphrey, 1995; Fineman, 1993)。在本章中,我们将展示与对象相关的情感研究是如何帮助我们进一步了解组织中的实践、规则和状态的。

我们选取加拿大一所大学的地球科学系的质谱仪作为对象来讨论对组织实践的研究。大学科学系及实验室可以被视为组织,因为他们工作在一个共享的物质环境中,有一组共享的惯例、规则并且彼此相互了解(Schatzki, 2006, 2005)。我们的案例研究通过展示与对象相关的情感对组织具有怎样的重要性来拓展与组织中情感相关的讨论(Fineman, 2000; Sandelands and Boudens, 2000)。我们借鉴了巴巴莱特(Barbalet, 1998)"情感氛围"的概念,指的是群体层面上情感的社会共享,以三种方式展示情感如何起重要作用。首先,情感提供对对象和其他人在组织中的定位。第二,以情感氛围为形式的群体层面的情感提供了一种约束机制,对群体中属于实验室的那一部分人加以约束。第三,只要关于核心对象的微观政治保持情感氛围,以及管理组织实践影响组织成员的价值化和性别化过程,情感就会起重要作用。

我们讨论的质谱仪对象,地球科学家称为"雪瑞",用于产生岩石样品的质谱和确定它们的组合物。雪瑞这个名字最初来自一个纸箱的侧面,当光谱仪制造商发货送达时,该侧面正好朝上。科学家们与对象的社会性体验为组织塑造了轨迹,也在实验室成员之间创建了彼此共享的叙述。对象并不总是按科学家的意思做事(de Laet and Mol, 2000)。自然科学家一直在处理"他们对象的持续抵触"(Czarniawska, 2004: 53)。劳和辛格尔顿(Law and Singleton, 2005)认为这是对象偶然的能力,而不是它们的不变性,这使得它们对组织至关重要,因为针对对象会带来些意外情况,必须不断地追求解决方案。我们将"偶然的能力"定义为对象的倾向,通过产生意想不到的影响,从而对卷入对象关系中的人们生成情感。雪瑞的这些偶然的能力会影响组织中情感氛围的形成。当人类试图规范光谱仪的性能时,他们既体验着也诉说着喜悦和沮丧。喜悦和沮丧的循环,特别是实验室领导在处理对象的工作中取得的小成就,实现了情感氛围的创造。情感在特定环境下社会共享,因为它们不能被局限于任何特定的个体(Ahmed, 2004)。情感氛围源自分享喜悦和沮丧,两者与管理光谱仪对象能力的尝试相关。我们研究科学家谈及情感的言论,他们认为为了应对可能发生的结果,从而尝试稳定雪瑞能力的证据是情感。我们还分析了管理科学家工作的规则,以及科学家的越轨行为对情感氛围维持的影响。

本章分为四个部分。首先,我们讨论对象的中心在组织中的工作体验。第二,我们提出在作为组织的理科实验室中,情感如何起重要作用的讨论。注意到所用的方法后,我们提出关于雪瑞和质谱仪实验室情感氛围的案例研究,讨论光谱仪的偶然能力怎样影响科学家对对象和彼此的取向,以及如何导致情感氛围的形成。我们讨论情感氛围维持的因素,这与情感的性别化微观政治相关,这构成组织的轨迹和组织内人员的生活。与喜悦相比,沮丧的体验标志着个人在组织中地位层次结构中的位置(Clark, 1990)。对实验室情感氛围的维护工作是令人沮丧的,但它也正在贬值为女性化的劳动力。我们认为,考虑以对象为中心的社会性相关的情感是理解组织中性别从属的一个重要方法。在与科学工作相关的情感氛围形成中,关注其中对象的作用有助于理解组织,因为情感作为人和对象关系的体验,专注于情感能够进一步理解如何体验组织的实践活动。

对象和组织

理解"对象"能力是领会情感怎样将对象问题与组织相联系的关键。在科学技术的研究中,研究人员将对象概念化的方法,对告知我们如何构思和组织之间关系是很有用的。作为对对象和组织感兴趣的第一批学者,行动者网络理论将对象概念化为"行为体"和"不变的运动体"(Latour, 1996; Callon, 1986)。"行为体"是使用自己能力的材料准对象。"不变的运动体"是保持稳定的准对象和那些招募他人加入世界制造项目的人所利用的准对象的版本(Lynch and Woolgar, 1988; Latour, 1987)。知识网络形成就像物体周围的旋涡,吸引其他行为体加入项目。对象被认为是网络关系产生的影响(Law, 2002)。

行动者网络理论(ANT)早期讨论的限制在于他们对对象的概念往往带有先入为主的倾向,而不是对象本身的本体论问题(Law and Singleton, 2005)。说 X 是一个对象时,可以推断出关于 X 是什么和能做什么的本体论的说法,以"修复"对象的单一性和不变性。关键是要保留"什么是或者可能是对象的边界"(Law and Singleton, 2005:340)。换句话说,对象是"流体"(de Laet and Mol, 2000)。根据对象的物质组成以及人们联系它们的方式,对象接受改变。

我们将雪瑞光谱仪定义为流体对象,因为该对象总是被分解并加入,而且也因为实验室工作人员确立光谱仪重要性的方法而接受改变。地球科学家将光谱仪的限定和意义理解为不断变化的,从而影响地球科学家在实验室中如何处理对象,有时讲究细致的技术,有时又受到迷信的影响。正如艾哈迈德(Ahmed, 2006)所说的那样,"对象不止是做我们想要他们做的事"(47);他们的能力是偶然的,这意味着我们对对象的取向和与对象有关的其他人是依情况而定的。人们使用光谱仪的成功只是一个度的问题。我们还评论对象的性别意义,即对象可以被认定为其偶然能力造成的结果。

诺尔-塞蒂纳(Knorr-Cetina, 1997)针对对象社会性所做的研究工作为对象成为组织核心的过程提供了深入了解。她认为对象不仅仅是商品或仪器。现代组织的特点是"越来越倾向于将对象认定为自我的来源,关系亲密的来源,或共享的主体性和社会融合的来源"(9)。从这个对象的社会性中产生了团结。团结指如何将成员与组织的项目绑定,以及彼此绑定。① 科学实验室被视为最理想的组织地点,在那里与对象的关系、工作人员之间的关系,以及与其他实验室的关系是持续的。在诺尔-塞蒂纳(Knorr-Cetina)的引领下,我们研究地球科学系的案例,在探讨关于情感、工作和组织未来的叙事中,阐明光谱仪对象是如何变得举足轻重的。

---

① 我们的立场,即情感是与对象和人类相联系的体验,和把与对象的关系描述为反常的描写相反。威廉斯(Williams, 1998)认为,在与网络对象的关系中迷失是"情感体验的深度,来自具体手势的温暖和理解,比如通过面对面接触和在现实世界中身体共存被另一个人'接触'"(128)。当在人类与技术之间设置一个错误的二分法时,威廉斯避开人类如何联系对象和在其中经历的情感。

情感如何起重要作用

情绪通常被认为是反对嵌入社会环境中一样的硬连线(Coupland et al., 2008)。然而情感不必被视为特殊的驱动器。相反,"情感存在于社会关系中"(Barbalet, 2002a: 4)。情感社会学将情感理论化为相关联的,并探讨情感不再是一个抽象范畴,而是存在于其特异性中(Probyn, 2005)。情感"是"什么这个问题转换为关注情感能"做"什么以及人们如何谈论情感(Ahmed, 2004a)。然而,尽管许多文献已经将情感看作与人类相关的纯粹体验(Kemper, 2004; Burkitt, 2002; Williams, 1998),但我们还是将情感看作与人类相关的体验和与对象相关的体验。

科学家的头脑中科学与情感之间的关系不是一个科学的存在。我们认为科学是一套基于组织的物质和涉及科学家群体的关系过程,是一种组织形式(Thagard, 2002)。巴巴莱特(Barbalet, 2002a)认为,有必要超越个人才智方面的科学治疗,超越竞争对手组织群体之间的政治,甚至超越科学家们对知识表现出的热情,而不是检验情感在实验室环境下如何起重要作用的。对于理解实验室暨组织而言,情感在三个方面起着重要作用。

情感起重要作用的第一个方面是提供一种面向对象和其他人的取向(另见 Ahmed,本书; Katz,本书)。艾哈迈德(Ahmed, 2006)认为,在我们对对象的态度中,情感是至关重要的,因为情感是转向一个对象、形成一个明确意义的特殊方式。对象可以在任意数量的方式中被审视以及一起共事,而取向始终是变化的。然而我们无论何时审视与对象共事的特定方式是一个情感问题,是一个和我们在与对象和其他人的关系中所体验到的情感有关的问题。我们对对象的取向塑造了它们。然而,对象拥有自己的能力和自己的角色,对象也塑造了我们的取向。人类和对象关系的可能性取决于体验那些关系的基础;情感就是基础(Collins, 2004)。下面,我们介绍喜悦和挫折如何为组织中的对象和人类提供取向,而这个取向又是如何生成与光谱仪对象的关系的。

情感是人类和对象体验关系的基础,但这种体验随着时间的推移,在一个特定的范围内在某一处发生(另见 Davidson and Smith,本书;Bookman,本书)。情感起重要作用的第二种方式是提供一种机制将那些组织社会群体的部分整合起来(在本例中,实验室的成员)。"情感氛围"的概念表明情感体验在集团层面是集体的,涉及该组在共享和专门项目上共同行动的维护(Barbalet,1998)。情感氛围包括非组织成员没有经历过的体验模式。参与该群体不需要平等,因为成员的差异有助于实现职场情感氛围的差异化。虽然情感氛围可以围绕情感的任何集群,但在下面我们对喜悦和挫折的案例研究讨论中,我们将情感分隔开来。据艾哈迈德(Ahmed,2004a)所说,"情感做的事情使个人和社区相协调……"(119)。情感不仅为对象和其他与对象相关的人提供取向;在群体层面体验的情感也划定了群体的参数,并且可以定位人类以外的环境。下面我们讨论情感氛围的形成,以及通过管控科学家行为稳定情感氛围的规则。我们重点关注实验室领导金斑达(Quimbanda)以及实验室主管内尔(Nell)是如何为实验室情感氛围带来差异的。

第三,情感问题在情感微观政治范围内影响了实验室工作组织的方式。我们的案例研究展示了诺尔-塞蒂纳(Knorr-Cetina,1999:221)称之为早期的和成熟的科研人员之间的关系如何通过标记状态的情感微观政治得到调和。我们将状态定义为"某些系统的位置或位置模式……通过相互关系,通过结合现有的权利和义务,联系单位中其他位置"(Goffman,1961:85)。关注组织中情感的微观政治——相对于组织中的其他人,人们如何讲述自己的无奈、愤怒、怨恨等——可以表明微妙的性别差异如何运行以及这些差异如何体验。在实验室中,趋势是以"单一性别"的感觉联系彼此,因为每个人都被视为科学家(Knorr-Cetina,1999:232)。卡扎尼瓦斯卡(Czarniawska,2006)将性别从属的概念定义为一个组织的实践,在我们的案例研究中,我们研究与对象和以从属地位为标志的人相关的特定情感。性别主体的工作可能会根据组织中自己与对象的关系贬值。下面我们考虑内尔(Nell)的工作——地球科学系的质谱实验室主管——从情感、地位和性别方面出发。

案例研究方法:打开黑匣子

案例研究以聚焦背景的方式调查事件,揭示生活和组织的复杂性以及矛盾(Flyvbjerg, 2006; Yin, 2003)。访谈中运用案例研究方法,只有少数参与者叙述的分析是合理的,因为理解背景才是目的,而不是提出诉求。基于这样一种认识,即员工在组织中有多个自我的感官并提供任何事件的多重解读(Halford and Leonard, 2006; Sims, 2005; Czarniawska, 2004),我们问受访者一系列有关他们实验室工作情感的开放式问题。为了把体验的范围做到最大化,我们抽样调查了研究生和教授。早期的受访者主要从网上征集,参与者被定位在生物学、化学、物理学和地球科学系。与案例研究的研究人员提出的选择方法完全吻合(Flyvbjerg, 2006; Ruddin, 2006),在完成各部门访谈的初始设置后,地球科学系被选定为个案研究,因为我们对光谱仪在实验室操作的核心地位的分析展示了组织中与对象相关的情感是如何起重要作用的。在最初的访谈经过一年之后,我们回访了地球科学系的受访者并探讨了实验室关系和组织方式的变化。访谈辅以观测实验室科学家的工作流程。① 文中的受访者均为化名。

劳(Law, 2004)写道,作为社会科学家,事件和过程"必然超出我们认知它们的能力"(6)。研究方法产生他们理解的现实,而不是去发现它。这同样适用于情感。知识型员工,如科学家总是埋葬他们构建活动的痕迹,并把方法黑匣化(Law, 2004)。因为情感是科学家对对象取向的一个重要组成部分,科学家们在谈到实验室的情感时可能会比较谨慎。因此我们受到行动者网络理论的方法论原则影响,但有一点不一样。行动者网络理论(ANT)的基本立场是我们在行动中研究科学,而不是现成的科学(Latour, 1987)。不是"科学"本身,而是组织和

---

① 现场记录通过追踪在工作的地球科学家收集(McDonald, 2005; Bruni, 2005)。法恩曼和斯特迪(Fineman and Sturdy, 1999)认为追踪是行动中研究情感的可靠方法。通过各种地球科学实验室给我们洞察我们可能没有充分理解的组织实践。

建构"事实"的工作才是重点。我们感兴趣的是黑匣里装的事实,而且也对黑匣里装的情感感兴趣。

在论及对组织研究中与情感相关的方法论问题缺乏重视时,斯特迪(Sturdy, 2003)认为"情感不为自己说话"(83)。情感很难以任何明确的形式感知。虽然叙事分析使研究人员能够超越"钩选框"的测量方法来理解情感(Fineman, 2004),事后的情感叙事可以掩盖生成体验的关系(Sandelands and Boudens, 2000; Fineman and Sturdy, 1999; Ashford and Humphrey, 1995)。我们专注于喜悦和沮丧,它们在地球科学系情感氛围中得到突出叙述。而喜悦被认为是主要的情感,沮丧被认为是愤怒衍生物的一种深度情感,我们对这些情感"是"什么不太感兴趣,我们感兴趣的是科学家是如何讲述他们与实验室工作和光谱仪对象相关的感觉。我们展示了喜悦和沮丧如何从科学工作的成功与失败的偶然性中产生。就像斯特迪(Sturdy, 2003)通过基于访谈的研究,评论了解情感的局限性,我们对我们利用受访者情感叙事的主张也变得自反。

我们从以 ANT 为主要导向对组织中对象生活进行的研究中折回,这样做的理由是,这样的分析坚持人与对象之间的不确定性,而创新,可能会错过工作中微妙形式的(性别)隶属操作方式。虽然不能简单地认为女性由于性别在组织中居于隶属地位,这一点至关重要(Alvesson and Billing, 1992),但是在组织研究中性别和情感在很长一段时间里被忽视(Halford and Leonard, 2006; Sturdy, 2003; Linstead, 2000)。我们的分析说明了如何依赖于科学的层次结构中微妙的性别从属地位来维持情感氛围,以及这种从属如何与实验室的中心对象:质谱仪发生相对关系。

质谱实验室的情绪气氛

对对象的取向

地球科学是多学科交叉,因为它从地质学、地理学、地球物理学、化学、数学都有借鉴。地球科学系根据他们提供的专业知识和他们工作的对象类型开发特定的利基。地球科学系在我们的案例中处理质谱。我们参观了地球科学系,观察了岩石破碎室、显微镜室、化学岩蚀变和样本构造室,以及质谱实验室本身。如前所述,实验室成员指中央实验室的对象——质谱仪——以"雪瑞"的身份。科学家们对他们的工作对象命名,这是不寻常的,实验室中最资深的科学家金斑达(Quimbanda)博士说:"我知道其他实验室,其中有很多仪器有名字……主要是研究用的仪器……我能想到的其他实验室,它是人们的名字,不叫它们 Archetypteryx 或类似的东西,但人的名字,我知道一个叫奥利弗(Oliver)的。我想这是因为我们与它们合作了这么多,它们显示出了个性。"

通过命名雪瑞与将对象放在他们的生活和工作的中心,雪瑞成为实验室关系氛围的一部分。我们与对象之间的衔接成为工作生活和家庭生活的中心(Turkle, 2004)。归因的突出角色(Maffesoli, 1996)不能被低估,因为雪瑞的角色为群体中科学家创造了对对象的取向。取向"描述了我们对别人的一种情感投资"(Probyn, 2005: 13)。科学家们依赖雪瑞的能力,以高效、准确的执行取向,即有利于面向对象的取向和围绕雪瑞的所有实验室社会性中心范围内的彼此的取向。

雪瑞的技术能力是已知的且令人敬佩的。对对象的取向反映了为任何情况作好准备。雪瑞的能力,影响了科学家们的工作,它减缓了或抛弃了精密的分析,这是公认的:

> 如果它出现问题,整个部门就会关闭。我们仍然可以粉碎岩石或使用样品或清洁实验室,但只能到这一步了。一个月前,雪瑞出了问题。三个星期了,它的研究错得厉害,而且每个人的研究得出了完全意想不到的结果。没有用。所以我们与雪瑞共事的优秀教授正在试图修复它,却不能成功。大家都很沮丧。(另一所大学)有一个质谱仪,它使用氩气。(其他大学)的质谱仪已经下来了六个月。研究生和教授都不能做好自己的工作,因为我们需要的是一小片被称为离子倍增的东西。他们真的很沮丧〔苏西(Suzie),研究生〕。

对实验室的所有成员而言,工作放缓不是雪瑞本身的过错。责任应归于内部配套机械零件,雪瑞不用承担罪责,好像指责雪瑞将造成另一个令人沮丧的场景。表明科学家们对光谱仪的取向,雪瑞被人格化,而可交换和升级的组成部分作为纯粹的碎片得到保留。雪瑞由多个其他对象(外壳、真空室、细丝、光纤电缆、沉积物)组成,雪瑞得到各种不同的解释,因为如果对象是不可预知的,"因此也正是使它工作的东西"(Law, 2002:98;另见 Whitley and Darking, 2006)。地球科学家彼此间的工作方式受到他们之间的亲密感情和他们对光谱仪的相互依存影响。对象把组织中的人们彼此关联起来的方式是结合(Suchman, 2005;Collins, 2004)。亲密联系的感觉也延伸到该对象在这方面的社会性中心。

流体对象的能力

对象没有自己的思想,他们并不总是按我们想要的方式来运行。有时对象做我们认为他们不能做的事。这样,对象是"流体",只要对象可以物理变化,而且我们转嫁给对象的意义也发生变化(de Laet and Mol, 2000)。组织中相关定位的对象受到我们所说的"能力稳定的尝试"的影响。人类试图让对象按他们想要的方式工作。对象正在概念性和实质性的改变,但人类希望它不这样做。能力稳定期间,人们对失败的反应有助于将人物归于对象。关于雪瑞的人物叙事取决于个体在实验室氛围中如何定位。一个名叫苏西(Suzie)的研究生的叙述表明,与他人相比,用光谱仪的科学家有更密切的关系:"她知道她的老师〔金斑达(Quimbanda)〕在房间里,因为只要他一离开房间,雪瑞就会发生故障。我不得不在家给金斑达(Quimbanda)打电话:'雪瑞出故障了。'"苏西(Suzie)依靠金斑达(Quimbanda)来管理对象偶然的能力,以保持光谱仪的运行。金斑达(Quimbanda)是"实验室的领导者"(Knorr-Cetina, 1999:221),他选用人员,并与中央实验室对象有着重要关系。金斑达(Quimbanda)有关雪瑞人物的叙事反映了他在实验室的地位和对对象的取向:"我们进入这个愚蠢业务:人们认为质谱仪是由精神所拥有的。关于如果事物出问题,有笑话说可能是因为新月或满月。在使用雪瑞仪器出现问题时,把问题的原因归咎于月亮是很有趣的。我们这里有一个良好的氛围,而且有很多玩笑可以开下去。"

梅奇克和姚(Meisiek and Yao, 2005)认为,"愚蠢的商业"在组织中的意义和情感社会分享的幽默一样多,缓解压力,并为群体成员创造意义。当测试程序不按计划进行时,科学家们有时指出实验室外的突发事件来解释雪瑞的挑衅,无论是超自然的占有还是天文的力量。金斑达(Quimbanda)对雪瑞从来都是乐此不疲,他说,"有时你希望它无聊一点,你不希望有那么多的问题要处理"。这些"问题"是流体对象的能力以偶然的方式行动。带有偶然性质的对象由人类赋予了角色,也有助于他们赋予自己角色的能力。

对象的名称保持不变,但通过调用雪瑞所指的对象在不断变化。每一次修复,部件得到替换。软件得到升级。新的样本不断被加载到长丝。雪瑞是极少数在加拿大的光谱仪中的一个,这使得该对象对涉及分光测量的科学家尤其重要。当我们问到当雪瑞的电路或软件出故障时,是否有人去其他实验室,金斑达(Quimbanda)回应道:

> 他们一直等到它修好。到目前为止,我们还没有遇到任何严重的问题。运气不错。去年夏天,我们有一个配件过了保修期。不是雪瑞它自己,而是一个辅助单位……一切都很好,除了当前对长丝运行的不是所有的方式。我们会把样本放进去,抽下来,几个小时后我们会有结果,但结果都消失了……我们无法弄清楚它是什么。它是走过场,而没有做真正的工作……我休假的第一个月我都在想,这是一个严重的技术问题,于是我与制造商沟通,试图追查信息,这是令人沮丧的……如果你不算我的时间,我的工资,那么只花了我们五美元来修复这该死的东西。组件是一对功率晶体管。

金斑达(Quimbanda)在访谈期间运气不错,表明他希望他可以通过各种尝试,稳定光谱仪的能力和角色。谈论雪瑞的"心情"就是谈论对象的流动性,雪瑞易变和不可预测的能力。在实验室中的对象与人的关系是由于对象偶然性的能力,得以不断地重新定位(例如,回到绘图板),其中失败导致科学家体验了沮丧感。大约两年前,一件辅助设备开始给我们造成一些麻烦。我们与它一起凑合了一年,它坏得相当频繁,每两个月一次……这真的是沮丧〔金斑达(Quimbanda)〕。对象的流动性,延伸到了该对象的用户(de Laet and Mol, 2000),因为它们对对象的取向必须是可变的,而不是持久的。

情感氛围的形成

正如德·莱特和莫尔(de Laet and Mol, 2000)指出的那样,对象需要一个社区,以保持正常运行。对象是社区的一部分,因为社区的组织实践的形成与对象相关。用诺尔-塞蒂纳(Knorr-Cetina, 1997)的话来说,"对象世界……构成专家工作开展的嵌入环境,从而构成类似专家自我的情感家园"(9)。和雪瑞之间的关系为实验室里的地球科学家创造了情感的家园或氛围。然而,金斑达(Quimbanda)的关系是最重要的,因为,据实验室里的众人而言,他能"点石成金"(Knorr-Cetina, 1999:229),如果实验室要投入运行,这是实验室需要的保持雪瑞运行的方式。

地球科学家对情感的谈论在喜悦和沮丧之间摆动。地球科学家报告说,他们工作最快乐的部分,他们认为自己成功的那一部分,是成果得到出版的时刻。对于金斑达(Quimbanda)来说,他与雪瑞的工作最愉快的部分是"项目取得好结果。做出一些有意义的结果"。这里的成功只能是一个程度的问题,因为稳定能力的尝试往往注定失败。光谱研究中最令人沮丧的部分是对象失败的时刻。金斑达(Quimbanda)将失败归因于研究生缺乏训练、样本的大小,以及样品形成或样品装载期间受到污染。尽管金斑达(Quimbanda)与雪瑞的关系是建立情感基调的核心,但喜悦和挫折的共享导致了情感氛围的形成。正如实验室经理内尔(Nell)所说:"我们都知道同位素,我们都可以运行一个好的质谱仪,但只有金斑达(Quimbanda)可以修好它。我们需要他。他有一种魔力,当然,他对此予以否认……他是唯一可以让雪瑞歌唱的人。如果出现问题,他本能地知道如何修好它。这是我们其他人都不具备的技能。甚至技术人员也不能。他大摇大摆地进来,说一些奇怪的话,打开一些从来没有人见过的菜单,按下几个数字,然后它就修好了。"

为了稳定雪瑞的能力,金斑达(Quimbanda)用了似乎只有他拥有的技术。随着时间的推移,在金斑达(Quimbanda)和雪瑞之间有了组合注意力。在这长期的互动中产生的是相互关注和亲密关系。这就是柯林斯(Collins, 2004)所说的"情感夹带";因为信心是在合作伙伴的持续互动中建立的,这在雪瑞和金斑达(Quimbanda)的案例中得到了组织成员的认可。我们扩展了情感夹带的概念,这标志着在关系过程中建立起来的活力把对象包括进来。这增强了柯林斯(Collins)的论点,否则他的观点只把情感的概念定义为涉及人类。相对于早期科学家的叙述,金斑达(Quimbanda)的关于雪瑞叙述的特点是亲密的情感夹带特性。实验室的情感氛围建立在雪瑞和金斑达(Quimbanda)之间关键性的关系之上,喜悦和沮丧之情则在其中循环往复。

情感氛围的维护

由于情绪有助于在特定情况下区分一个人相对于其他人的状态,因此在情感氛围中,会形成一种微观政治(Clark, 1990)。情感的微观政治是组织轨迹的构成和在组织中工作的人的生活。而在这种情况下,情感氛围的形成是因为与对象的偶然能力相关的实验室领导为组织创造成功的能力,情感氛围的维护——在雪瑞和实验室主管内尔(Nell)之间的关系很明显——表明组织中情感、地位和性别之间的这种联系。金斑达(Quimbanda)的大部分工作直接与光谱仪相关。实验室主管内尔(Nell),她与对雪瑞感兴趣的其他众多科学家一起共事,进行大部分工作。内尔(Nell)曾在欧洲各地的光谱实验室以及供应公司工作,却是一个"早期的科学家"(Knorr-Cetina, 1999),因为她没有经历科学组织层次结构中的向上流动。内尔(Nell)谈到分工时,有些怨言,"我曾经处于我研究领域的前沿",但现在由于她在自己的家庭和她的第二个家庭雪瑞小组的性别分工,导致她无法延续她的工作热情(尽管她够资格)。内尔(Nell)不仅要在实验室坚守她的岗位,还要照顾她刚出生的孩子,往往不得不把孩子带到实验室里。内尔(Nell)的工作是管理实验室后勤、完成预订和管理财务。"我的工作是需要由一个人来协调的琐事,"她说,虽然她可以是繁忙的,"每星期工作两天是适合我的。我不再处于我研究领域的前沿,因为我没有一个教师职位,我没有情感能量,我承担着超负荷的家庭责任。"

虽然地位不高,但内尔(Nell)在实验室的岗位和金斑达(Quimbanda)一样重要。内尔(Nell)感到骄傲,她的工作是科学家的管理人员,可以找到一些乐趣:"我对实验室的满意度正在上升。一切都顺利、有序,样本没有出问题,账户是有序的,我感觉所要做的工作都已经做了,实验室就好像自己会独立运转一样,雪瑞就好像在自我吟唱……我帮助他人并满足他们的需求,我预测人们的需求,帮助他们完成工作,使人们的生活更轻松,因为他们都很紧张和忙碌……当我运行机器的时候,当我们取得突破或者让它良好运行或者我们克服难题的时候,满意度加倍。那种感觉真的很好。"

雪瑞"歌唱"是实验室处于最佳状态的一种委婉说法。当秩序感出现和雪瑞在"歌唱"时,内尔(Nell)体验着情感氛围中帮助其他成员的喜悦。关心别人,帮助别人完成任务,给内尔(Nell)一种满足感。该实验室的这种特性对司空见惯的冷漠的观念提出了挑战,客观追求真理,揭示实验室的关系氛围密不可分的情感活力(Gherardi, Nicolini, and Strati, 2007)。

与其说内尔(Nell)的工作是管理光谱仪偶然的能力,不如说是管理想要使用光谱仪的成员造成的实验室突发事件。内尔(Nell)说,实验室的生活特点是狂热的行动和挫折。她的工作最让人沮丧的部分是人们不遵守"游戏规则":

> 我试图建立一个流畅的系统,例如预约使用机器。他们必须在星期四早晨九点申请用雪瑞一周时间。但是,在实验室里有两个人完全不能满足最后期限。然后,他们想知道他们为什么没有时间了或者他们会去问金斑达(Quimbanda),但金斑达(Quimbanda)不知道时间表……这是我的工作,这不是他的工作。它使生活变得非常复杂。我在月底对要付费使用的人发出一张表格。有某一个人永远不会准时支付,她从来都不会有钱,我为了愚蠢的事情花我的时间追她。这是

一份应该迅速完成的工作。然而,一两个人总是会把它搞砸。它变得艰难和令人沮丧。她想要很多时间,因为她有许多样本要运行,但她不遵守游戏规则。

处于组织层次结构中较低处,内尔(Nell)的工作就是在其他科学家打破规则时进行管理,这就导致了沮丧感。内尔(Nell)很沮丧是因为她的这么多时间被浪费了。当内尔(Nell)请了病假,实验室的关系就破裂了。正如金斑达(Quimbanda)所说,学生"想要放入样品,获得数据,所以在这种情况下保持质量控制是当时没有实验室主管的另一个方面,因为她一直很留意这类事情……〔内尔(Nell)〕可以监管他们……有些(学生)可以做的事情,造成了相当的混乱。制造了不少麻烦"。在管理实验室的组织实践中,缺乏内尔(Nell)提供的支援,与对象相关形成的社会性会退化。因为在这种氛围中她作为主管,内尔(Nell)不被视为科学家,而是一个护理员。在大多数工作场所,护理被认为是"女性化劳动"(Halford and Leonard, 2006),意味着工作较少。就像布鲁伊斯(Brewis, 2006:499)认为的那样,仍然有一种倾向认为学术组织中女性的角色是提供服务。

按柯林斯(Collins, 2004)关于群体情感的讨论来说,内尔(Nell)从实验室互动的情境中带走的活力要少于她贡献的(134)。这些情感的微观政治与她在组织中的地位不对称。尽管她的学历和她是保持实验室组织有序工作的名副其实的润滑油,但内尔(Nell)还是没有获得象征性资本,这种象征性资本是如果她有一个学术地位就可以授予给她的。内尔(Nell)必须处理组织中与人事相关的问题,而不是"更严肃"的光谱测量业务和科学事实的建设,它们正是金斑达(Quimbanda)通过他的地位得到的,反映了组织中女性与技术工作长期分离(Brewis, 2005; Linstead, 2001)。作为一个母亲,同时又要管理实验室,内尔(Nell)很忙碌。这种作为划分实践的双重约束,使内尔(Nell)在组织中处于从属地位。现有的性别秩序有效地保持了内尔(Nell)的实验室管理的身份。在科学实验室和技术部门的地位不对称往往以这种方式性别化(Knorr-Cetina, 1999:232; Alvesson and Billing, 1992)。

内尔(Nell)的关键是确保定位和完成单调的组织实践,从而使她处于情感环境维护的核心。内尔(Nell)写了一本培训手册,指导科学家如何使用雪瑞以及如何在实验室开展自己的工作。偏差的风险太高了。打破规则是不允许的。内尔(Nell)说,

> ……我们得到更多的用户,它就像受过严格训练,如果你让人们对它不好,即使他们没有意识到他们正在做的,或者是他们在另一个实验室或其他地方用一台老机器做的方式,你最终打破它。样本必须非常一致地运行。每次我们运行一本杂志容量的样本时,我们运行得很标准化。我们知道数据应该是什么。你应该尝试使用相同的条件,这样你知道你会得到重现。我一直在寻找标准数据的日志记录和某些人运行它的方式,并想,'噢,我的上帝'。如果人们随性而为或不遵守指南,那么在实验室中重现的状态就会变得有问题。当实验室的重现性被关闭时,那么所有人的工作都被搞砸了,因为人们问标准结果是什么,我给他们看这团混乱肮脏的打印输出,这是不行的。然后当他们公布数据时,他们的数据是经不起推敲的。

作为规则破坏者的情感表达以及规则的制定者和追随者的经验中断(参见 Thoits,本书),与雪瑞相关的规则破坏是"情感越轨行为"(Thoits, 1985)。就如西姆斯(Sims, 2005)研究组织内的不满所形成的愤怒指出的那样,内尔(Nell)的沮丧来源于对付要求过多却轻视她的科学家。为了防止光谱仪的精度降低,准则是实验室规范的不容置疑的描述性说明,并且让所有成员服从准则,问责制势在必行(Amerine and Bilmes, 1990)。行动被判定为需要规范化,问责和重现性成为基础。

科学实验室必须要关注自己的项目和标准是否对照衡量了其他实验室的项目和标准(Knorr-Cetina, 1999; Latour, 1987)。该标准的日志以打印稿或图表的方式转载,并和研究界共享。内尔(Nell)很关心发生在实验室里的事情,但她同样关注实验室在外人中的声誉。就像内尔(Nell)解释的那样,该标准日志对促进实验室的现状和招收其他

科学家进行光谱研究是极其重要的：

> 当你发布数据时，你要确保它可以与其他人的数据相比。你说我在这个区域得到了这些数字，我将在这里绘制该数据，而你想要把它们都放在同一张图表上，如果它们是不同的，那么这些差异是真实的，不只是因为分析是错误的，只是在一个方向上差了十万分之一。标准是我们如何保持我们实验室的重复性，知道我们有正确的数字。你必须知道你的数据是真实的，你只能通过运行标准和正确测量来实现，并重复运行，以确保得到相同的结果。到六位小数之前你都不能生成任何旧数字。你必须说明如何粉碎东西，浸出它们，溶解它们，测量它们，实验室的标准重现性是什么，使人们可以判断他们是否能相信你的结果。

报名是对组织煽动或诱惑的最终产品，这是基于强度，被视为从结果的信度和效度中出现的，由对象在它"歌唱"时制造的。该标准的日志代表了雪瑞对更广泛的可能成为实验室成员的受众的能力。正如某些规则旨在稳定雪瑞的偶然能力和限制对象的流动性，其他的规则通过将科学家的行为与实验室的组织实践相配合稳住情感氛围，从而防止与更广泛的地球科学界相关的偏差带来的不利影响。至关重要的是，实验室间和实验室内关系的情感体验是信心，使科学家们将继续参加实验室的项目。同样，当内尔(Nell)请了病假，实验室的关系崩溃了，研究进行的数量很少。正如金斑达(Quimbanda)所说，"自从她缺席，已经基本上没有人在实验室……机器在那里，大部分时间没人使用"。在缺少内尔(Nell)的情况下，没有人能管理实验室，使实验室暨组织的未来比科学家尤其是金斑达(Quimbanda)所想的更具开放性。

讨论

通过科学家和光谱仪的关系，实验室暨组织成为一个成形的情感氛围。情感氛围的微观政治通过标记与中心对象相关的状态发生。巴巴莱特(Barbalet,1998)认为并不是每个小组成员都经历了相同的情感或情感氛围中相同的情感强度。内尔(Nell)带走的活力少于她对情感氛围的贡献,并且因为她在组织中已经被分配的位置,所以体验的沮丧多于快乐。内尔(Nell)在实验室的位置低于金斑达(Quimbanda)。内尔(Nell)服务角色的定位是她在组织中初始状态重现的结果。尽管她有专业知识,但内尔(Nell)还是被视为支持人员,在内尔(Nell)管理实验室的尝试中,这相当于情感和组织的性别化经济(Kerfoot and Knights,1998)。维护实验室的情感氛围是女性化的劳动力,尽管它在组织中处于中心地位,可这却是贬值的。

当代组织工作中的性别从属与特定的任务和活动相对发生(Erickson, Abanese, and Drakulic, 2000; Gherardi, 1994),而且在我们的案例中,这些任务和活动涉及与对象的关系管理。当与组织中对象相关的情感黑匣子打开时,会发生什么？组织中性别从属可以通过考虑情感叙事是如何表明在特定情况下一个人的状态来得到展示(Knights and Surman, 2008)。通过展示面向对象社会性的组织实践如何能够导致科学中初始的性别化,我们的讨论补充了现有的作为组织实践的性别从属概念(Martin, 1990; Czarniawska, 2006)。

结论

利用实验室工作的例子,本章考虑了组织内的情感和对象之间的关系。组织研究的文献迄今忽视与对象相关的情感如何产生以及这些情感对组织中工作起到怎样的重要作用,这就是我们开展这一研究的根本原因。实验室的科学工作是通过对象和人类科学家以及更大的研究团体之间的关系来完成的。我们已设法表明,只要它们影响情感氛围的形成和维护,科学组织中关于对象的情感对于完成工作来说就是不可或缺的。雪瑞的能力和金斑达(Quimbanda)稳定它们的尝试塑造了光谱群体的情感氛围。由于持续的失败,稳定能力的尝试过程是令人沮丧的。在任何程度上取得成功时,小乐趣就会出现。实验室工作中以对象为中心的社会性是充斥着失败的,因此它会带来摇摆不定的情感体验,这种情感体验和以人为中心的社会性是同样的(Suchman, 2005; Orr, 1996)。实验室里金斑达(Quimbanda)与雪瑞相关的同等情感水平不是每个人都有的,也不是所有的群体成员都以同样的方式体验喜悦和沮丧的情感。总之,不同的对象和人类的动态相互作用产生的群体感觉导致集体活力。然而,情感氛围的维护,涉及一系列令人沮丧的任务,如时间、管理无视实验室组织实践和规则的其他科学家。当对维持这些实验室关系不可或缺的群体成员缺席时,情感氛围会消散,组织实践会停止。

　　通过利用科学家的叙述,我们讲了一个关于组织中情感和对象之间关系的故事。讲故事和运用隐喻是创造意义的丰富来源,因为它涉及组织中的工作。考虑到员工分享他们的工作,故事和隐喻也让组织研究学者得到分析工作场所性别从属的方法(Czarniawska, 2004)。"雪瑞"是一个流动的对象,该对象总是随人们与它联系的方式而改变。甚至科学家们关于雪瑞的叙述增添了人格化的色彩以及对象充满了性别的意义,以此作为其偶然能力的结果。因为这个对象的偶然能力,实验室的情感氛围总在变化。然而,"雪瑞"也是实验室相关研究背景的隐喻,小组成员必须与组织实践配合,以及科学家的工作如何被分配的状态。

第十章　情感异常与精神障碍

佩姬·A.索茨

引言

前段时间我提出的"情感异常"概念(Thoits, 1985, 1990)是从霍克希尔德(Hochschild, 1979,1983)的"情感规范"和"情感管理"推断而来的。霍克希尔德(Hochschild)的研究实例指出,人们有时无法感受或表达符合特定社交情境的情感(例如,应该保持愉快时却对客户发脾气);她描述了人们常用的以减少"情感失调"的策略(1979:565),即他们的感受或表现与情境的情感规则不相匹配。从霍克希尔德的(Hochschild)"情感失调"到"情感异常",这一概念仅仅迈进了一小步。情感失调一般指感觉或表达与情境规范之间的暂时差异,是一种通常可以在使用情感工作策略中得到减少的差异。情感异常指持续的、重复的,或者强烈违反社会感受或表达规范的,其中情感管理的努力往往是无效的。

在发展这个概念的过程中,我试图解决精神疾病标签理论的一个悬而未决的问题(Scheff, 1966),即违反什么类型的规范会被列为精神疾病的症状。希夫(Scheff)认为被标记为精神病的人违反了"剩余"规则,对于他来说,规则不是礼仪、道德或法律规范,而是社会规则,并且理所当然地认为这些规则只有在被违反了以后才能成为规范(例如,与交流对象没有眼神接触)。读了霍克希尔德(Hochschild)的著作之后,我突然意识到,"剩余"规范可能根本不会剩余:有些可能被列为感觉和表达规范。毕竟,精神疾病的发病特点往往有情感上的特征:神经衰弱、情绪波动、情感失控。因此,我认为,精神障碍的一个重要子集可以由情感异常来定义，也就是反复或强烈违反感觉或表达的规范（Thoits, 1990）。①

然而，这个论点既缺乏理论发展又缺乏实证证据。我在本章的目的是建立由精神科医生和临床心理学家制定的障碍判断的规范基础，并从临床医生、社区精神卫生研究人员和非专业人员处搜集相关证据，以确认由情感变异造成的精神障碍占相当大的比例。然后我将这个规范性论点进行了扩展，探讨了长期存在于临床医生之间的诊断意见分歧问题。由于情感变异的判断取决于个体的思想框架（Hochschild, 1983），我认为诊断的分歧可以追溯到临床医生之间的思想分歧。

问题：我们如何认识精神障碍？

精神科医生和临床心理学家倾向于把精神障碍看作真实存在的，我指的是现有的、可观察的、可衡量的现象，这种现象具有病因、症状特征、典型的过程、可预期的结果，而且，某些精神障碍可以有效治疗。我必须立即澄清的是我认为心理失调是真实的。② 我无意争辩精神疾病是虚构的，或者说它是一个误导性的医学术语，应用于解决"生活问题"有困难的人身上（Szasz, 1960, 1994）。虽然生活的问题（压力）确实可以引发心理困扰和情绪，焦虑以及物质使用障碍（Thoits, 1995），但是重度精神疾病表现为严重功能障碍，既定性又定量地从反应到压力源区别开来（Kessler et al., 2003; Payton, 2009）。这可能是由于潜在的心理、生物或遗传缺陷。

尽管临床医生一致认为精神病是真实存在的，但是和大多数临床医生和精神病研究人员相比，社会学家（包括我自己）倾向于精神障碍的不明确性，因为没有更好的词，这有几个原因。首先，和人类学家一样，社会学家注意到精神疾病的性质、类型和定义因为文化的差异而不

---

① 威廉斯（Williams, 2000）认为精神健康应定义为情感健康。

② 为了使本章中的文本有变化，我将使用精神障碍、心理/精神障碍、心理/精神失调、精神病理学和精神疾病等可以互换的术语。

尽相同(Kleinman and Good, 1985; Shweder, 1994)，而且在同一文化内部，它们也会随着时间的推移而发生变化(e.g., Jutel 2009; Kirk and Kutchins, 1992; Kleinman and Kleinman, 1985)。第二，社会学家强调疾病的评估往往远不如许多身体状况的检查可靠；而精神病医生经常就何种诊断适用于在标准化病历或录像采访中描述的患者而意见不一 (Aboraya et al., 2006; Garb, 1997; Kirk and Kutchins, 1992)。第三，社会学家都知道，各种精神疾病的入选、落选以及重新分类是由委员会的专家完成，他们经常被强大的利益集团游说而提出改变，利益集团涉及如保险公司、同性恋权利团体、退伍军人团体和女权主义者(Figert, 1995; Kirk and Kutchins, 1992; Mayes and Horwitz, 2005)。总之，社会科学家反复提出精神障碍是通过社会或政治进程塑造、协商、构成的。

当通读过由美国精神病学协会在 1952 年、1968 年、1980 年、1987 年、1994 年和 2000 年出版的《精神疾病诊断与统计手册》(*Diagnostic and Statistical Manual of Mental Disorders*, 简称 DSM)及其后续版本(1987 年和 2000 年的 DSM-III 和 DSM-IV 是单独修订版)，这些协商和建构的过程是最明显的。许多变化是值得注意的：神经症已从手册的术语中删除；许多精神疾病已被重命名；对所有精神疾病诊断标准的划定更加谨慎；重大精神疾病的多种亚型已被区分；同性恋已经不再是精神病理学的一种形式；添加了许多疾病，包括创伤后应激障碍 (PTSD)、咖啡因和尼古丁相关的病态赌博症；如今促进委员会及其成员名单在手册中被列出；尝试性的新诊断也出现在最近的版本当中。同时，在大众和专业媒体上有关修改建议的利弊之争一直在继续。由于 DSM 是临床医生的"圣经"，精神疾病的涵盖范围也自然而然地被周期性细化，重新概念化，并随着时间的推移重构。再次重申，我不认为精神病理学"仅仅"是社会结构。是的，精神障碍的广义概念界限可以扩大或缩小，围绕各种疾病的界限重新谈判(Jutel, 2009)。但大多数社会学家承认，这些界限中有些东西是真实和有问题的，不能仅仅被视为社会结构(另见 Williams, 2000)。

理解界限的设定过程非常关键，因为表现出相同认知、情感或行为症状的人被分类为健康或患病取决于正常和异常之间的界限划定

(Erikson, 1966)。这样的分类会带来巨大的个人和社会后果,原因就在于随精神病而来的歧视(Corrigan, 2004; Erikson, 1966; Link and Phelan, 2010; Scheff, 1984; Wahi, 1997)。社会学的关键问题是:什么决定了界限在哪里划?换句话说,专业人士和普通人如何断定一个人是否表现出心理障碍?

不管是临床医生还是外行,对这个问题的通常答案都是人的行为异常(这种行为没有明显的生理原因)。那什么是异常?一个简单的答案是:偏离正常。那什么是正常?谨慎的回答是,这取决于个人行为发生的群体中的文化规范。

规范指在特定的情境下预期的或适当的行为(Gibbs, 1965)。它们的存在可以通过针对行为的言语指代来分辨,这些行为是"适当的""合适的""预期的""正常的"等(以及他们的对话),还可以通过涉及个人"应该""应当""必须""有权"做什么的陈述(以及他们的对话)来分辨(Gibbs, 1965; Hochschild, 1979)。针对哪些人可以评估自己和他人的行为,规范在根本上提供了文化标准(Gibbs, 1965)。虽然在同一文化或亚文化内,规范会在双方自愿的程度上发生一些变化;违反规范时会受到正式或非正式的制裁,不同的严重程度也会让规范有所不同。当个体异乎寻常,反复或持续打破禁忌、道德规范(习俗)、社会约定(民俗)时,观察者察觉异常——即严重偏离规范——便考虑他有精神疾病的可能性(Foucault, 1965; Scheff, 1966; Thoits, 1985)。

规范偏差和精神疾病之间的联系实际上隐含在精神疾病的指导定义中,这些定义可以在 DSM-III(APA, 1980)中找到,并在随后三个版本的手册中重复(APA, 1987, 1994, 2000),"……每种精神障碍都被概念化为临床上的显著行为,或心理症状,或发生在个体上并与目前困扰(例如,一个痛苦的症状)相关的模式,或残疾(即一个或多个重要的功能区域受损),或承受死亡、痛苦、残疾的风险明显增加,或严重失去自由……此外,这种综合征或模式不能仅仅是对所爱对象的特定事件的回应,这种回应是可预期的和文化认可的……"(APA, 2000:xxi-xxii,重点补充)。所以如果一个人有一组症状是对主要生活事件的可预期或规范性的反应,那么他并没有精神障碍。反过来说,如果症状不可预期或出现不规范性反应,他们可能表明出精神障碍。该手册赶紧补充说,"既非异常行为(如政治,宗教或性),也非个人与社会之间的冲突,就是精神障碍,除非异常或冲突是如上面所描述的个体功能障碍的症状"(APA,2000:xxii)。简而言之,违反规范,造成个人痛苦、功能障碍或人身伤害的重大风险就是精神障碍。

从《精神疾病诊断与统计手册》(Diagnostic and Statistical Manual of Mental Disorders)第三版开始,精神疾病的诊断标准第一次得到了明确的规定。看着《精神疾病诊断与统计手册》(Diagnostic and Statistical Manual of Mental Disorders)上的这些规定,判断精神障碍的规范性基础变得更加清晰。以下是从DSM-IV-TR(重点补充)中摘取的几个例子:

> 多动症可能表现为烦躁不安或在座位上蠕动……要求坐座位上时不坐……在不适当的场合过度奔跑或攀爬……很难安静地玩或从事休闲活动……看来是经常"在动",或好像"由发动机驱动"……或者说得太多……(APA,2000:86)

> 选择性缄默症的本质特征是在要求说话的特定社会情境(例如,学校,与玩伴)下持续不能说话,尽管在其他情境下能够说话……(APA,2000:125)

> 在(强迫症)发病的某些时刻,这个人已经认识到强迫观念或强迫行为是过度或不合理的(APA,2000:457)。

> 心因性暴食症的本质特征是铰链的饮食和不恰当的减肥补偿法。此外,心因性暴食症的个人自我评估受到体型和体重的过度影响……狂饮定义为离散时间摄入的食物量远远大于大多数人在类似情况下吃的量(APA,2000:589)。

尽管人们完全可以理解为什么医生内部的意见很难达成完美的统一,但问题的关键不在于这些判断是主观的,容易出现可能的错误或者对于变量的解释过于宽泛。相反,关键在于规范:在共同的文化标准或规范的基础上,专业人士诊断精神障碍。当个体按规范行为,"意外""不合适""过度""不合理"的方式是令人不安的、损害的、有害的,他们表现出精神疾病的症状。

情感异常

请注意,上面的例子描述了对行为规范的违反。但正如霍克希尔德(Hochschild, 1979, 1983)几十年前认为的那样,社会规范不仅支配行为,它们也引导感情和情绪的表达。① 总的来说,这些规则被称为"情感规范",可以细分为"感觉规范"和"表达规范"的子集(Hochschild, 1979)。感觉规范管理特定情况下的私人、主观情感体验。例如,可以预计,我们会在葬礼上伤心,在成功时喜悦,在考试前焦虑。表达规范或显示规则(Ekman, 1984),调节特定情况下外在的、公共的情感表达。例如,如果我们是大男孩,那么我们不应该哭,我们应该对客户微笑,我们应该对礼物感恩,即使它不是我们想要的。感觉和表达规范还规定了特定情况下可接受的范围,强度和情感的持续时间(Hochschild, 1979),以及行为者对某些感情应该或不应该定向(Thoits, 1985)。霍克希尔德(Hochschild, 1979,1983)表明,由于许多结构上的原因,个体往往不能感受或表达应有的情感,所以他们使用了多种应对策略,使自己的情感与规范接轨。她称这些应对措施为"情感管理"或情感工作(参见 Theodosius,本书)。

当一个人体验或表达不恰当的情感时,或当他的情感工作未能唤起、抑制,或将不可接受的感情转换为可以接受时,此人表现出情感异常(Thoits, 1990, 2009)。当异常的情感变得紧张、反复或长期时,它就在精神障碍的识别中扮演主要但通常被忽视的角色。这种说法可以通过逆推到《精神疾病诊断与统计手册》(*Diagnostic and Statistical Manual of Mental Disorders*)的内容来加以证实。如果仔细查看从1980年起的 DSM 手册,会发现无数的情感异常的佐证。例如,摘自 DSM-IV-TR(2000,重点补充):

> 个体的品行障碍……可能是冷酷无情,缺乏适当的内疚或懊悔。(96)

---

① 也有人认为存在着决定什么是可以接受思考的规范以及适当的理性方式——即存在着认知的规范。我在本章提出的关于情感异常的基本观点也适用于认知异常。

精神分裂症患者可能会表现出不适当的情感（例如，在没有适当刺激的情况下也会微笑、大笑，或出现愚蠢的面部表情），这是无组织类型的特征之一（304）。

焦虑和担忧的强度、持续时间，和频率（广泛性焦虑症的一个基本特征）远远超过了担忧事件的实际可能性或影响（473）。

适应障碍的本质特征是一种心理反应，应对可识别的压力源或导致重要的临床情感及行为症状发展的压力源……或者通过标注超出预期的压力源本质给予的痛苦又或者通过社会或职业（学业）功能显著损害显示出……（679）

一次又一次，这些判断的规范性依据是清楚的。缺乏适当的内疚感，过度微笑或大笑，过度焦虑，过度痛苦就是违反情感规范。在这些例子中，情感在可接受的范围之外或可接受的情感强度之外，这种情感强度是个体在文化上期待感受或显示的。但是怀疑论者可能会指出，这些摘录是在手册解释文本中找到的描述。那么异常感觉或表达行为到何种程度会被用作精神疾病诊断的本质界定标准？

DSM-IV 诊断标准的内容分析①

要回答这个问题，我得先从 DSM-IV-TR 附录 F 中的诊断列表开始谈起（APA，2000）。列轴 I 和轴 II 中有三百五十一种病症，不包括"可能是临床关注的焦点的其他条件"的代码（N＝40），以及"无诊断"和"延迟诊断"的代码（N＝4）②；三百五十一似乎是一个令人叹为观止的大数，但许多主要的诊断有多种亚型，每个都有自己的名称、代码和诊断标准。例如，有七种类型的精神分裂症（代码 295）和最新一季中二十三种型的第一型躁郁症（代码 296）。疾病统计包括了这些亚型。

在诊断手册版本 III 和 IV 中，每种疾病和亚型的基本定义特性都

---

① 我要感谢阿什利·汤普森（Ashley Thompson）在本节所述的 DSM-IV 分析中的编码和研究协助。

② 轴 I 是临床或功能障碍组；轴 II 是人格障碍组。

可以从所附的文字划分的箱体或章节中找到。箱体或章节总结了为了临床医生分配的诊断,必须满足的标准。这些标准被列为 A、B、C,等等。如果至少有一条标准描述了一种不恰当的情感或一种强烈、反复、持续的情感状态,那么我编码这种疾病主要由情感异常定义。通常准则中提到的用作比较的规范性标准带有术语,比如过度的、不寻常的、不恰当的,等等,如在上面的例子中引用的文本。然而,对于一些疾病,规范性标准是不成文的。例如,精神抑郁症的标准 A 是"几乎一整天心情抑郁,次数增多,或者如主观描述、如他人的观察所示,时间至少两年"(APA,2000:380)。由于每天抑郁的症状长达两年时间,在大多数文化成员的眼中显然是非常规的情感体验,所以我通过情感异常给精神抑郁症编码定义。最后,DSM 标准有时包括了几种可能的症状,其中只有一些被称为情感。举例来说,以下是对立违抗性障碍的诊断标准,童年期的诊断(APA,2000:102,重点补充):

  A 逆反、敌意和挑衅的行为模式,至少持续六个月,在此期间,有以下四种特征(或更多):

  (1) 经常发脾气

  (2) 经常与大人吵架

  (3) 经常主动无视或拒绝遵从大人的要求或规则

  (4) 经常故意惹恼人

  (5) 经常因为别人的错误或不当行为指责他

  (6) 经常过于敏感或容易被他人惹恼

  (7) 经常愤怒和怨恨

  (8) 经常是恶意的或有报复心的

  注:要考虑到仅当行为发生频率高于相似年龄和发育水平的个体中观察到的,才满足这一标准。

  B 行为障碍导致社会、学术或职业功能的临床显著减值。

如果一半以上所列的症状涉及感情异常或情感表现,那么我通过情感异常把它编码定义为疾病。在这种情况下,标准 A 中列出的八种症状中有四种是情感性的。需要注意的是该症状的发生频率高于通常在同样年龄和发育水平的儿童里观察到的——这是诊断准则中规范标准的明确参考。

使用这些指导方针,我和第二评价者独立编码了所有三百五十一例诊断,其中84%的诊断我们意见一致。所有的分歧通过讨论得到解决。分析表明,一百零七例或30.5%的病症,都由情感异常作为基本定义特征。① 几乎三分之一的疾病特征表现为情感异常,虽然它可能似乎并不特别引人注目,但是有两个方面的考虑使这一数字令人印象更加深刻。首先,如表I中(下面)所见,在诊断手册中没有其他类型的疾病也发作得如此频繁。因此,有不少当前定义的疾病由个体情感异常确认(见下面的表1)。第二,更重要的是,30.5%的数字并不能说明在一般人群中情感异常的患病率,因此低估了这类疾病的社会和临床意义。对患病率的估计,有必要转向一般人群中精神障碍的三大流行病学研究的发现:在20世纪80年代初进行的流行病学集水区研究(Robins and Regier, 1991),20世纪90年代早期进行的全国共病调查(Kessler et al., 1994),21世纪初的全国共病调查-复查(Kessler et al., 2005)。这些研究使用DSM-III和DSM-IV标准评估社区居住的美国成年人口中最严重和最常见的精神疾病。

表1　DSM-IV-TR中疾病的类型(APA,2000)a

情感异常定义的疾病	30.5%(107)
物质相关的疾病	15.1%(53)
婴儿期,儿童期,青春期疾病	11.7%(41)
谵妄,痴呆,健忘,其他认知	10.0%(35)
精神分裂症和其他精神病	9.1%(32)
由一般医疗状况引起的疾病	0.9%(3)
其他疾病 b	23.6%(83)
总计	100%(351)

a. 由情感异常定义的疾病不包括在其他诊断组中。
b. "其他疾病"包括躯体的、人为的、游离的、性、性别认同、吃饭、睡觉、冲动控制、调节和人格障碍。

---

① 笔者将根据要求提供一个清单。

表 2(下)总结了过去六个月到十二个月间患病个体中最常见的两种疾病。(根据调查,过去六个月到十二个月间,约 25%至 30%的成年人口有精神障碍。)有障碍的人绝大多数有焦虑或情感障碍。第二种最常见的精神疾病与酒精或毒品有关,而这类疾病数量明显减少。以情感异常为特征的疾病在有临床诊断的精神健康问题的人士中是最为常见的精神障碍。毫不奇怪,这些也都是在门诊精神健康治疗的个体中发现的最常见的疾病(Katz et al., 1997)。总之,对于精神科医生和临床心理学家来说,情感异常是精神障碍大部分子集的核心定义特征,包括那些在成年人人口中最普遍的。

表 2　过去一年中有任何精神障碍的人(15 岁~55 岁)a

流行病学集水区研究,罗宾斯(Robins)等人。1991 年(6 个月患病率):
　68%有焦虑或情绪障碍
　40%有酒精或药物滥用/依赖
全国共病调查,凯斯勒(Kessler)等人。1994 年(12 个月患病率):
　78%有焦虑或情绪障碍
　37%有酒精或药物滥用/依赖
全国共病调查-复查,凯斯勒(Kessler)等人。2005 年(12 个月患病率):
　84%有焦虑或情绪障碍
　18%有酒精或药物滥用/依赖

a. 因为这些调查的受访者样本有不同的年龄范围,这里的数字基于通用于所有三项研究的年龄

社区研究的精神健康筛查

社区精神卫生研究人员也靠情感异常来识别心理障碍。社区研究通常评估"非特定"的精神健康问题的患病率。非特定性是指这些调查都没有测量特定的精神障碍。相反,研究人员在一个给定的时间周期或频率内评估各种精神健康问题,在此期间,个体在规定的时间框架内体验了常见心理症状。研究人员使用筛选问题或分数筛查量表来表示非特异性精神健康问题的存在或程度。

在社区调查中,两个最常用的筛选问题是:"你有过神经衰弱吗,你为个人或情感问题看过专家吗(e.g., Brown, 1978; Veroff, Kulka, and Duvan, 1981)?"注意这些筛选问题中的术语"神经"和"情感"。研

究人员使用这些术语,因为很多非专业人员理解它们指的是精神病或心理困难(Gove, 2005)。现代流行病学调查也用了类似的问题,如全国共病调查及复查(Kessler et al., 1994, 2005)。

与单项筛选问题相比,社区研究中量表的使用更为频繁。广泛使用的量表包括贝克抑郁指数(Beck et al., 1961),斯皮尔伯格(Spielberger)的状态焦虑和特质焦虑量表(Spielberger and Sydeman, 1994),以及流行病学研究中心的抑郁量表,又称为 CES-D (Radloff, 1974),等等。这些量表中最常见的评估症状是抑郁症和焦虑症(例如感到悲伤、沮丧、对事物不感兴趣、紧张、莫名其妙变得神经质、不断担心)。当在同一台仪器一起进行评估时,抑郁和焦虑的症状是高度相关的,显示出一种广义的心理痛苦的状态(Mirowsky and Ross, 2003)。抑郁、焦虑和痛苦量表询问了过去一周、一个月或者半年间受访者经历各种症状的频率。把反应(例如从来没有、有时、经常、常常)总结成总症状评分,分数从低到高分为抑郁/焦虑/痛苦。抑郁、焦虑或痛苦的长期感情表现的情绪,即情绪状态,越来越与它们的初始情境刺激无关。与人的当前情况无关的情感状态的出现会被别人看成是异常的。从本质上说,在社区精神卫生研究人员评价社区样本的非特定性精神健康问题的患病率时,他们会衡量情感异常。

外行如何识别精神病

不仅临床医生和社区精神卫生研究人员,就连外行也认识到情感异常是精神障碍的一个指标。在 1996 年的综合社会调查(GSS)中,一千四百四十四名成年人全国代表性样本中,有五分之一随机分配的病历描述了个体表现出的 DSM-IV 症状,包括精神分裂症、重性抑郁症、酒精依赖、可卡因依赖,或对日常生活问题的典型情感反应。在病历中,病人的性别、种族/民族、教育水平有着系统的变化。精神分裂症,并非可卡因和酒精的病历,而是抑郁和被困扰的人的病历指向情感状态(参见 Link et al., 1999,准确的措辞)。在众多问题中,受访者被问及病历中的人正经历的精神疾病是怎样的。十年后的 2006 年,在有一千五百一十八名受访者样本的 GSS 中,病历和调查问题被复制。表 3

(见下文)报告了每次调查受访者中说病历人物有可能或很有可能正在经历精神疾病的百分比。毫不奇怪,受访者识别有精神分裂症的人物的精神疾病,他们在长时间里(六个月)表现出认知异常(他觉得有人监视他,听到的声音告诉他做什么)和行为异常(他退出了工作和家庭,在自己的房间里度过大部分时间)。同样清楚的是,表3的受访者不确定酒精和可卡因成瘾是否应该被归类为精神疾病。最重要的是,百分比显示受访者明显把抑郁和受困扰的病历人物区别开来。

表3 综合性社会调查中受访者认为病历人物得精神疾病的百分比 a

	1996 年	2006 年
病历人物:		
暗角特点:		
精神分裂症	88.1%	93.7%
酒精依赖	48.7%	50.9%
可卡因依赖	43.5%	NA
重性抑郁症	69.1%	75.2%
普通故障	21.5%	29.9%
总 N	1356	1373

a. 百分比总结了认为病历人物"有可能"或者"很可能"经历精神疾病的受访者。

抑郁的人有两个星期都闷闷不乐,整天心情沉重、心事重重,就算有好事发生还是难以愉快,无法集中精力,持续疲劳,夜不能寐,觉得自己一无是处,并在过去一个月中离开了他的家人。受困扰的人物有时会感到担心,有点难过,睡不安寝,认为他的麻烦比其他人多,有时出了错就会紧张或生气,但是总的来说,喜欢和他人共事,与家人相处。显然,抑郁人物的负面影响是长期的,对他生活的积极变化无动于衷,而受困扰的人物只是间歇性地担心、烦恼,或悲伤地应对生活的变化。

尽管这项调查的受访者听说过的只有一个病历人物的描述(所以他们无法比较人物症状),但他们意识到了抑郁者持续负面的情绪是一种情感异常,表明可能或一定是精神疾病,并把受困扰人物的不太激烈和短暂的情感评估为普通或正常的。对这一解释的佐证是，受访者还被问到病历人物"正在经历人生正常浮沉的部分"。在那些听说过抑郁人物的受访者中，1996年和2006年分别有38%和25%的人表示，这种经历"很有可能"是人生正常浮沉的一部分。与此相反，在那些评估受困扰人物的受访者中，两次调查中67%和62%的人表示很有可能人物正在经历正常的浮沉。这些差异表明，外行观察者的判断受到病历人物症状偏离情感规范的程度影响。

总之，对于临床医生、社区精神卫生研究人员以及外行人而言，过度紧张、不恰当的拖延、奇怪的心事重重、异乎寻常的缺席或情境中匪夷所思的情感（以及妄想、幻觉，当然还有怪异的行为）在精神疾病的识别中发挥着重要的作用。

情感规范的思想变化

假设情感异常确实在专业人士和非专业人士认定心理障碍时发挥了核心作用，另外还有一点是：什么被看作情感异常取决于个人的基本思想倾向或框架。正如前面提到的，规范在整个社会和社会内亚群体中变化。这是因为社会团体在文化背景，或更具体地说，在他们的文化思想上不同。思想可以被看成是想法（假设、信念、价值观和态度）的体系化，由集体或利益集团共有（Purvis and Hunt, 1993; Hall, 1986; Swidler, 1986）。葛兰西和霍尔（Gramsci, Hall, 1986:22）的绘画指出，"从未有任何一个单一的、统一的、连贯的'主导思想'贯穿一切"，而是有许多思想体系受到政治、宗教、经济、阶级、种族、民族和社会中其他利益集团的推动。思想指导实践活动，并体现在个人和集体生活中（Hall, 1986:20）。社会规范是思想体系的主要方面，因为规范是关于什么是有价值的，适合个人在日常生活中思考、感知和实践。由此可见，情感规范，以及由此情感异常的评估，将取决于个体给环境带来的思想体系框架（Francis, 1997; Hochschild, 1989, 1990; Taylor, 1995, 2000; Thoits, 2009）。霍克希尔德（Hochschild, 1990）提供了一个很好的例子：拥有传统性别角色意识的男人和女人认为即使女性有工作，她的位置还是在家里，即使男性不得不帮助家里，他的位置还是劳动力。热爱工作的传统女性和喜欢照顾孩子的传统男性认为自己的情感对社会是不恰当的。相比较而言,对于持有非传统的、平等的性别意识的男性和女性而言,这样的感情是完全适当的。

1996 年 GSS 情感模块所得的数据展示了情感异常评估的思想效果(Thoits, 2009)。情感模块是关于情感的一系列问题,尤其是愤怒,给予当年 GSS 样本一个随机的子集(N = 1460)。要求受访者回忆最近发生的让他们真的生气、愤怒或恼火的事情;有 77%(N = 1125)的人回忆并向访问者进行了描述。关于该事件的一系列封闭式问题包括受访者对谁感到愤怒,以及他愤怒的强度、持续时间。后续问题中有一项是评估情感异常的:"你觉得你对情况的反应是适当的,还是它似乎错了,例如,针对场合的过于激烈或错误的情感?对这一场合的量表评分从 0 分代表完全正确到 10 分代表完全错误,告诉我针对场合你的感觉是正确的还是错误的。"在描述引发愤怒的不合群场合的受访者中(N=966),平均得分为 3.7(st.d.=3.3),表明平均受访者认为该场合下他的愤怒是适当的,而非不适当的。

有趣的是,尽管美国人广泛认为男性比女性更可感受和显示愤怒,但女性和男性在他们情感异常的比率上没有显著差异(Kring, 2000; Simon and Nath, 2004)。原来,这是因为受访者感知的情感异常依赖于他们的性别角色意识。基于同意或不同意有关男女性角色的论述,我将被调查者细分为持传统与非传统态度的人(例如,"妻子帮扶丈夫的事业比拥有自己的事业更重要","丈夫和妻子都应该对家庭收入作贡献")。如果他们对这个问题分别回答是或否,"你认为自己是一个女权主义者吗"?我也将他们细分为非女权主义者和女权主义者。表 4(下图)显示了受访者按性别和性别角色意识给他们的愤怒感情平均情感异常比率。持有非传统性别角色观念的女性明显比其他群体更不太可能看到她们的愤怒情绪是不恰当的或错误的。被认为是女权主义者的男性认为他们的愤怒明显更异常,女权主义的女性认为与没有确定自己是女权主义者的男性和女性相比,她们的愤怒很明显没那么异常。因此,个人对自己的愤怒情感评估取决于他们的性别角色观念,这是对意识使意义和个体情感体验的规范性恰当框架化的思想的支持(Hochschild,1989,1990)。表4中的模式意味着采用平等信念的人可能竭力反对一个典型的男性类型的情感模式,好比女性接受她们的愤怒是合法的、可以接受的感觉,男性认为他们的愤怒具有太刻板的男性化或攻击性,因此不被社会接受。

显然,这些类型的调查结果可以推广到其他的社会群体。例如,临床医生的性别、种族、阶级、宗教或政治意识形态会影响他们评估客户情感异常的相对存在或缺失,从而影响到他们的诊断。然而,医生的思想观念通常不是在诊断判断的研究中进行衡量的,所以必须从诊断错误的模式推断它们的影响。典型案例可见于克雷曼(Kleinman)的著作,克雷曼(Kleinman,1985)研究了中国湖南医学院治疗精神病患者时,神经衰弱(躯体化障碍)症令人费解的高患病率与重度抑郁症低发病率的耦合。他们通过诊断访谈表明神经衰弱患者(慢性疼痛或无生物原因疾病)实际上是抑郁症患者。他们的理由是,患者和精神科医生专注于躯体症状,出于意识的原因忽视了情感症状:在这些研究所处的时间(20世纪80年代),患者对"文化大革命"造成的生活动乱和贫困的反应在政治上是危险的。身体上的疾病(头痛、失眠、胃病、疲劳等,这也是抑郁症状)更可为社会和政治所接受。时代的政治意识形态界定了病人症状的含义。

表4 按性别和性别角色意识的平均情感异常分数

	男性	女性
传统的性别角色观念	3.9	3.8
(St.d.)	(3.3)	(3.3)
N	267	279
非传统的性别意识形态	3.9	3.3*
(St.d.)	(3.3)	(3.4)
N	126	291
	Men	Women
非女权主义身份	3.8	3.7

		续表
(St.d.)	(3.2)	(3.3)
N	341	415
女权主义身份	4.7*	3.3*
(St.d.)	(3.4)	(3.4)
N	52	155

注：括号中的为标准差；*号表示该组与其他三个明显不同。

性别、种族研究和临床医生判断的社会阶级偏见也暗示了思想观念的影响。加伯(Garb, 1997)通过细致的文献综述表明，在临床医生评估病人有无住院治疗的需要、对非自愿承诺的需要、疾病的严重程度时，病人的个体身份特征不会影响临床医生的判断（另见 Thoits, 2005; Thoits and Evenson, 2008）。然而，当医师指定具体的诊断时，社会地位的偏见变得很明显(Garb, 1997; Loring and Powell, 1988; Dixon, Gordon, and Khomusi, 1995)。例如，表演型人格障碍〔表现为"过度情绪化和寻求关注的普遍模式"(APA, 2000:714)〕通常归于女性患者，而反社会人格障碍(表现为漠视他人的权利、反复争斗或攻击、欺骗、和违法行为)更频繁地分配给有相同症状、模式与性别角色一致的男性患者(Garb, 1997)。

表5 诊断由精神科医生选定，由精神科医生和所描述病人的性别和种族交叉分类

		精神科医生			
		WM	BM	WF	BF
病人	WM	精神分裂	反应性	精神分裂	抑郁
	BM	偏执	精神分裂	偏执	偏执
	WF	抑郁	抑郁	反应性	反应性
	BF	抑郁	抑郁	精神分裂	精神分裂
	NI	精神分裂	精神分裂	精神分裂	精神分裂

注：WM=白人男性，BM=黑人男性，WF=白人女性，BF=黑人女性，NI=没有关于患者或种族的信息。

精神分裂症＝未分化精神分裂症，正确的诊断

偏执＝偏执型精神分裂症，最重度的诊断

抑郁＝抑郁症，中度重度诊断

反应性＝简要反应性精神病，最轻度的诊断

改编自洛林和鲍威尔（Loring and Powell, 1988）

也许对临床医生判断中的系统误差最有说服力的例子可以在洛林和鲍威尔（Loring and Powell, 1988）的经典研究中找到。他们从美国精神病学会的成员中抽取了随机样本，发给他们显示未分化型精神分裂症 DSM-III 症状患者的实际案例研究，并请精神科医生从可能诊断的列表中找出每一种情况下正确的诊断。本案例的描述在受访者中仅有一个方面不同：案例研究中的患者被随机描述为一个白人男性、一个白人女性、一个黑人男性、一个黑人女性，或者不提供患者的种族和性别信息。表5（上图）总结了洛林和鲍威尔（Loring and Powell）研究的结果。该表单元格中列出的诊断是由大多数精神科医生选择的，他们阅读了每一个案例。

当没有患者的性别或种族信息时（行标记为"NI"），多数精神科医生能正确确定患者患有未分化型精神分裂症。然而，当精神科医生误诊患者时，他们这样做受到性别和种族偏见的影响。首先关注抑郁症的诊断，女性患者（不分种族）常常被男性精神科医生（同样不分种族）误诊为抑郁症。再看下一个偏执型精神分裂症的诊断，这是可用的选择中最重度的诊断，黑人男性患者更容易被白人精神科医生（男性和女性）和黑人精神科女医生误诊。最后，对短暂的反应性精神病的诊断，在可用的选择中是最严重和最短期的疾病，白人患者（男性和女性）被黑人精神科医生（男性和女性）和白人女性精神科医生诊断为此种疾病。显然，精神科医生的判断受到患者的性别和种族以及他们自己身份的影响。

这些错误的模式表明，临床医生的性别和种族偏见（即文化信仰的群体性状）会过滤他们对症状的解释。但另一种可能性是，临床医生的知识塑造了他们的诊断决定。实际上表演型人格障碍和情感障碍常见于女性，反社会性人格障碍和物质使用障碍常见于男性（e.g., Kessler et al., 1994, 2005)。黑人得偏执型精神分裂症的比率比白人高,可能是由于种族歧视的体验(Whaley, 1997)。临床医生经过专业训练,阅读精神病学文献,或细读 DSM 手册中的描述性文字,都应该知道这种流行病学模式,这个假设是合理的。然而,这种替代理论的可能性仍然与我的论点一致,因为临床知识本身就是思想。临床思想重视发现的科学方法,以真实体验为这些方法的依据。简而言之,由流行病学模式的科学知识产生的文化成见或偏见可能会扭曲临床医生对症状的解释,患者表现出的这些症状根据性别或种族而不同,而非症状本身。

临床判断的研究通常不包括从业人员的信念评估,所以成见或专业知识的影响仍然难以观察并且必须从诊断错误的模式中推断。未来的研究将需要测试这个假设,即从业者信仰体系决定评估异常。由于外行对情感异常的理解随他们的意识产生系统性的变化(Thoits, 2009),有理由怀疑类似的发现将在临床医生中得到,从业人员思想上的差异至少可以部分解释他们中的诊断分歧。

结语

我一直认为并试图表明社会规范管理适当的范围、强度、持续时间和情感目标。对于临床医生、社区精神卫生研究人员和非专业人员而言,社会规范中戏剧性的、持续的、反复的异常说明有精神疾病的存在。情感异常指 DSM-IV-TR 概述的所有精神疾病中 30% 的疾病具有的基本定义特征,而这些情感障碍(情绪和焦虑症)是目前一般成年人人口中最常见的心理障碍。社区研究人员通过测量焦虑和抑郁症长期、频繁的症状,识别普通人群中的非特异性精神健康问题。美国公众也通过人物的情感异常程度来区别精神病和正常受困扰的病历人物。在传统及非传统性别角色价值观的例子里,我还表明情感异常的评估可以因个人的思想而不同。在一个思想框架里,正常的情感可能在不同的信仰体系中被视为异常。虽然临床医生的思想变化并不是我的知识所探讨的,这种差异可能有助于解释从业者诊断分配的系统性错误。当然,了解诊断的错误来源是至关重要的,因为诊断决定病人的预后、治疗方案的选择和长期生活的机会。

假设额外的工作将进一步确认：思想决定情感规范，违反情感规范会引发心理障碍的归因。更多的研究渠道应该在明年推行。首先，感觉和表达的规范内容还需要进一步的研究，因为相对鲜为人知的是关于人们持有的规范或对它们达成共识的程度。对这个与愤怒、嫉妒、浪漫的爱情、父母的爱、同情相关的说法，有一些例外值得注意（Stearns and Stearns, 1984; Stearns, 1990; Clark, 1987; Cancian, 1987; Shields and Koster, 1989），而且还有形形色色的专业、服务和体力劳动职业工人的大量情感规范研究（e.g., Cahill, 1999; Copp, 1998; Haas, 1977; Hochschild, 1983; Lively, 2000; Pierce, 1995; Smith and Kleinman, 1989; Stenross and Kleinman, 1989; Tolich, 1993）。但很少有人关注规范性信念，涉及悲伤、妒忌、羞耻、孤独、幸福、骄傲以及无数其他的情感状态，也很少有人关注这些情感规范随性别、年龄、种族、社会阶层如何变化。当研究人员确实注意到由社会人口特征带来的不同规范时，他们往往侧重于不同的性别，而忽略了其他的社会地位。

感受和表达出的特定情感适当与否是由某种潜在的意识所决定的，应注意这种潜在的意识。例如，在文化或亚文化中的独立性得到重视和传播，因个人成功而表现出的骄傲感是正常的；在重视和促进相互依存的文化中，个人成功的骄傲感可能是异常的，而通过牺牲自己来帮助他人成功的骄傲感可能是适当的（Markus and Kitayama, 1991；另见 Rosenfield, Lennon, and White, 2005）。广泛的文化取向，以及个人的社会、宗教，甚至是政治意识形态如何框架化情感规范，这都需要仔细检查。

这些"情感文化"（Gordon, 1989）的研究也可能得到实际应用。例如，自我标签理论（Thoits, 1985, 1990）表明，当人们违反重要的情感规范时，他们体验心理压力加剧，并且试图努力控制或转变他们的异常感觉。如果这些努力都反复或持续不成功，个人将自己定义为有精神健康问题，并主动寻求咨询或治疗。如果他们寻求治疗，他们会遇到通常指派诊断的精神健康从业者。我建议，临床医生作出诊断决策时制定自己的情感标准。但是为了治疗辅助,从业者也必须切合病人的潜在思想信仰,因为这些信念决定了患者尝试和失败遵守的情感规范,会困扰他们。总之,对客户心理问题的定义和理解将不仅取决于临床医生自身的情感标准,而且还取决于他们的思想和规范,客户已经用这些思想和规范来评估他们自己对专业干预的需要。

第十一章 多配偶还是多方痛苦？开放式关系中的嫉妒

吉利恩·德里

引言

讨论多偶制时，人们常常会有两种反应。其一是"我做不到，我会嫉妒的"；其二是"哪有那么多时间啊"。时间的问题我的确无法解决，不过我觉得嫉妒的问题非常有趣。"我做不到，我会嫉妒的"这句话背后隐含着某些假设，这些假设促使我去研究嫉妒对多元爱践行者有什么样的影响。公众对这一问题持有的普遍观点是：非一夫一妻制没有可能性；如果所爱之人在正常关系之外和别人产生了性接触，那么嫉妒将不可避免，也令人无法忍受。与此同时，由于嫉妒被视为爱情的象征，因此当伴侣在与他人交往时做出超越正常关系之外的性或浪漫活动时，嫉妒是一种理所当然甚至是高贵的反应。按这个逻辑，多偶制会导致嫉妒——一夫一妻则是避免嫉妒产生的灵丹妙药。多偶制倡导者建立多重恋爱或婚姻关系，这种做法为主流文化所不容。一夫一妻制的践行者确实会产生嫉妒。多配制关系中的确也会产生嫉妒，但情况不同，因此他们对嫉妒的体验和表现也与主流文化中嫉妒的表现方式不尽相同。本章将探讨以下问题：多配偶制者如何以及为何控制嫉妒？

非一夫一妻制的关系在已有的历史记载里随处可见；然而，直到最近，多配偶制才作为一个"新兴的性故事"（Barker, 2005）出现，该故事具有特定的术语和文化实践。多配偶制通常被定义为非一夫一妻制的一种形式，在其中，人们与他人同时保持多个性和情感的关系，而所有的参与者都意识到这一点并达成一致（Sheff, 2005; Haritaworn, Lin, and Kleese, 2006)。多配偶制(常被其从业人员称为多元)既区别于一夫多妻制(一个丈夫可以有多个妻子),也不同于通奸,它不重视情感的亲密性给予彼此长期的承诺;强调性别平等,男女双方可以自由拥有多个伴侣;注重诚信,各方开诚布公并且各方都同意。多配偶制这个词(创造于社区内)用来形容性身份、性取向、实践或哲学。与许多由科学"专家"命名的少数群体不同,多配偶制支持者始终致力于让其被确认为一种性的类别,努力促使教育心理机构关爱社区(Weitzman, 1999, 2006)。

多配偶制支持者抵制情感和性的相互监管,他们创造替代方案,以更好地满足自己的需求。首先,批判一夫一妻制,以及与之配套的情感、性别歧视和异性恋规范。其次,通过把嫉妒降到最低的方式,重新实现了他们对爱情、关系、性和情感的理解。他们努力用爱屋及乌来取代嫉妒,爱屋及乌是一个性开放主义者使用的术语,用来形容婚姻关系之外的情人的浪漫或性接触的愉悦心情。他们质疑一夫一妻制的支配性如何塑造我们的情感世界〔即用一种文化的语言和概念塑造人们情感反应所包含的方式(参见 Plummer, 2001)〕。这个观念包括了性的排他性是爱和承诺的缩影,以及从这个路径产生的任何转向都会遇到猜忌和嫉妒。对此,多配偶制提供了关于情感的可选的价值观和理念。嫉妒并非不可避免或无法忍受,关系的参数是灵活的。通过规范和策略的建立,多配偶制支持者重新想象和创造了他们首选的性行为的指导方针,引导他们进行文化实践。这些规则包括如何开始沟通、谈判的界限以及结构的披露。这样做,他们创造了一种生活方式,使爱屋及乌不仅是可能的,实际上还是常见的。虽然在实践中并不总是成功的,但是这些想法宣扬了多配偶制文化并塑造了他们所展示的嫉妒体验。

在本章中,我以嫉妒和多配偶制的社会学研究概述为开端。然后,将讨论多配偶制支持者如何重新理解嫉妒以及开发促进爱屋及乌的工具、策略和规范。为了了解该规范,我对出现在访谈中的多配偶制实践的共同主题进行了考察。我解决多配偶制社区艰难应对的紧张和矛盾,记录这个迅速发展文化的一个说明性时刻。和大多数社会规范一样,多配偶制的规则一直在不断变化,并不总是得到遵循。现有的减轻嫉妒的策略不能对所有的多配偶制支持者和环境有效。出于这个原因，我特别研究了多配偶制支持者实际做的事和他们希望自己做的事的交叉点。

在研究中，我与来自不列颠哥伦比亚省温哥华的二十二位自我认同是同性恋、女同性恋或双性恋定性的女性多配偶制支持者进行了半结构化、开放式的访谈。访谈专注于她们为何、如何实行多配偶制，以及她们如何体验和管理开放关系中的嫉妒。我试图了解的问题是：在温哥华同性恋多配偶制女性支持者中的文化和体验中，有什么样的嫉妒故事？重新想象爱情和嫉妒的转变是如何体现相互影响的？在多配偶制文化中存在什么矛盾和紧张关系？多配偶制的经验足以克服多方痛苦吗？多方痛苦是半开玩笑的术语，这个术语提醒我们，嫉妒有时是极为痛苦的。我对这个"丑陋感情"的兴趣（Ngai，2005）部分来自与嫉妒相伴而生的软禁忌。虽然嫉妒不断在主流文化中得到预期，人们嫉妒时还是会羞愧。因此，人们往往淡化自己的嫉妒并在荣誉、骄傲或愤怒等嫉妒的情节中重新安排行动（Clanton，1996）。嫉妒发生在矛盾的情感交集之中：爱和恨，爱情和心碎，兴奋和恐惧。这种文化的感觉和体验已经与相关社会关注的问题相联系，比如困难的感觉（Baumgart，1990；Clanton and Smith，1977）、受损的关系（White and Mullen，1989；Salovey，1991）以及男性暴力（Pines，1998；Kleese，2006）。正如恩迦（Ngai，2005）明确指出的那样，丑陋感受的分析因其不愉快而得名，很大地揭示了它们所在的结构和体制，因为这些感受在内部情感、社会不平等以及关键阻力的交集处运作。多配偶制支持者正努力创造性地理解嫉妒，这可能回答了最初的问题："但我会嫉妒的。"

嫉妒的研究和多配偶制文化

嫉妒这个术语的使用无论是在学术界还是在非专业话语中都在变化。人们在描述嫉妒的感受、"导致"嫉妒的事件以及相关的行为时各不相同。格雷罗（Guerrero, Trost, and Yoshimura, 2005）将浪漫的嫉妒定义为"情感、行为和认知反应的多方面集合，发生在人首要关系的存在或质量受到第三方威胁时"(233)。虽然这个定义是基于首要关系的,但我认为任何关系都会受到嫉妒的影响。而且,格雷罗(Guerrero)的定义并没有区别真正的或想象的威胁。我的研究着眼于人们如何处理人际关系中的嫉妒,其中"第三方"的介入公开可议,因此没有其他情人不是减轻嫉妒的首选策略。嫉妒是一种复杂的情感体验,结合了许多基本的情感,包括恐惧、愤怒、悲伤、背叛和伤害(Turner and Stets, 2005; Stearns, 1989),而正是因为这个原因,一些理论家也不愿意单独把它称为一种情感(Hupka, 1984)。对于许多理论家而言,嫉妒指情感、感情、性格特征或特定情境的"情感片段",与情境、行为及决心相关的众多情感(Parrott, 1991:4)。多配偶制支持者承认嫉妒是情感波动的一部分,涵盖了从多方痛苦到容忍或漠视的部分。

  有必要区分多疑和既成事实这两种类型的嫉妒(Parrott, 1991),二者的区别在于是真实的还是想象中的威胁。多疑的嫉妒是有关伴侣对彼此的不忠或承诺不信任、怀疑的感觉。既成事实的嫉妒则是一种威胁,或"情敌"是已知的,又或彼此关系是真正危险的,例如当情人为了另一个人离开一个人。嫉妒还可以被细分为两类:恶意和非恶意的嫉妒(Parrott, 1991)。非恶意的嫉妒是想要拥有别人所拥有的东西(如与某人的关系)。恶意的嫉妒是希望别人没有你想要的客体/主体,而且希望不好的事情发生在该相关人身上。恶意的嫉妒让人想起了德文术语长期幸灾乐祸,是一种以他人不幸为快乐的感觉。非恶意的嫉妒想要的对象仅仅是欲望,但恶意的嫉妒是与这一欲望相关的不良感觉。当一个人希望情敌走厄运时,既成事实的嫉妒往往伴随着恶意的嫉妒出现了,这或许可以解释何以一些人嫉妒的怒火是针对情敌,而不是情人(Yates, 2007)。

  格奥尔格·齐美尔(Georg Simmel, 1955)指出,嫉妒和羡慕是一种需要权利的感觉,关乎占有客体/主体。同样,坎迪达·耶茨(Candida Yates, 2007)认为,有时羡慕是为了"占有的缘故"而占有,而不是真正想要客体/主体。对占有的这种冲动有可能揭示自己"自恋的脆弱性,激起其他明显的完整性羡慕"(25)。齐美尔(Simmel, 1955)也指出羡慕和嫉妒这对组合的第三个区别——不情愿,他将其理解为"对一个客体的羡慕渴望,不是因为它特别可取,而是因为对方有它,这种想法一直存在,而且不可容忍"(51)。

嫉妒体现在有生理和心理症状的人身上。文化在嫉妒体验的过程中、在评价嫉妒产生的情况中以及在嫉妒表达的方法中,均发挥着作用。嫉妒是一种社会情感,因为它关系到另一个人的体验(真实的或想象的)(Parkinson, 2005)。因此,我的理论是基于与情感形成、体验和表达的社会、文化和生物进程相关的工作(William and Bendelow, 1996)。艾哈迈德(Ahmed, 2004)认为,"并非把情感视为心理倾向,我们需要考虑它们如何以具体和特定的方式工作,调解个人与集体之间的、心理和社会之间的关系"(27)。此外,哈丁和普利布兰(Harding and Pribram, 2004)认为,尽管情感往往被理解为个人和私人事务,可"情感却是作为历史,文化和政治背景的一部分形成和起作用的,它们受到训练能重现和暗地里抵制支配关系"(865)。我调查了多配偶制支持者的文化信仰如何(而不仅仅是个人信仰)转化为具体的感受,例如既启用又防止嫉妒和爱屋及乌的体验。艾哈迈德(Ahmed)认为,集体的感觉转化为"读取和识别的行为"(2004:29),因此内在的文化习俗和具体的思想叙述性地揭示了它们自己。通过本文的学术和叙事研究,嫉妒的情感被揭示为关于爱情、一夫一妻制和多配偶制的社会思想的作用,并且作为身体的感受得到体验,由这些感受的清醒理解来诠释。

研究嫉妒往往以一夫一妻制为前提,并因此还假定第三方从来都不受欢迎,并始终是一个威胁。本研究往往确认伴侣欺骗或疑似欺骗为"危机事件",从中探讨嫉妒(参见 Bryson, 1991:202)。对于多配偶制支持者而言,有其他的恋人,这是自愿的并预先商定的,因此对另一个情人的存在没有足够的理由感到嫉妒。因此,多配偶制支持者在不同的情况下体验嫉妒。在我的研究中,当参与者的伴侣开始和他人约会时,当关系转变成爱情时,当对方和自己太相像时,当有重叠的角色时,当他们觉得关系不太安全时,或没有可识别的原因时,参与者会承认感受到了嫉妒。对于多配偶制支持者,欺骗或撒谎要比正常性关系外的性行为更可能打破商定的规则(Wosick-Correa, 2008)。

现有的文献提出了一个嫉妒体验和表达的高度性别化的写照。例如,巴斯(Buss, 2000)认为,男性会对伴侣与他人的性接触(害怕的或真实的)而嫉妒,而女性往往会由于伴侣在情感上依恋另一个人而变得嫉妒。巴斯(Buss,2000)也认为女同性恋会像异性恋男性一样反应,而男同性恋会像异性恋女性一样反应。克兰顿(Clanton, 1996)认为,男性更容易否认嫉妒,会称之为愤怒以避免蒙羞,而女性更可能承认嫉妒,内化责任,在维持关系上起作用。嫉妒的大众媒体代表强化了这种二分法,因为女性表达嫉妒时带有恶毒、八卦或操纵行为,而男性表达嫉妒时带有愤怒或暴力。然而,这样的概括可以比性别或嫉妒的内在真理更多地揭示文化的思想和社会化。当研究的假设开始于男性和女性是两个独立实体时,人们往往会找到结果来适应这个假设(Fausto-Sterling, 2000)。这种假设导致调查者强调性别差异,而不是同性之间的差异或性别之间的相似之处,更不用说关于二分法建构的问题(Peterson, 2004)。

嫉妒的表达只有在文化和性别的具体参数中才是社会可以接受的。在一定的文化框架内,当有明显的原因时,以语言表达嫉妒是唯一可以接受的,与嫉妒的行为不同,这必须冷静地使用心理学词汇(Zembylas and Fendler, 2007)。当情感以这样的方式表达时,可以假定人们都说实话并照顾好自己(Zembylas and Fendler, 2007)。大多数嫉妒的其他表达被视为"情感的"或"过度的"。标记为情感的理解需要性别、种族、阶级和能力的分析,因为女性、人的肤色、工人阶级和残疾人不成比例地被认为反应过度或"超过最高"了(Harding and Pribram, 2002, 2004; Parkinson, 2005)。克里斯(Kleese, 2006)认为,"嫉妒建构的方式证明了女性身体和性的控制,有潜力使各种男性暴力和暴行合法化"(647)。相对而言,女性有更多的空间来表达情感,就像感性的男性,他的男子气概更容易被质疑(Jackson, 1993)。然而,如果女性以行动来表达自己的嫉妒,而不是用语言来表达这一情感,就不符合传统的性别角色,例如愤怒一般被认为是不当的反应。哭泣可以被看成是一种女性的情感表述,但过多哭闹会被认为是歇斯底里。"正常"的嫉妒可以表现为轻浮的玩笑,但过度的嫉妒会被视为性格软弱、自卑甚至精神错乱的标志(Clanton, 2001)。有些人喜欢知道某人嫉妒他们,甚至可能会试图引起别人的这种反应,这使嫉妒更加复杂。

1970年以前,嫉妒通常被描述为"爱的证明",正好与这一时期强调关系中的承诺相一致。性革命以来,随着对个人自由的强调,嫉妒被理解为一个无法信任的人的有缺陷的特征,"过度的占有欲,没有安全感,承受着自卑的痛苦"(Clanton, 2001: 160)。克兰顿(Clanton, 1996)表示,"嫉妒是一种社会建构的情感,其变化反映着婚姻制度、通奸的禁忌,以及性别角色的变化"(173)。我认为多配偶制的话语有潜力进一步转变我们对嫉妒的理解。如果在文化表征上多配偶制话语得到增加,爱屋及乌可能会变得更为常见。不是所有的多配偶者都善于缓解嫉妒,有时他们会强化或重复嫉妒的传统表现形式。通过暴露嫉妒的文化意识形态,同时发展自己的一套关于嫉妒的规范,多配偶制的话语对情感的霸权结构形成挑战。多配偶制的人不仅仅体验爱屋及乌,而且他们积极地传播这个概念。

多配偶制(多方)文化中流行的一个观点是,嫉妒是一种人有很大控制权的情感。伊斯顿和李斯特(Easton and Liszt, 1997)认为,嫉妒是不可能由伴侣造成的,因此不能归咎于他。相反,嫉妒源于我们自身,因此是自己的责任。按这种说法,嫉妒的感觉或嫉妒的行为不会改变伴侣的行动。痛苦最多的人就是感到嫉妒的人。伊斯顿和李斯特(Easton and Liszt, 1997)将嫉妒描述为无法孤立体验的情感,而是其他感情的综合体,如自卑、没有安全感或对关系不满。他们认为,因为嫉妒与这些不利情感有关,它也与羞愧感相连,这可以防止确认和缓解嫉妒。同样,在他受欢迎的在线文章中,威克斯(Veaux, 2009)认为,开放的关系中,嫉妒需要通过观察潜在的情感问题加以解决,而不是改变表面上触发嫉妒的行为,否则将重复这个模式。陶尔米纳(Taormino, 2008)认为,重要的是让自己感到任何剩余的嫉妒和验证任何感情,而不是"批评你自己或在它上面堆砌羞愧和判断——那只会让你感觉更糟"(162)。此外,陶尔米纳(Taormino)认为,人们必须相信为了在开放的关系中成功,和多个人相爱是可能的。她辩称,"如果你不这样做,你将永远把其他人及其他关系视为侵犯和对你的威胁"(158)。

伊斯顿(Easton)指出,处理负面情感的主导模式是拒绝和回避它们。相反,她为亲身体验嫉妒的社会政治分析而辩论,她认为嫉妒鼓励所有情感的充分表达(Easton, in Kleese 2006:646)。拉布里奥拉(Labriola)以前发表的一些在线文章颇受欢迎,她在文章中表明多配偶者需要重写关于爱和性关系的流行神话。① 例如,有一个核心的神话,"如果伴侣真的爱我,他不会有欲望与任何其他人发生性关系"。她将这个神话重新写成"我的伴侣爱我这么多,以至于他相信我们之间的关系会通过和别人经历更多的爱得到扩展和充实"。我的研究着眼于如何将这些多配偶制想法通过有可能爱屋及乌的具体体验现实化。

从多方痛苦到爱屋及乌

多配偶制支持者对一夫一妻制、强制一夫一妻制或单规范性(Ritchie and Barker, 2006)的主导地位多有微词,对这种状态如何塑造嫉妒、爱和性的情感体验持批判态度。应该指出的是,一夫一妻制的实践和一夫一妻制的制度之间存在差异。如果一个人为欺骗、摇摆和一夫多妻制(和渴望这样的性接触)的流行负责的话,真正的一夫一妻制是相当罕见的——无论是在西方文化还是在其他地方(Kipnis, 2003; Mead, 1977)。然而,随着一夫一妻制成为真爱的标准,任何违反它的做法都是令人难以接受的。换句话说,如果真爱一定是一夫一妻制,那么违反一夫一妻制就会将爱加入到它相反的对应嫉妒中。多配偶制支持者努力消除爱和性的排他性之间的连接,从而破坏嫉妒和非一夫一妻制之间的连接。

而大众文化和一夫一妻制的情感世界确实影响嫉妒的体验,情感不能简单地从这些主导力量中得到解放,就像性欲不能从压制中得到解放一样(如 Foucault, 1976, 1978 展示的)。相反,在威克斯(Weeks, 2008)的例子之后,我们必须着眼于"历史地塑造一系列可能性、动作、行为、欲望、风险、身份、规范和价值观,可以重新配置和重新组合,但不能简单地释放"(29)。威克斯(Weeks)指出,虽然文化监管有助于主观

---

① http://www.cat-and-dragon.com/stef/Poly/Labriola/jealousy.html.

性、情感和性,但机构也很重要。这样的机构通过草根组织和"性与亲密生活民主化"出现(32)。通过发展与隐含在主流文化中不同的期望,多配偶制支持者展示了这类嫉妒的替代物。我们生活在其中的文化部分地塑造了我们的身份,以及我们对这个身份的理解受到可用语言的限制(Weeks, 2003)。而一夫一妻制的文化话语没有针对嫉妒反面的词,多配偶制支持者从他们的非一夫一妻制的实践中确定语言来表达快乐的场合:爱屋及乌。

据希菲、多诺万和威克斯(Heaphy, Donovan, and Weeks, 2004)指出,同性关系中一致的非一夫一妻制的具体实践(如我的研究)反映了福柯(Foucault)抵制产生创造性成果的思想。历史上同性恋被排除在婚姻制度外的一个意想不到的好处是男同性恋者和女同性恋者有充分的机会来质疑婚姻制度。通过他们的反思批判,他们创造性地制造出主流选择的关系替代,往往更好地反映他们所选择的快乐表达。这些创造性的做法包括开放式的关系、多配偶制的情感维度,以及培养爱屋及乌的体验。

多配偶制支持者积极发展多方哲学,有助于与人际关系、嫉妒和爱相关的情感体验——既有正面的又有负面的方式。多配偶制群体内部也有一个有趣的矛盾。一方面,嫉妒被视为多配偶制支持者需要给予特别关注的东西——他们需要在处理嫉妒时积极主动和开诚布公,因此他们擅长缓解嫉妒。另一方面,在我研究中有几个多配偶制支持者报告有一定的压力"已经被克服",而这种压力实际上是在减轻嫉妒,因为它把嫉妒地下化了。而一个参与者,卡洛琳(Coraline)[①]将此称之为"多方酷的姿态"。一些参与者告诉我"嫉妒是如何通过一夫一妻制为中心的主流文化社会建构的",因此不应该是他们多方体验的一部分。他们认为,如果他们选择了多配偶制,他们就不能抱怨它会有多艰难。赫洛伊丝(Heloise)所作的比喻是,"如果你到温哥华的热带雨林去,你就没有权利抱怨那个地方多雨"。当多配偶制支持者感到不能嫉妒的压力时,他们就不会谈论他们的挑战,这给人以一切都很简单的假象。

---

① 所有的名字都是假名。

多配偶制支持者意识到围绕非一夫一妻制存在着误解和偏见,比如多配偶制支持者有承诺恐惧症、滥交或理想主义。当与一夫一妻制践行者谈论他们的关系时,多配偶制支持者有时会淡化多配偶制的挑战,试图避免给多方的耻辱再增加上嫉妒的耻辱。多配偶制支持者努力消除这些负面的刻板印象,因此可能会掩盖使他们对批评开放的多配偶制的挑战(Kleese, 2007)。另外,一些多配偶者淡化他们关系的性成分,相反,他们强调情感联系的重要性,以试图(有点成功地)获得主流文化的认同(Peppermint, 2007)。

多配偶制的文化挑战一夫一妻制和浪漫爱情的某些理想。它摒弃了浪漫主义"全情投入"的理想,其中真正的爱情只能有一个对象,而真爱永存(Goussinsky, 2008)。多配偶制支持者对情人的占有、所有权或权利的想法是至关重要的(Robinson, 1999),这就是如上所述的齐美尔(Simmel)嫉妒的核心原则。多配偶制支持者将多方的爱情看作爱情更现实的写照,而不是理想化的写照。他们声称嫉妒是关系的一种"自然"部分,但也表示它根本不需要与情人的其他性接触相联系。多配偶制支持者将嫉妒的来源与事件区分和断开。他们将嫉妒的来源理解为自己的不安全感或一夫一妻制的社会化。当嫉妒真的出现时,他们针对的是这种情感本身,而不是"引发"嫉妒的事件。尽管个体最终为自己的情感体验负责,但多配偶制倡导者支持他们的情人减轻不良的情绪。例如,多配偶制支持者会通过提供保证或是"额外的甜蜜"支持他们的伴侣,但他们仍将继续与其他情人约会。

进化心理学家巴斯(Buss, 2000)指出,一夫一妻制作为一种工具,可以用来识别伴侣的不忠,展示忠贞的爱情,以此来防止伴侣离开。由于多配偶制支持者鼓励正常性关系之外的爱情,对多角恋爱充分实现,嫉妒作为障碍而不是工具发挥作用。多配偶制支持者要信任他们的伴侣在正常性关系外的活动,希望自己的伴侣过得快乐,希望他们之后再回来,而且他们想在这个过程中感受到爱屋及乌的情感。但是因为在多配偶制的情况下,仍有可能会有欺骗和损失,巴斯(Buss)对嫉妒角色的描述仍然是部分适用的。一位参与者谈到了"终极多方背叛"——伴侣与另一个情人有不安全的性关系。她指出,她嫉妒地直觉到他这样做是"疯狂的决策",尤其是因为她的伴侣总是回应她的怀疑,仿佛她没有安全感。在这个案例中,多配偶者解决情感而不是事件的理念,并不能让她舒服。多疑和既成事实的嫉妒的区分在此是相关的。显然,有多重性关系的自由并不一定转化为可信赖的或道德的行为。

多配偶制支持者通过发展和协商他们关系中的规则使爱屋及乌的情感成为可能。他们通过创造或识别对情侣独一无二的一个方面来培育每一种关系的"特殊性"感觉(Jamieson, 2004; Wosick-Correa, 2008)。一夫一妻制的人往往依赖排他性来维持特殊性的感觉,而多配偶制的人则寻找其他途径来实现这一目标。多方夫妇有一个主/次的层次,他们可以协商保留主要关系的某些特征,如行为(通常是性行为),某些地方(比如他们的床),或创建特定的时间限制("凌晨两点要回家""一个星期只能约会一次"等)。一位参与者的唯一准则是"不要做任何你感到羞耻的事"。协商的另一点围绕披露的规则。其中有些变化是,"只要告诉我必要的细节,在你做任何事情之前告诉我,行动后二十四小时内告诉我,以及告诉我所有有趣的细节"。一位参与者有一个三个问题的协议,她的伴侣可以问她三个约会的问题,从而把信息分享的控制权交到她伴侣的手里。她的伴侣可以选择听更多的平庸信息(如"你吃了什么")或者选择听更亲密的问题。在这三个问题后,她可以决定她是否想听到更多。在我的访谈主题中,诚实的评价很高,但值得注意的是,充分的信息披露很少被付诸实践,也很少被理想化。超越共享通常被视为失礼,因为它导致了"倾销"给别人他们可能不想知道的信息。

在多配偶制文化中,一位参与者说:"追求有伴侣的人并不可耻。"多方礼仪表明调情或追求一个已经有伴侣的人是没问题的。当一个人这样做,只要遵循正确的礼仪,他们就不会被视为试图"窃取"一个人的约会。这种礼仪涉及对与他们伴侣(们)调情的人展示尊重、清晰和开放的沟通。礼仪也表明一个人应该充分关注他们正在约会的人(或人们)。但是当多配偶制支持者忽视这些细微的社交礼仪时,别人会觉得不受尊重而且爱屋及乌的情感也会变得困难。需要注意的是,调情在不同的文化背景中意味着不同的事物。在多配偶制中,调情并不一定代表取代的欲望,但可能代表了趣味性、欣赏、友谊或浪漫的权益(其中的精妙之处很重要,但并不总是很明显)。当他们觉得他们好像正得到伴侣的照料,感受到关系的安全感时,多配偶制支持者最有可能体验到爱屋及乌。值得注意的是,和大多数礼仪一样,实际做法并不总是能反映潜在的文化规则。

鉴于许多多配偶制倡导者的群体规模较小,朋友和情人的重叠是很常见的。重叠的社交网络可能是嫉妒的催化剂,但多配偶者们建立了通过前期讨论从而使困难情感最小化的礼仪。在这种情况下,多配偶制礼仪要求人们与所有可能受到关系负面影响的人们交流,包括朋友和以前的情人。礼仪要求他们征求别人的许可或合理行动以尽量减少嫉妒的紧张局势。大多数参与者依靠其他的多配偶者得到关系的支持,并且彼此格外关心和对彼此负责。由于这些原因,多配偶者扩大他们的多方家庭边界,包括恋人、前恋人、亲密的朋友和亲密的非性关系的朋友,考虑到彼此的关系,把他们视为整体。同样重要的是,亲密的友谊或深深的敬意往往在两个同时都是一个人的情人的人之间形成(也被称为协同心灵)。

西莉亚(Celia)是认同和实践一夫一妻制和多配偶制的参与者,声称自己的偏好随着时间的推移变化,取决于与她的情人(们)的动态。她指出,在她的多方关系中,她的伴侣和她讨论与某个人调情是否合适是很寻常的。这个达成同意的行为包括了她的决定,这减轻了潜在的妒忌。但是她的一夫一妻制伴侣不想讨论调情,因为这不应该存在于他们的动态中,而且这样的边界是假定的,而不是可以讨论的。根据西莉亚(Celia)的说法,正是这种决策过程的排他性引起了她的嫉妒。她还指出,在多配偶制的动态中,伴侣的迷恋可能发展为一种新的关系,而在一夫一妻制的动态中,他们可能会为另一个人完全离开她。蒂安娜(Tianna)认为如果因为这种禁忌,不让好感发展的话,那么双方很可能会变得越发激情澎湃。如果伴侣允许探索好感,他们很可能会"把它从系统中弄出来",并找到一个更好的平衡。在这两个案例中,实践多配偶制会有效减少嫉妒的发生。

有一个关于多配偶制的笑话总结了生活方式的一个顾虑:拧一个

灯泡要多少位多配偶制支持者？多少个都不行，他们都太忙于过程而拧不成灯泡。换而言之，多配偶制意味着大量的工作。西莉亚（Celia）说，"多配偶制可能有很多伟大而美好的事情，但简单并不在其中"。关系起作用的想法是如此普遍，以至于它经常是勿庸置疑的（Kipnis, 2003）。添加更多的关系到结构中，将会产生更多的工作（Taormino, 2008）。对于多配偶制支持者来说，这项工作大部分是通过沟通和谈判完成的，往往着眼于减少嫉妒。期待非暴力沟通并且认为嫉妒永远都不应该以暴力或攻击性的方式得到处理。多配偶制文化鼓励透明度和前期的沟通，特别是关于吸引其他人、在关系中的意图和性行为。虽然这并非多配偶制特有的现象，但这种沟通的意外好处是很深的亲密关系、自由的感觉和人际关系中的相互依存感。

  本研究所有的参与者一致认为，沟通是缓解嫉妒、实现爱屋及乌情感的重要工具。沟通涉及协商边界（这从来没有给定过）、学习和表达自己的嫉妒触发器，以及建立信任。一些参与者认为，讨论一个人嫉妒时的脆弱性是情感冒险。但是通过实践多配偶制，嫉妒会规范化，并因此最小化。例如，一位参与者指出，只要她说出她嫉妒的感觉给人听，这种感觉就会消失。格雷丝（Grace）说："我的一位瑜伽教练说每当她感到嫉妒，只要一有机会，她就会告诉她嫉妒的那个人她嫉妒了，她发现，对方通常就把它作为一种恭维和夸大其词。她觉得这样更容易感受到这种坏的感觉，而它实际上是让别人感觉很好，但同时也很无力，因为对方不能比她更嫉妒，原因在于对方处于开放的环境中。"同样，贾内尔（Janelle）认为多配偶制文化鼓励人们体验嫉妒，而不是否定它，"所以让自己嫉妒得越多，释放的就会更多，并最终不会嫉妒。并且还能够跟你的伴侣说'你知道吗？这威胁到我了'或'我需要一些安慰，你可以给我吗'？然后嫉妒感就消失了。好吧，我不嫉妒了"。

  信任问题经常出现在多配偶制参与者中，与关系中的嫉妒和安全相关。在身体和情感上都相信自己的伴侣在正常性关系外有负责任的性行为是很重要的。虽然他们可能知道并信任他们的伴侣，但他们还是希望能够信任他们伴侣的约会，这个约会他们可能会或可能不会知道。尤斯兰纳（Uslaner, 2001）认为有两种信任者，区别的方法和我的参与者参与多配偶实践的方法巧合。道德信任者对人们有乐观的看法,认为人们一般都不错,因而更容易信任他们不认识的人。他们认为,伴侣选择留下或离开无需考虑主动的多配偶行为,因此,他们很容易相信伴侣在外面的性和情感行为。另一方面,战略信任者依靠累积的信息。他们持怀疑态度走近多配偶制,并且一旦人们证明了自己,就希望克服不信任感。虽然实践多配偶制的核心原因很强(即基于哲学或对他们的爱情更真实的写照),但他们必须努力相信他们的伴侣和协同心灵的意图。道德信任者更容易实现爱屋及乌的情感。有些参与者是骑墙派,如卡萝兰(Coraline),她说"你相信你所知道的",因此,她要实现她的关系,缺乏的不是信任,而是乐观的预期。

上述有关多配偶的论述导致人们要问,为什么多配偶制支持者继续通过这样的困难情感来实践多配偶制呢？我的研究表明,答案是多方面的。首先,虽然多配偶制内部的嫉妒可能是很艰难的,但是嫉妒在一夫一妻制的实践中也是如此。第二,一旦有办法处理如嫉妒那样的困难情感,负面影响就会比较少。大多数多配偶制支持者的嫉妒在他们早期嫉妒体验中较为普遍,现在变得越来越稀少了。第三,用来减少多配偶制支持者关系中嫉妒的工具也能够用于处理其他困难情感。第四,我的参与者将多配偶制描述得更为现实,比一夫一妻制更能释放爱情的表达,从而兼容并包。他们将多配偶制视为与一夫一妻制一样正常,只是没那么普遍。第五,多配偶制的好处大于困难的感觉,而且爱屋及乌情感的乐趣特别令人满意。第六,多配偶制的挑战和随之而来的增长机会是非常可喜的。最后,性愉悦是多配偶制实践的显著好处。

研究表明,开放的关系与提高自尊和自我认识(Wolfe, 2003)、个人赋权(Sheff, 2005; Weitzman, 1999)以及"促进性自信……和消解嫉妒"(De Visser and McDonald, 2007:69)相关。我的研究显示了类似的结果。一位参与者夏安(Cheyenne)在谈到多配偶制作为赋权,并为她把嫉妒转化为爱屋及乌情感时感到极大的自豪感和满足感:"当你对你的生活方式和你的所作所为感到骄傲时,你知道的那些时刻,如'看看我们'！我照做了,我联想到了那个词——'爱屋及乌',当我的伴侣与他人一起度过美妙的夜晚,我真的很兴奋能收获如此多的乐趣。

第二天我想听一下他们想让我知道的任何程度的细节,这很有趣。"另一个参与者诺拉(Nora)回应道:"这完全值得我这么做。这是一个美丽的东西。它就像你得到蛋糕并吃了它。即使这意味着蛋糕的制作要花六倍的时间,但这是值得的。这是宇宙中最难做的蛋糕。"

虽然大多数多配偶制支持者认为"这并非全都关于性",①但是多配偶制的性的好处经常在采访中提到。几个多配偶制支持者谈到情色有可能引发嫉妒(如伴侣与他人发生性行为),从而将潜在的痛苦事件转变为乐趣之一。摇摆的研究也表明,嫉妒成熟化的某些情况对性开放者有情欲刺激作用(De Visser and McDonald, 2007; Gould, 2000)。同样,斯特恩斯(Stearns, 1989:15)指出,一定的嫉妒可以"提供一些有趣的佐料"。不少多配偶制支持者报告说,正常性关系外的性体验增加了其整体的性欲,而且这种增长转移到了他们的伴侣身上。一位参与者表达了强烈的性的爱屋及乌情感:"如果我的爱人有一个情人是我的朋友或我喜欢的人,有大约98%的时间,看着他们拥抱、亲吻、依偎、爱、与那人发生性关系,是这么令人冲动,我几乎都要死了。它甚至不是一个模糊的快感。这就像"哦,我的上帝",对吧。这永远是最令人性冲动的东西,永远。而我越喜欢那个与我情人发生性关系的人,我的性冲动就越强。"赫洛伊丝(Heloise)描述了爱屋及乌情感的另一面:"这很有趣,因为如果你看一下'你怎么知道你的配偶不忠'(杂志的文章)和一些明显的迹象,他突然带给你礼物,他们告诉你他们更爱你,你会有更多的性生活。而我就像'好,有什么不好呢'? 好吧,那么找出他们欺骗了谁,使他们停止为你做所有那些美妙的事情。我认为这个概念是他们这样做是出于内疚,但这可能是因为他们感觉到了更多的性、更有爱心、更合群。"

虽然爱情在社会学研究中往往被忽视,但爱情是西方文化的中心(Jackson, 1993)。当然爱情也是多配偶制的一项核心组织原则。爱情的阴影是嫉妒,无论嫉妒存在与否,它在多配偶体验中起到了重要的作

---

① 康宁名克斯(CunningMinx)的播客名为"每周多配偶制",这是由其制作并流行的多配偶制口号。

用。对真正开放的关系敞开心扉的人越多,他们对嫉妒的体验就越脆弱,或者,就越能走出爱情的阴影。通过其广泛的批评和嫉妒的重新想象,多配偶制支持者寻求转变对嫉妒的个人和文化理解。爱屋及乌的情感是阻力的创造性行为,它把身体、愉悦和爱放在舞台的中心。多配偶制支持者的爱屋及乌实践挑战了嫉妒的情感规范性建构。

结语

笔者从访谈中发现受访者从多配偶制中体验到的愉悦明显超过痛苦。有可能那些挣扎着不再坚持多配偶制的人没有成为我的样本。虽然他们的阶层背景明显不同,但我的调查样本代表了那些有足够的特权和教育从而能坚持多配偶制的人,这也必然影响他们处理嫉妒的方式。然而,我认为嫉妒在大多数多配偶制关系中是可控的,只要所有的践行者都愿意努力。多配偶制的存在违背了嫉妒的自然性和必然性,以及嫉妒体现的性别方式的传统观念。虽然多配偶制支持者不一定比一夫一妻制的人们体验到更多不同的情感,但是遵循爱情的不同模式,进而影响了他们的情感体验。通过建立多方的文化思想,多配偶制支持者已经使爱屋及乌的情感体验成为可能。多配偶制充分体现了文化中性的非排他性不一定与嫉妒有关,并提供了嫉妒的表现和表达的另一种叙述。至于问题"你从哪找到时间",我采用一位参与者的回答,普丽西拉(Priscilla)说,"总有地方放吉露果冻,总有时间使用脸书——还有情人"。换句话说,我们会为我们所爱的人挤出时间。

第十二章 感受国际化：体验品牌和城市国际化的情结

索尼娅·布克曼

引言

当代消费文化被认为是"我们生活中情感动力得到发挥的关键领域"(Williams, 2001:3)。在这个领域里，"品牌"已成为一个强有力的平台，可以让这种情感动力在这个平台上得以展开。通过"使品牌设计方法情感化"逐渐形成的战略被称为"情感品牌"，品牌已成为经营、动员以及稳定消费市场情感的一个关键机制(Zyman, 2001: vi; Gobe, 2001；另见 O'Shaughnessy and O'Shaughnessy, 2003)。本章的重点是品牌的情感性。本章以专业的咖啡品牌星巴克和第二杯为例，探讨品牌使用由情感驱动的营销技术和设备，配置在感官和情感上吸引消费者的方式。为了培养与消费者的情感纽带，构建被称之为"体验经济"中的品牌价值(Pine and Gilmore, 1999)，我认为各种品牌正在共同塑造激情、感情和与消费者互动的情感体验。

为了立论，我采用的数据来自一项全面的实证研究，该研究涵盖了品牌的生产和消费过程，主要是在多伦多和温哥华进行的，时间跨度为三年。[①] 项目所采用的三个主要定性研究策略包括对星巴克和第二杯

[①] 这项研究是我的博士研究项目的一部分，"构建消费，配置生产，产生文化：调查星巴克和第二杯的品牌进程"。在多伦多的二十二家咖啡馆，共有八十名参与者的意见获得处理（星巴克和第二杯咖啡馆各占十一家），有十名参与者的意见在温哥华得到处理。对星巴克和第二杯的消费者做了四十一人次访谈（二十人次是第二杯的顾客，二十一人次是星巴克的顾客）。另有二十二人次的访谈对象是以生产为导向的参与者，包括两家公司的咖啡师、经理、特许经销商、营销总监以及创意设计师。

笔者感谢苏珊·弗洛里克(Susan Frohlick)以及莉兹·米尔沃德(Liz Millward)阅读了本章的早期版本，感谢编辑和审稿人的有益意见，感谢研究参与者和在研究过程中接待我的咖啡馆。

这两个品牌的咖啡馆的参与性观察,和超过六十名这两个品牌的生产者和消费者进行半结构化访谈,以及对诸如宣传册、咖啡标签和广告这些多种品牌材料进行可视化分析。

本章首先概述了情感方面的不同视角,这些视角为我的分析提供了资料,其次是对情感品牌所作的探讨。根据最新的品牌理论和品牌的视图界面(Lury, 2004; Arvidsson, 2006),我会介绍体验式品牌星巴克和第二杯。我思考了设计品牌来建构和调解特定情感反应的方式,并思考了在主题化的社会空间"服务场景"组织中的情感体验,特别注重它们提供国际化的可能性。"国际化"既可以在其作为态度和立场的普遍的、日常的使用中得到定义,这种态度和立场包括开放性以及协商和理解文化多样性的能力,"国际化"也可以在其作为全球公民这一形式的政治和哲学趋势中得到定义,并由全球互联性的理解和全球责任领域的认识支持(参见 Binnie et al., 2006; Hannerz, 1996; Beck, 2002; Urry, 1995, 2000)。这两个概念解释了由品牌建构的国际化体验。

我专注于世界主义,因为很多星巴克和第二杯的消费者认定它是品牌体验的一部分。例如,一个名为杰夫(Jeff)的普通消费者正在星巴克讨论订购咖啡,其中涉及使用"外国"语言,并从"全球"选择咖啡,此时他表示星巴克"品牌本身就代表更先进、更国际化、更充满异国情调的体验……"当要求他详细说明这一点时,他认为星巴克表现出了一种他称之为现代都市风情的"世界性的酷"。另一位经常光顾星巴克的消费者莎伦(Sharon)表示,"星巴克的整体文化或星巴克的感觉是世界性的",她将同样的"感觉"与多伦多市的"市中心"联系起来。本章的最后部分阐述了这个城市的国际化情感。围绕情感和美学元素,可以认为这种世界主义包括"情感结构"(Williams, 1977),而这种情感结构支撑新的城市国际化生活方式的形成,同时品牌使这种世界主义在文化上表达出来。

走近情感

在探索品牌的情感维度时,我借鉴了情感地理领域近期的工作,"在社会空间调解和衔接中,而不是在完全内化的主观心理状态中"考虑情感,并考虑到"作为关系流、通量或流量的情感非物化视图,是以人和场所之间的关系,而不是以'东西'或'对象'得到研究或测量"(Davidson, Bondi, and Smith, 2005:3)。思考在日常城市生活中,由品牌界面调解的特定情感是如何在品牌与消费者之间的互动中构成的,这个视角是有用的。

在这方面,思里夫特(Thrift, 2009)关注的是关于情感的感情。他认为情感是一种(不完整的)对感情捕捉的表达,这不适合表示出来。本质上是预知的和预知话语的感情通常是"准意识的现象",涉及身体状态、流程和知识 (Thrift, 2009:239)。这是一种体现思想的形式,"往往是间接的和非反射的",以及特定的"类智能",这种"类智能"也塑造了我们如何移动,(再)行动和"联系世界"的方式 (175)。受具体接触约束,感情也通过身体并在身体之间流转(广义地理解),这"主要不是知识的集中存储库——原创者——而是接收者和中转者,不断流转各种消息"(236)。思里夫特(Thrift)关注的是更"明确的感情工程",例如,在生产商品或设备时运用"感官设计",比如品牌以及影响性格的方式(235, 245)。

本章中研究情感的方式也受到社会和文化分析的影响,它采用情感的流体视角,在某种程度上类似于情感地理学的视角。例如,伯基特(Burkitt, 2002)指出情感不是包含在身体里的对象,而是"关系模式",这种"关系模式"有"与其他组织相关的感觉和意义,包括人类和非人类的"(151)。这表明,根据艾哈迈德(Ahmed, 2004:4)的观点,情感涉及特定的"对他人的取向",这种取向是通过日常生活的实践形成的,并随着时间的推移,参照过去而形成。

使用术语感觉来代替感情,伯基特(Burkitt)认为情感的概念为涉及身体状态、感受以及话语,或者使用情感词汇来尝试表达感受的复合体。虽然认识到它们之间的密切联系,但伯基特(Burkitt,2002)区分了感觉和情感,表明"感觉是实践意识的一部分,涉及在我们的社会世界中,我们通过意识到要做什么而采取行动的方式。然而,情感属于话语意识,涉及我们表达这些感觉的方式……"(154)。与此同时,用于识别和表达感觉的"情感词汇"也不能完全把感觉淋漓尽致地表达出来。通过这种方式划定,伯基特(Burkitt)的感觉概念类似于思里夫特(Thrift)的感情观点,两者是密切相关的,但超越了情感,包括具体的实际意识、塑造性格以及导致行动。不过,我更喜欢思里夫特(Thrift)把感情看作流经组织的一系列流体的观点,不断接收、发送,并诠释感情或感受。在本章中,我分别使用这两个术语来讨论与情感品牌相关的过程。

在阐述社会关系背景下的感觉时,伯基特(Burkitt)参考了威廉斯(Williams, 1977)"感觉结构"的想法。威廉斯(Williams)试图理解文化和社会形态过程性的、出现的维度——它们在不明了、不稳定的眼下时刻,以及在形成的过程中是如何生活和体验的。他对社会生活的一般变化很感兴趣,用"风格"定义这样的变化,指的是"社会体验和关系的特定质量"(131)。威廉斯(Williams)使用感觉结构的概念来说明社会意义和价值中的这种变化如何"在生活和相互关联的连续性中",按照"目前种类的实际意识","积极生活和感受"(132)。威廉斯(Williams)认为感觉结构使我们能够理解"我们现在的文化过程",并能以艺术的形式专门识别——"一种特定的社会形态"——其中的社会内容往往"具有这种现在的和感情的类型"(133)。

这个概念是由纳瓦(Nava,2002)在她关于20世纪早期英国商业文化的流行国际化意识出现的著作中使用的。在她的研究中,她通过全球时尚服饰消费,专门追踪女性如何表达和促进世界性的"感觉结构"的形成,其中在特定的时间和地点,"文化差异和异国风情构成的兴趣、乐趣和反识来源,存在于与更保守的观点之间的紧张关系中"(86)。注意到世界主义的感情维度,这在很大程度上被理解为一种智力和审美的立场,纳瓦(Nava)的工作提供了一种有用的模式,可以将世界主义看作特定的感觉方式,一种情感性格(Nava, 2002, 2007)。她还指出,它是通过与消费主义对象的相互作用来调解的,并在具体的做法和操作中产生。

在本章中使用情感理解这个框架来思考品牌的情感性。这表明品牌涉及了感情工程的过程,它允许一个潜在的"工作"方式,培养特定感觉和情感的方式。它提供了一种思考方式,涉及情感社会空间调解中品牌的因素,这个因素由品牌与消费者之间的接口界面构成。该框架还告诉我在分析方式时,通过感觉结构和情感调解,品牌导致了我们感觉我们方式的特定感觉结构。纳瓦(Nava)的工作将有助于探讨特定的国际化感情,这种感情构建在我关注的咖啡品牌平台之上。

情感品牌

在当代消费文化中,品牌已成为一个强大的、无所不在的市场文化形式。其在经济和文化生活中的日益突出归因于从 20 世纪 70 年代起一套综合的市场营销、生产和设计的发展(Klein, 1999; Arvidsson, 2006; Moor, 2008; Lury, 2004)。根据卢瑞(Lury, 1999, 2000, 2004)的理论原则,品牌可以被理解为一个综合的媒体对象,它阐明并调解生产和消费过程,它作为沟通接口和交换媒介运作。这是一个组织(非对称)双向信息交流的框架,这个框架作为消费者和生产者之间的沟通交汇点运作。交流不仅是一个"定性计算"的问题,"也是一个关于感情的、品质的集约度和重现引入"的问题(Lury, 2004:7)。接口和沟通的可能性通过设计的过程格式化——品牌化的过程——涉及活动模式中信息的集成和协调;在时间和空间中产品和服务的关系得到组织和排序。接口的功能作为表述行为得到建构,接口的功能有助于建立品牌的统一性和客观性,并有助于品牌形象的出现——"品牌为消费者保留的关联"——这是创造品牌价值的关键(80)。

近年来,通过信息的沟通和品质的介绍,两者专门设计用来吸引感官体验、产生激情、唤起情感的情感化的方法,这种情感化的设计方法已经发展到利用品牌的能力在交换过程中变得有"感情"。这种方法被称为情感品牌,葛布(Gobé, 2001)将其描述为"以深刻的情感方式为联系产品与消费者提供手段和方法"(xv)。当他使用术语情感时,葛布(Gobé)指的是"在感觉和情感层面上,品牌吸引消费者的方法;品牌如何渗入人们的生活以及形成一个更深层次的、持久的联系"(xiv)。要做到这一点,在文化和情感上贴近消费者,葛布(Gobé)指出,品牌必须发展与消费者尊重的、对话的和亲密的关系。他们需要通过对感官设计和情感诉求富有想象力的方法和重视来理解和促进消费者期望的整体情感体验。这涉及品牌个性的建立和存续,以及品牌愿景,不断创新以确保情感上的共鸣。

而品牌的情感维度不一定是新的,它近来在品牌设计和管理中脱颖而出,并越来越被视为品牌价值和成功的关键,其中,"建设一个品牌帝国'是把情感范围在我们的意识中标注出来'"(Wolf, in Arvidsson 2006:82)。根据市场分析师英范(Ying Fan, 2005)的观点,"品牌正瞄准消费者的内心世界,他们的价值观、他们的信仰、他们的政治,还有他们的灵魂"(342;另见 O'Shaughnessy and O'Shaughnessy, 2003)。培养与消费者的情感联系已成为品牌的主要目标。为此,各种"感情技术"和以情感为导向的营销策略已经发生演变,演变的目的在于调动感情和产生与品牌相关的关注体验(Thrift, 2009:243)。这样的策略包括日益普遍的"品牌场景"趋势。这是基于感官设计的营销策略,包括空间编排、照明使用、室内装饰、建筑和氛围营造,使消费者沉浸于其中(Lury, 2004)。这使品牌充分吸引各种感官并提出感觉的方式,目标是构建集约化的审美和情感体验,产生品牌的附加值。其他策略包括名人的品牌赞助或消费者已经在情感上参与的事业,通过品牌社交活动的组织促进品牌社区的发展,以及病毒式营销,使品牌渗入到关于日常生活的现有模式中,其理念为"将商品与消费者的感情层面维系起来"(Thrift, 2009:247;另见 Arvisson, 2006)。

但是这些品牌策略,需要消费者具体参与以品牌为基础的情感体验的实践与产生,如"麦当劳家庭关系的体验"或"耐克授权的体验"(Arvidsson, 2006:82)。通过零售环境、事件和赞助的有序组织,品牌管理可以建立特定的氛围,这个氛围可以构想和部分预计消费者接触的品牌,从而使情感体验朝着特别的方向展开。其目的是"引导对部分消费者的感情投资",目标是"创造一种感情强度,以及品牌与主体间统一性的体验"(93)。这个过程经过精心协调和预结构化,以确保品牌平台上生成的意义和体验在品牌形象的参数范围内产生,因而增加(而不是有损)品牌价值(Arvidsson, 2006)。基于消费者的情感能力和感情劳动,消费者因此涉及品牌体验的共同创造,并最终共同创造品牌价值。

体验式品牌:星巴克和第二杯

> 如今广告不是重要之所在,体验更为重要。品牌建设真正关心的是你的体验,你建立一个品牌的方式是每一次的体验,满足每个消费者的每一次期望。
>
> ——格雷格,第二杯运营副总裁

星巴克和第二杯一直处于情感品牌潮流的先锋。在20世纪70年代,开始以零售商店的形式销售高品质的咖啡豆给挑剔的中产阶级消费者,这是一个经过细分的市场,这两个品牌在20世纪80年代迅速发展到以街头咖啡馆作为它们当前的主要经营形式。在整个20世纪90年代,并在接下来的十年里大幅扩张,这些品牌的咖啡馆是加拿大城市景观的一个突出特点,它们推动的咖啡文化现在成为许多城市中产阶级日常生活不可或缺的组成部分。

前提是在一个风格化的、社会的咖啡馆环境中,提供定制的、美味的咖啡,无论是星巴克还是第二杯都可以被定义为体验式的品牌,这个术语是用来指定那些品牌"与他们的赞助企业标志和产品一起,为消费者提供独特的主题服务场景,旨在促进享乐、审美体验和社会交往"(Thompson and Arsel, 2004:632)。作为品牌场景的特殊形式,服务场景是涉及服务行业通过空间化和感官设计的使用实现"体验化"的一种营销策略(Moor, 2003)。它允许"消费者组织和品牌之间发生更密切的关系",从而使情感纽带和体验能产生(Moor, 2003:45)。这些体验通过"主题化"的使用获得——这是一种技术,它提供了环境组织的框架,以这样的方式来形成一个统一的形象或体验(Lukas,2007:1)。市场营销的文献表明,主题化的关键是创造迷人的、丰富的和令人难忘的体验(Pine and Gilmore,1999)。它通过识别一个特定的主题,以及一整套感觉和传达主题的情感线索起作用,使用此清单来指导设计过程(Pine and Gilmore,1991)。主题作为一种机制运作,由此"感情反应可以被设计到空间中"(Thrift,2009:187)。

在星巴克和第二杯的案例中,主题服务场景的组织涉及空间、材质和相关元素的协调,即咖啡、咖啡师和咖啡馆的空间,来传达信息并引入特质,这样的特质会产生事先精心计算好的效果。气味、图像、声音、手势和纹理被配置为线索,来唤起情感反应,培养指向主题的感觉。当消费者进入咖啡馆、点饮料和可能在咖啡馆空间逗留时会遇到各种线索,促使消费者和这些线索进行互动并迎合(Callon, Meadel, and Rabeharisoa,2002)它们。在身体接触和触觉接触的过程中,消费者们都深受感情、感觉和情感的产生和流通的影响,三者与它们共同进行的主题式体验相关。这种体验持续的日常共同生产是第二杯的营销总监盘活品牌的核心。这对品牌价值至关重要,由"进入消费者生活"的品牌方式部分实现,并通过建立感情和情感联系交织在他们的日常生活中。消费者为他们共同创造的体验付费,这就形成了交换的基础。

品牌工程师将品牌体验勾画为"星巴克体验",或第二杯案例中的"终极咖啡体验",这两个品牌案例中的品牌体验通过两大主题构成,包括"第三场所"咖啡馆主题和喝咖啡时的浪漫主题。星巴克的董事长兼首席全球策略师霍华德·舒尔茨(Howard Schultz)这样总结说:"人们与星巴克相连,是因为他们与我们所代表的事物相连。这不仅仅是美味咖啡。这是浪漫的咖啡体验,人们在星巴克门店里得到温暖和社区的感觉(Schultz and Yang,1997:5)。"

第三场所

得到广泛认可的咖啡馆第三场所主题来源于奥尔登堡(Oldenburg,1989)的"第三场所"概念,他将其描述为家庭和工作场所以外的一个非正式聚会场所,其特点是社会互动涵盖了从眼神交换到对话交流的范围，并以一种活泼、社区和友情的感觉为标志。加拿大星巴克营销总监的评论反映了这一提法：

"我喜欢把咖啡馆当成第三场所，让客户有他们的家和他们的工作，对于很多人来说，星巴克就是他们去的第三场所。所以当你进入门店，你会看到温暖的颜色，这会让你放松，音乐一般是爵士乐，这也是放松的，它不是侵略性的，就是那儿了……嗯，我们总是尽可能在每个门店为沙发和椅子的放置安排好空间，在一些门店我们有壁炉……营造氛围和气氛的目的是为了创造一个非常舒适的空间，你可以进来喝咖啡，也可以想看报纸就可以看，或和朋友一起来访。"

一个第三场所的氛围是通过咖啡馆的空间配置，包括运用建筑和室内设计从而初步成型。这也涉及咖啡师的"执行"（Adkins，2005），他们受过训练，通过旨在培养归属感和流转顾客之间社区感的情感劳动，传达第三场所的特性，如友好、热情和认可。邀请消费者"闲逛"这些空间，将这些空间配置成舒适和熟悉的"家外之家"，积极合作构建第三场所的体验，而第三场所的体验是依靠消费者的情感投入和社会活动构成的，就像依靠咖啡馆的设计特征构成一样（Arvidsson，2006）。

咖啡的浪漫感觉

本章特别感兴趣的、深入阐述的是喝咖啡的浪漫感觉，这与"世界主义鉴赏家"的体验相关。因为品牌，喝咖啡变得浪漫，部分通过特色咖啡的配置，以"葡萄酒管家提出美酒的方式，在鉴别咖啡质量和'口味'时强调产地作为区分因素"向消费者推介（Schukz and Yang，1997：246）。这么设计既是为了"教育"消费者，又是为了鼓励消费者在情感上参与，特色咖啡的信息和它们多元化来源的信息得到美学上的传达，大多数情况下使用颜色、纹理、图片和声音等方法，其形式是宣传册、墙上的壁画甚至背景音乐。

例如，当消费者遇到表达多种咖啡风格的咖啡展示时，展示的方式是丰富多彩、图文并茂的包装和邮票一样的咖啡标签。第二杯提供的外卖咖啡的杯子印上了咖啡树、咖啡制造商、环球咖啡旅游的图案，以此来讲述咖啡的故事。同时，星巴克提供的小册子，像导游一样引导顾客游览"咖啡世界"（星巴克，2002a）。这些小册子装饰着复古的地图、旅行笔记和邮票，它们向消费者介绍精致的咖啡，如埃塞俄比亚锡达莫，将其描述为神奇的酿造，有转瞬即逝的花香、明亮而柔和的口感，以及异国情调的柠檬胡椒味（星巴克，2002a）。第二杯和星巴克提供基于品牌的"咖啡护照"，收集咖啡"邮票"，并记录他们的旅行，引导消费者在感官上和想象中发现"咖啡世界"和"品味"在文化上作为"正宗"传统的差异（在原产地），从而邂逅可前往探险的"异国情调"的目的地，或可吸入的"神秘"味道（第二杯，2008；星巴克，2002a）。

旨在传达咖啡原产地的信息是为了表明感觉和流转咖啡浪漫的特定情感。在讨论一个新创造的韦韦特南戈单一产地咖啡标签时，第二杯的营销总监解释在情感诉求方面，美学呈现出的意义："……是的，我的意思是有冒险的感觉，这是一种逃避，允许你去异国的目的地，嗯，你知道，我认为增加了一点点咖啡的神秘感；这是另一种方式，以此我们可以继续努力支持和创造我们正在开发的产品价值……还有一个教育片段附加了阴谋和参与的感觉，我认为这会让人们更多地参与整个体验。"这些方法会激发出许多潜在的情感，如冒险的"兴奋"、"阴谋"的感觉，以及发现新口味、产地和文化的"喜悦"，鼓励消费者"获得"浪漫，并通过品牌鉴赏的培养（好玩的或严肃的），发展消费者对咖啡的共同"激情"。

咖啡的浪漫感觉是通过强调伦理消费进一步产生的，其中对咖啡（多样性）的"爱"，扩展到"关心"咖啡的原产地。这涉及企业社会责任的重新设计，来构建和调解品牌、消费者和咖啡原产地社区之间无私的、情感的关系。为此，无论是星巴克还是第二杯都制定了详细的计划，计划集中在改善咖啡生产实践、建立环保措施以及开拓具有社会责任感的咖啡，如第二杯的"卢旺达希望杯"。例如，星巴克的"原产地承诺"的倡议涉及一系列伦理咖啡的研发和推广（星巴克，2002b）。其目的是为了表达和交流，正如一位营销总监所说的那样，"我们对咖啡的激情"，其中包括"与我们在哪儿买、我们怎样买、我们如何帮助原产国、我们制作的混合物种类、我们销售的产品种类相关的一切"（访谈）。把咖啡装在"真实的"麻布囊中进行展示，这些咖啡通过采用"自然"材料的精美包装呈现给消费者，还采用公平贸易的感言来唤起道德情操和调动情感，如同情他人和希望改变。

葛布（Gobé, 2001）表明这种"公益营销"已经成为一个重要的趋势，它"完全与情感品牌的前提同步；它与了解谁是你真正的消费者有关，与什么对他们真正重要有关，与向他们展示你感同身受有关"（298）。他认为星巴克的计划是这种方法的典范，他指出"收获咖啡原料的往往是第三世界国家，给第三世界国家回馈的努力显示了在产品的来源和全球多样性的视角下，承认尊重人类环境的需要"（300）。比简单展现他们关注消费者更进一步的是，星巴克和第二杯邀请消费者参与这样的努力。从星巴克的"原产地承诺"的宣传手册中摘录的一段文字说，"我们试图改变生产咖啡的人们和地方，改变我们访问的国家和我们接触的家庭。每次你购买星巴克咖啡，你也发挥着作用，帮助改善人们的生活，并有助于保护我们种植咖啡的地方"（Starbucks, 2002b）。

品牌构成伦理"行动框架"，品牌形成让消费者表现出"关怀"和"同情"感觉的可能性，同时品牌还通过消费者变得负责任，展示"全球多元化视角"。这种设定好的无私行为让消费者在消费特别的咖啡时"感觉良好"，在全球咖啡社区"做好事"，促进情感的流通，例如消费时的愉悦感。

浪漫咖啡，引发世界主义

咖啡的浪漫感觉激发了一系列复杂的情感——如到遥远的地方冒险的"兴奋"，多样性的"喜悦"，对咖啡带来的其他相关事物的"同情"——与这些情感相关联的品牌构建了国际化的体验。通过"在情感上下功夫"，消费者可能与作为文化鉴赏家和相关全球公民的品牌保持一致，鼓励他们去感受和随着品牌国际化（Ahmed, 2004）。这种世界主义的前提是对文化多样性的兴趣、热情和开放，而文化多样性以咖啡为媒介构成，这种世界主义的前提还是全球社区的意识和通过无私参与咖啡带来的"其他事物"的活动形成的相关性。纳瓦(Nava，2002)认为，它既是一种情感倾向，也是一种美学倾向。

但是为了实现一致性，品牌为这样的行动提供国际化的背景，这样的行动确定咖啡原产地以及咖啡带来的"其他事物"，这些"其他事物"成为"我们感觉"的来源——也成为由品牌提供的国际化方向的来源(Ahmed，2004)。咖啡生产者和原产地在美学和文化上被限定为"异国情调的""正宗的""欠发达的"，他们的差异定位与受众主要为(但不限于)西方城市中产阶级咖啡消费者相关，这些消费者是世界性的"兴趣"和"无私"的来源。正如艾哈迈德(Ahmed，2000)指出的那样，"因为恰恰通过将其他事物限定为'有'一定特征，情感可能会涉及'感动'"(11)。在这里，根据"第三世界的差异"，"限定"咖啡生产商和原产地，这正是使限定得到解除，成为国际化的品牌和消费者的原因。

感受世界：消费者和城市国际化情感的共同创造

虽然星巴克和第二杯编排独特的品牌体验——包括一系列的感觉和情感表现——但是他们仍然需要消费者的积极参与来使这些得以实现。正如阿维森(Arvidsson，2006)指出的那样，"品牌提供不了那么多现成的经验，与它们使体验产生或共同创造能够提供的一样多……"(35)。尽管这种动态过程由品牌严格管理，但它还是不能完全确定。不能假定消费者会被咖啡的浪漫感觉直接诱惑，也不能假定他们会按建议的那样进行情感表演，并合作产生一个设计好了的狭隘的国际化体验。涉及作为咖啡馆服务场景中的"相互作用物"，消费者参与具体品牌、近端处理资质、谈判的情感诉求和情感拉拢、共生品牌体验，其方式"往往超过营销规划的力度"(35)。我转向研究这种相互作用，接下来我会跟踪研究一个具体的国际化城市在感性和情感结构方面的共同创造和轮廓，这种感性和情感结构在消费者和品牌之间的接口界面中构成。

一个城市国际化的"感觉"

在星巴克和第二杯咖啡馆，接受我采访的许多消费者表示，咖啡来自世界各地,咖啡馆的装饰用"丰富而朴实的"颜色,咖啡馆里播放"世界"音乐的声音,咖啡馆里张贴咖啡种植者的照片,引起了国际化的"感觉"。例如,克里斯(Chris),一个创意制作人,他也是星巴克的常客,指出星巴克全球咖啡的阵列和以下摘录中世界性的情感之间的连接:

  克里斯(Chris):接触到很多不同品种来自世界各地这个事实;星巴克文化来之前我没考虑那么多……我想这就是美食之所在,这就是它起作用的地方,当人们开始逐渐适应各个国家和地区的不同口味,在一定程度上,它几乎变得像葡萄酒。嗯,但环境本身往往也是如此,没错,他们有那样的,现在我不能说其中一个有那样的,但是,嗯,是的,通过他们装修的不同要点,整整一年,他们倾向于形成我所想的旅游主题。几乎一模一样。我不知道这是否是准确的,但那几乎是旅行箱侧面旅行邮票那样的感觉。

  采访者:你从哪里得到的?

  克里斯(Chris):从装饰品。不是这样的特殊装饰品,而是总的来说,星巴克的共同主题。

  采访者:那么,你在这里会得到旅行和冒险的感觉吗?

  克里斯(Chris):嗯,我不知道这是否是旅行和冒险,或者更多的是一种世界性的感觉。这更准确。

  旨在引起咖啡的浪漫感觉的美学元素,如咖啡标签、包装和壁画,由克里斯(Chris)在旅游主题方面感知,构成的氛围被描述为"旅行箱侧面旅行邮票那样的感觉"。这种情感背景对他确定国际化感性的出现是最重要的。当在同一采访中被问到他所说的世界主义的意思时,克里斯(Chris)回答说,"城市国际化。你在城市里,它是各种城市生活的一部分,你知道,不同的人走到一起,体验了整个事情,我不知道"(采访)。虽然没有针对具体情感进行全面或明确的阐述,但克里斯(Chris)描述了与作为"城市"国际化定位的星巴克相联系的国际化"感觉",前提是触及文化的多样性和差异性,并作为城市日常生活的一部分得到体验。

  通过这种方式得到描述,克里斯(Chris)的回答反映了消费者的共同倾向,他们经常提到的他们认定为城市、大城市、市中心的国际化"感觉",必将与日常的城市生活体验和城市生活方式有关。下面案例中的杰夫(Jeff)既是企业老板也是星巴克消费者,他把星巴克与一个特定的城市风格相联系,他把这种特定的城市风格称为"北美国际化的酷"。当要他解释是什么意思时,他回答说:

> 嗯,好吧,北美国际化的酷是爵士乐、迈尔斯·戴维斯(Miles Davis)、更现代化的美国独立电影。我倾向于认为北美人坚持或紧紧抓住欧洲的东西,我想有人似乎会消费保留其经典的旧有状态有更大合法性的东西,比如芭蕾舞、歌剧、莎士比亚(Shakespeare)……这些家伙给旧的东西更大的合法性。因此相比之下,北美城市的酷更前卫,在某种意义上说,它看的东西都是非常先进的……欧洲的酷就像斯特拉特福德戏剧节或萧伯纳节,而北美国际化的酷就像最新的戏剧。

和他把"欧洲感觉"归于传统意大利咖啡馆不同,杰夫(Jeff)将星巴克的"世界性的酷"描述为现代、城市和创新。这种世界主义涉及文化多样性的"兴趣",特别是流行文化中的"喜悦",以及"前卫"的文化创新。事实上,无论是星巴克还是第二杯都被设定为文化开放和进步,其实现方式不仅通过咖啡馆的设计,而且还通过战略品牌赞助的"前沿"文化活动,包括电影、爵士乐和边缘节日。

杰夫(Jeff)对"世界性的酷"的思考反映了"普遍使用""国际化"来表达"一个以文化活力和一定的复杂性为特征的现代都市风格"(Haylett, 2006:187)。这是由"别致的咖啡馆、艺术节、国际时尚及饮食、充满活力的街道生活"特别认定的(187)。这种特定的城市"风格"支持分析师们认定在新中产和贵族阶级的某些派系中出现的新的城市"国际化生活方式"(Binnie et al., 2006; Brown, 2006; Young, Diep, and Drabble, 2006)。特别是通过消费行为构成,这也体现在"国际化消费空间"的崛起上,"国际化消费空间"是用来满足和支持这种生活风格形态的表达的(Binnie et al., 2006; 另见 Shields, 1992 对生活消费的讨论)。在配置"国际化消费空间"时,星巴克在文化上体现了这一国际化的形式,或者按威廉斯(Williams,1977)所言,体现了感觉结构。

定位于国际化的情怀

品牌平台产生的具有国际化风格和情怀的城市特性,是消费者与品牌在特定的城市环境下动态相互作用的结果(两者都与外部环境处于开放性关系中)。穆尔(Moor,2003)认为,在她对品牌目击者把事件为导向的营销策略形象化的研究中,"感情的'影响'必须成为现实或理解'本地化'的含义"(52;另见 Massumi,1996)。这表明了更开放式环境的重要性,在这种环境里品牌会发生交锋,在品牌和消费者之间的接口界面调节感情反应和调解情感。

关于城市"消费场景"的突出特点这个问题,我研究的第二杯和星巴克咖啡馆均位于多伦多市和温哥华市的购物和休闲区、金融区、新兴的中产阶级街区。它们的位置是品牌战略的一部分,在战术上得到协调,其目的是把城市环境与第三场所的形象合并,当目标受众为过着日常城市生活、正常消费的、普遍富裕的城市居民时,与目标受众联系。这些联系在开放式环境里得以展开,消费者的感情和夹杂着品牌因素的情感活动受到这些开放式环境的影响。

这在接下来星巴克消费者沙龙(Sharon)访谈的摘录中表现得特别明显,沙龙(Sharon)是在多伦多市金融区工作的专业人士,沙龙(Sharon)认为:和蒂姆霍顿氏咖啡店相比——蒂姆霍顿氏咖啡店你是知道的,位于乡村、小镇,给人以温暖和模糊的感觉,我们都伴着蒂姆霍顿氏咖啡店长大。现在星巴克是新的,很活泼,颜色明亮而大胆,它是市中心的一部分,它是我日常生活的一部分,如果我,你知道的,如果我去度假,我可能会去另一个城市,感官超载吸引了我。在星巴克有一点点刺激的感觉,让我把身边的生活与国际化联系起来,它给人以繁华的感觉。① 沙龙(Sharon)认为,蒂姆霍顿氏咖啡店被视为"小城镇"和地方

---

① 蒂姆霍顿氏咖啡店于1964年成立于安大略省汉密尔顿,是加拿大占主导地位的主流咖啡和甜甜圈连锁店。到2005年,拥有超过两千家门店,它已成为加拿大的著名企业和象征(Tim Hortons 2008)。

性的,和蒂姆霍顿氏咖啡店相比,星巴克却是城市化和国际化的。星巴克以一定的文化活力为特征,它能让她"感觉很国际化",正如她所说,表现为乐于接受新的文化体验、搜索对比,而不是与蒂姆霍顿氏咖啡店相联系的舒适的熟悉感。在形成"感情强度"的基础时,沙龙(Sharon)阐明了她感受国际化的方式和具有品牌特征的世界主义的感受之间的统一性体验。沙龙(Sharon)所说的与星巴克相联系的国际化感觉与她对城市生活的印象息息相关。她使情感线索和信息可以通过城市视角传达咖啡的浪漫感觉,将"明亮而大胆的"颜色诠释为都市生活的活力。出现在这个过程中的城市国际化的"感觉",反映了品牌和沙龙(Sharon)的城市气质之间复杂的相互作用(包括她的情感"取向")和消费背景。

克罗斯利(Crossley)认为,情感是情境化的和在环境中特定的:它们"构成了我们的部分世界观;我们不只是拥有它们,而且我们以它们的方式存在"(见 Williams,2001:59)。感觉和情感取向的具体办法,一个城市国际化"感觉"的塑造方式是品牌与消费者的交汇,以及与他们的日常城市生活节奏和去"市中心"上班的惯例、在"时髦"的地方和朋友闲逛、只是周末阅读报纸的交汇。这种国际化的情怀显然是情境化的,根植于城市地区、环境和空间实践,以及具体表现的特殊性(Cheah and Robbins, 1998; Savage, Bagnall, and Longhurst, 2005)。它产生一种特殊的与品牌相关的国际化体验,这种体验偏离了通用的架构好了的国际化体验。有趣的是,对于预期体验来说,有些更困难的方面,如通过无私行为认定全球责任,不算与消费者的互动中构成的普遍国际化敏感性的一部分。虽然超过了品牌管理的工程努力,但专门的城市世界主义仍然属于品牌形象的参数,虽然略有变化,但仍然作为整体品牌形象的一部分构成国际化的体验。

基于品牌的多样性和本地国际化开放

文化多样性的参与是国际化体验的核心组成部分,消费者把这种国际化体验与品牌联系在一起。它使感觉和情感,如文化多样性"引起兴趣"循环流转,以及使这种多样性的"喜悦"循环流转,这种多样性与国际化开放表达紧密联系。如前所述,星巴克和第二杯在主题服务场景中组装了咖啡原产地、风格和文化的全球多样性。为了把(咖啡)多样性"激情"调用为"国际化鉴赏家"体验的一部分,消费者面对咖啡指定了不同产地和目的地的美学信息。对于消费者来说,这传达的想法是各品牌都汇集成了"咖啡的世界"和文化,构成了一种他们在咖啡馆发现的全球多样性。尽管如此,一些消费者也指出了这种多样性的限制;星巴克消费者和研究生珍妮弗(Jennifer)宣称,"他们有一个意大利的CD,他们有一个巴西的CD,就这样,他们……这就是多样性,但它是根据音乐和氛围硬性符合的多样性"。当他们着手日常城市生活,在本地化实践和具体表现中与品牌互动时,消费者鉴定并重新配置这种多样性,比如城市多元文化的差异,或是克里斯(Chris)所说的"各种各样的城市生活"。如上所说,消费者往往会把信息关联起来,如用"明亮大胆的色彩"来传达"异国情调"的原产地,或包含"远方"目的地形象的壁画,对于他们的城市环境,其特点是文化流动的排列和文化差异的"现场"(Latham, 2006:95)。以品牌为基础的多元化的体验,在多伦多和温哥华这样的多元文化城市必然与各种日常接触相关。在这种交换中,全球国际化的意识和文化的兴趣正通过品牌重新制作为本地化开放,"全球化接地气"的一个实例(Binnie et al., 2006:15)。这一点由第二杯消费者肖恩(Sean)作出以下评论,他在多伦多工作和兼职研究,他说:

> 我认为(第二杯)正试图把形象规划为(国际化),而去那里的人们也试图规划该形象。嗯,在这个街头文化相对多元一些,可在纽约北部的第二杯却全是白色的,然而那儿的人们在某种意义上认为自己是在参与世界文化之类的活动……我知道有很多星巴克在郊区和小镇,它们有吸引力的一件事就是你可以在完全同质的区域逛购物中心,你可以认为自己正在参与这种活动;它把自己规划为城市的和世界的,所以你可以认为自己是一个了解世界的大城市人。

诉诸情感的想象,品牌使消费者能够感觉并变得国际化,想象自己是"一个了解这个世界的大城市人"。艾哈迈德(Ahmed, 2004)指出，与坐在咖啡馆"感觉"国际化相关联的"快乐"，涉及特定的思考方式和把自己视为"好的或是宽厚的自我"。然而，肖恩(Sean)也暗示，这种互动中构成的开放性是有限的，涉及相对容易和表面化的对待差异。作为服务场景一部分的模式，消费者无需离开咖啡馆，就可以体验高度的多重性和源于靠窗座位安全感的选择性文化。按照这种方式，消费者在品牌平台上共同创造有限的城市国际化体验。

通过感觉结构和情感体验框架，品牌引起的感觉的当代国际化结构，与多元文化的加拿大城市相关，涉及对流行文化多样性和喜悦的感觉采取(有限)开放的取向。它所反映的城市体验的特点是文化多样性的平凡之处，这已成为日常城市生活的"文化实践和社会互动的常规化部分"(Nava, 2002:94)。特别是对中产阶级消费者而言，这是一种风格和情怀，反映了其流行模式中的世界主义，并支持着国际化生活方式的构建。

结语

对情感品牌的日益重视和体验品牌主导的兴起证明了艾哈迈德(Ahmed, 2004)对当代社会的情感得到强化的关注(另见 Hunt，第七章)，这表明品牌与消费文化是该过程发生并可以得到有效研究的重要领域。本章集中关注体验式品牌星巴克和第二杯，思考它们构建一系列感情反应和情感表现的方式，它们设计感官上的咖啡馆服务场景和使用主题设定独特的品牌体验。我的研究认为消费者在品牌平台上涉及情感和体验的共同生成，我追踪城市国际化敏感性的形成，这种国际化敏感性是在加拿大城市消费者和这些专业咖啡品牌之间的动态互动中形成的。这种情境化的国际化美学和感觉结构形成了品牌体验的部分。把文化表达加入到这种感觉结构之中，品牌使特定消费者感觉到国际化并随着品牌"国际化"，通过参与这种国际化消费空间，收集城市国际化生活方式。

本文分析指出品牌成为消费文化中"感情力量"的方式；它们渗入

并塑造了我们的日常情感生活,构建感觉的可能性,影响性格和情境化情感表现。它让我们注意到企业正通过使用"感情技术"和知识,越来越"致力于"影响我们情感的方式。这也表明,通过消费文化,伴随着那些尚未展开的重大社会和文化影响,作为文化实践的情感正在改变。思里夫特(Thrift, 2009:73)告诫说:"当然,通过历史景观已建成,而且体验已推出发售,但我认为通过所有感官的新发展,会产生新的用来交换的体验领域,这种新发展应该让我们有所警醒。"

第十三章　自闭症的自传和超越人类的情感地理学

乔伊丝·戴维森和米克·史密斯①

> 自闭症使人参与社会生活变得困难，但使人更容易变得动物化。
>
> ——坦普尔·格朗丹博士，《翻译中的动物》

引言

对自闭症谱系障碍（ASD）(Davidson, 2007, 2008)患者在近期写的自传进行定性分析，这可以揭示那些作者与非人类的其他事物的关系包含了一个新兴的重要主题。这些自传体著作表明，自闭症患者与动物的互动——有时——与"自然"环境的无生命方面的互动——其深刻的情感特质通常与社会环境更为相关。这种观点明显与普遍流行的看法不同，后者主要得到临床描述的支持，认为自闭症患者②特别不合群，几乎完全不关心周围其他人的所作所为(Frith, 1996; Tidmarsh

---

① 本章最初发表在《环境与规划 D：社会与空间》(Environment and Planning D: Society and Space, 2009)，原文较长，经过改编。作者感谢出版社同意以目前的形式再现文本。感谢对本章写作有启发意义的作者及专著，感谢加拿大社会科学和人文科学研究理事会提供资助。同时感谢莎拉·艾哈迈德、斯图尔特·埃尔登、维多利亚·亨德森、戴尔·斯宾塞和凯文·沃尔比（Sara Ahmed, Stuart Elden, Victoria Henderson, Dale Spencer, and Kevin Walby）有益的意见。

② 本章避免使用"第一人称"语言，以反映有助于本研究的大多数作者的偏好。伊利西亚·阿什克纳齐（Elesia Ashkenazy, 2009）解释说，"尽管以医疗和治疗为重点，社区认为自闭的人指的是一个人患有自闭症，这很常见，但如果把自闭症的群体看成更大的整体，这种提法作为术语是不合适的。简而言之，说一个人有自闭症可能意味着这个人是有缺陷的，或者他有天生的问题或疾病。这也意味着，自闭症能以某种方式从人体分离开来"〔最初的重点；参见 Jim Sinclair, 2009 有影响力的《为什么我不喜欢"第一人称"语言》(Why I dislike "person first" language)〕。

and Volkmar，2003)。毕竟这种疾病的名字来自希腊语 autos(即"自我"),完全用来指那些经常被描述为似乎活"在自己的世界里"的人们的孤独和分离状态(Szatmari，2004;参见 Davidson，2007)。

针对 ASD 作者与超越人类现象世界①关系的自我报告的体验,本章以阐释学为研究背景,特别关注情感地理学。海德格尔(Heidegger，1988)认为情感是理解和连接现象学的体验世界的关键模式,而且理解和连接的模式往往会预先解释或不能充分沟通。临床和外部关注的焦点集中在对 ASD 与社会世界相对缺少的联系上,这必然导致低估这些往往很激烈的情感活动的类型。更重要的是,ASD 作者的内幕叙述是他们自己试图使这些情感体验成为一种社会传播(语言)的形式。

ASD 作者叙述的故事彻底挑战那些对自闭症"自私"的成见。比克伦(Biklen，2005)指出,"远离对赤字模型的确认,其中打上自闭症标签的人被认定为孤立的和缺乏兴趣的,最近的自传叙述揭示了人们在寻找与世界的联系"(49)。对于众多 ASD 作者而言,这些联系在"自然"世界里往往最容易和最强烈地得到体验,"自然"世界常常为破坏性的、侵入性的和通信负担过重的社会世界提供喘息暂缓的机会。这些个人的地域的特点是,与超越人类的实体如动物或树木存在丰富的、有益的、有意义的关系,它在更广泛的意义上,提供社会性认同的一种形式,一种充溢着许多不同现象上和情感上共鸣的与他人共处的形式。

这种说法可能会被认为是不加批判地接受"自然"和"社会"两个世界之间的区别,这种区别近来在地理和哲学文献中已被认为是有问题的(Braun and Castree，2001；Latour，2004)。有观点认为,我们对自然的理解是社会历史的变化,根据普遍接受的主流解释,我们的体验和对"自然"实体的评估必然不同。但是对世界而言,不能认为一切都是人类的阐释,"自然"只是一种社会建构(Smith，1999)。超越人类世界

---

① 有点讽刺意味的是,在解释超越人类世界时存在的困难揭示了伽达默尔(Gadamer)重点着眼于人类语言的局限性,局限性在于往往忽视了我们与社会和自然环境解释性关系的感情(情感)体现的方面。这就是为什么史密斯(Smith，2005)认为,当我们想理解人类与更广泛的非人类世界的关系时,尤其是他们对非人类世界的感情时,伽达默尔的"有效的人类历史性"概念需要"情感自然历史性"来补充。

的惊人事实的决定因素不是世界社会性预解释的程度——例如,我们对水分子结构的化学知识不能阻止我们溺水或解渴。

事实上,自闭症的案例似乎提供了广泛的可能性,其中这种社会性预解释是最小化的或者甚至是完全不存在的,因为缺乏社会调解和沟通理解的途径——无论是通过"选择"(即这些 ASD 患者注意到要回避社交场合来保护自己)还是"必然性"(即理解社会阐述意义的困难性或甚至不可能性)。具有讽刺意味的是,在这种情况下,"自然"世界的体验实际上可能会更直接、更"真实"、引人入胜、令人回味,这正是因为相对而言,人类的社会性的调解和干扰的效果和影响不存在。受关注的实体没有被连续过度书写、被占用或涉及那些似乎与 ASD 患者搅和在一起的社会规划的和有社会意义的活动。这里的重点不是假定自然与文化或自然与技巧的绝对区别,而是从自闭症体验的"内幕"叙述开始,来解释怎样以及为什么在某种程度上情感涉及的世界元素对人类(社会)的解释来说始终是超越的和无法简化的,这成为社会性不同形式的重要焦点:与超越人类的其他事物相处的情感体验。

研究自闭症的世界:背景和方法

也许令人惊讶的是,考虑到地理和社会科学研究中具有标志色彩的广泛疾病、残疾和差异,尽管它日益普及并广泛存在于流行文化的想象中(例如,Haddon, 2004),但直到最近,自闭症的第一手体验还是较少受到关注(参见 Bagatell, 2007; Biklen, 2005; and Jones, Zahl and Huws, 2001; Jones, Quigney and Huws, 2003; Silverman, 2008)。临床文献和越来越多的已经出版的第一手资料讨论了自闭症的各种核心特征,其中情感的关系差异是本章特别感兴趣的。专业人士对这种社会情感特质存在或者说不存在的观点,比如巴伦-科恩(Baron-Cohen, 2004)将其很好地总结为"自闭症是一种移情障碍:自闭症患者的主要困难在于'读心'或换位思考,以他人的视角想象世界以及合理回应别人的感受"(137)。但问题是无法"读心"是否必然与情感赤字联系在一起,或与处理问题的更复杂的方式相关,这些问题与体验和理解社会互动相关,从而发现这样的遭遇特别(在情感上)令人困扰。

自闭症患者通常被描述为喜欢物体、地图、时间表以及机械"系统"在身边"陪伴",而不喜欢人陪伴在身边(Baron-Cohen, 2000:490)。喜欢技术/文化体系确实是 ASD 的著作的鲜明特征,但也可以说做自然系统一样重要:和非人类的其他事物在一起,令人舒适和舒服的持久关系得到形成。关键不是要主张在 ASD 的世界和著作里"自然"比"文化"更重要,而是要问为什么这种自然的关系经常被外部临床叙述所忽视。

越来越多 ASD 自传的出版反映了自闭症的发病率急剧增加。最近几个文本详细讨论了利用自传材料的方法论含义,比如史密斯和沃森(Smith and Watson, 1996, 2001)、福拉哈米(Avrahami, 2007)和戴维森(Davidson, 2008a,b)的文本。这些方法论含义包括关于记忆的可靠性和递归解释的问题(尤其是当插入累加和线性生活叙事时),符合特定(后启蒙)文本形式和自我模型的压力,以及以前作品的潜在影响力。ASD 自传有时被别人"促进"的事实(参见 Smith, 1996)进一步增加了解释的难度。

在尝试概括 ASD 自传对自闭症一般体验的叙述时也存在一些问题。首先,很多 ASD 患者缺乏技能或资源,无论是认知的、社会的或金融的技能或资源,这使他们很难以出版的形式来叙述。其次,鉴于这一事实,即男性与女性经诊断患有自闭症的比例是 10:1(Baron-Cohen, 2004),女性书写的 ASD 叙述文本的数字似乎不成比例。事实上在目前的研究中,在判断数据饱和度已经发生之前,得到认可和分析的文本只有 40% 是男性作家写的。

但是不要低估这种方法在方法论上的局限性,我们认为自传体作品构成对自闭症定性研究的唯一合适"数据"(Davidson, 2007, 2008; Smith, 1996),这种观点得到许多 ASD 作者的明确支持,本章也借鉴了他们的著作。这些作品不仅叙述内幕,而且也象征自闭症的交际的和社会的挑战,并表明 ASD 患者往往喜欢通过书面语而不是口语与他人互动(参见 Davidson, 2008a; Miller, 2003; Prince-Hughes, 2002)。正如普林斯-休斯(Prince-Hughes, 2002)在主张自闭症内幕叙述重要性时所解释的那样,"根本就没有办法让非自闭症患者通过问卷调查、访谈,或者通过阅读非自闭症患者谈及我们的言论来收集这类信息"(xiv)。

本研究借鉴了四十五位 ASD 患者的自传,并编辑了通过学术搜索引擎识别的自传叙述文集,从学术研究论文和第一手资料积累资料,并采用了非学术文献检索(例如,Amazon.com 以及纽约和伦敦书评)。这些自传体著作受制于详细注解的渐进过程,为新兴主题和批评性话语分析编码(Fairclough, 1995)。然而,本章的重点在于现象学和解释学方法的诠释潜力。诠释这些文本的挑战是让潜在于 ASD 作者体验叙述的描述的即时性出现,方式是质疑读者关注他们得到的不同寻常的意义。重点是对这些作者而言生活看起来如何、感觉如何以及有怎样的含义。这就要求我们信任内幕人士的叙述——尽管有时会惊人地偏离典型经验、预期或被认为是常识的东西——例如,关于我们如何不能与成堆的沙子或成片的草地产生情感或社会关系,或我们不能真的与蠕虫或岩石成为"朋友"(Gaita, 2002)。

超越人类情感地理的现象学和诠释学维度

虽然现象学不是唯一的定性方法,其中证据"来自生活体验的第一人称的报告"(Moustakas, 1994:84),但它确实提供了一种对体验差异叙述异常敏感的方法,因为顾名思义它的出发点,就如它呈现给思想的那样是现象(直接经验)本身。换句话说,特别是因为它源于埃德蒙·胡塞尔(Edmund Husserl)的原著(Welton, 1999),现象学一直在关注"界定"我们坚持的自然主义的预设,预设是关于我们的体验如何符合世界的基本现实,以及随后更加关注揭露这些体验的原因,而不是思考这些体验本身。自然主义或常理的态度是,就像莫兰(Moran, 2000)指出的那样,"深深根植于我们对对象的日常行为,也在我们最先进的自然科学中发挥作用"(147)。相比之下,胡塞尔(Husserl)提出的作为悬置的界定,要求我们必须要接受他人体验的表面意义,而不是试图把它们塞进我们的先入为主的想法中,比如世界实际上怎样,以及对体验什么是可能的或有意义的。

那些寻求运用胡塞尔(Husserl)方法的人强调这个界定过程是如何寻求获得一种情境纯度的,因为它试图接近现象的方式是完全免于假定的。因此莫斯提卡斯(Moustakas, 1994)声称,"在悬置中,我们抛开预先判断、偏见和先入为主的观念"(85)。这种"抛开"旨在为"准备新知识"起作用(85)。

但是界定方面的问题似乎与解释学的方法有差异,比如伽达默尔的解释学方法(Gadamer, 1998)认为所有的解释必然会从"历史性影响的意识"(*Wirkungsgeshichtliches Bewusstsein*)开始——也就是说,从我们已经被"社会的"预先给定的理解视域开始。莫斯提卡斯(Moustakas)的去情境化的、几乎非现实的现象学抽象概念部分来源于不承认固有问题,固有问题在于只是试图推断胡塞尔(Husserl)掩盖他人体验的内省方法。我们接触他人的体验,可能尤其是他人写的或得到报道的体验叙述,必然存在解释学方面的问题。

这就是说,方法论的重要观点正是现象学和解释学对持续的不同体验培养开放性的方式。然而在现象学的案例中,这就是认识到(别人可能不同)的体验的重要性,如伽达默尔(Gadamer, 1998)认为的那样,解释行为本身依赖于对其他人告诉我们(关于那些体验)的事保持开放。在这个意义上,他们相互补充的方式是对其他作为方法论美德的体验树立开放性。

事实上,纯粹的〔胡塞尔(Husserl)〕现象学和放置于社会历史背景中的诠释学之间的紧张关系可能会被理解为,自闭症人士的实际(或多或少具有预解释性的)体验与在特定社会视野中传达这些体验给自己和他人的需要之间的紧张关系的反映。而到这种程度的话,基于伽达默尔(Gadamer)解释学的现象学可能印证了信息是特别准确的,因为它吸引"外部"研究者关注他们自己的解释性预设的限制。

在解释学看来,研究者必然在被认可和未被认可的"偏见"中工作,这种"偏见"与其他事物特别是学术传统相联系。也就是说,在他自己境况的"有效的历史意识"中。在我们的例子中,这些影响可能包括话语、行为、词汇、意识形态,等等,这已经影响并促成人类地理学的发展。

所以，当伽达默尔(Gadamer)强调这些偏见解释的重要性时，他不打算让这个术语被贬义理解，因为这些影响在一定程度上是不可避免的和宝贵的。他的观点，也就是我们必须从某处开始我们所有的解释，从一个给定的解释性情况开始。这也意味着如果我们不对不同的可能性开放，理解的"视野"可能会限制我们认为重要的东西，并约束我们理解不能分享我们预设的其他人的能力。这有助于解释为什么许多研究 ASD 患者的方法，包括临床解释，往往把重点放在与他人情感交流关系中的缺陷上。现代西方知识的形式受到学术人文主义传统和以人为本思想的影响，认为与他人的关系是人类社会性的关键并界定了人类社会性。

从现象学上来看，只要我们继续在这些社交及学术主导的视野之内研究，ASD 作者的主张就仍然有问题。体验与非人类事物的情感关系的主张似乎遭遇了换位思考的问题，比如 ASD 者声称能很好地理解动物。例如，尽管海德格尔(Heidegger, 1995)提出的现象学可以让人"已经发现自己(原文如此)以某种方式转变为动物"(211)，他还认为动物最难以认同，我们之间实际上有不可逾越的鸿沟。他认为，我们不能认为它是什么样的动物，正因为它的世界，它不寻常的体验，与人类迥然不同，尤其是因为我们的理解大都围绕语言能力的重要性，而语言能力正是动物缺乏的。

当努力了解 ASD 作者的主张时，现象学/解释学的问题是非 ASD 人士能否开始了解这样的人，这样的人声称感觉自己更像一种动物，甚至是一个地方，他们感觉自己不像其他的人。那意味着什么，以及问这种问题的意义是什么？

自闭症和变态/正常情感

正如上文所述，自闭症的第一手资料对 ASD 患者有贫瘠的情感能力这一观点形成挑战 (Davidson, 2007; Jones, Zahl, and Huws, 2001)，这些资料反而强调体验的不同和情感沟通或理解的困难。许多 ASD 作者描述了他人在场时感受到的可怕压力，这种感受以特定的方式进行、起作用——为了能"正常"与他人相处，"患有自闭症的人一直被形容为拒人千里的、冷酷的人(……)但我觉得我内心情感丰富,只是我不能像正常人那样将我的感受表达出来"(Cowhey, 2005:71)。与他人相处需要确定和学习行为规则,这些行为规则似乎对非自闭症的其他人来说是"自然"的,比如在何时何地微笑是适当的、到底怎么做甚至做多久。因此"每一个自闭症的人都是一名社会学家。我们必须是"(Dave,在奥斯本 2002:68)。如果当 ASD 患者试图理解非自闭症的人或被非自闭症的人理解时,ASD 患者似乎面临着解释学的挑战。按他们自己的叙述,他们"缺"的不是情感能力(尽管可能在别人看来是如此),而是某些与解释直觉相关的能力,通常被认为是"第二天性",也被认为是共同构成解释性社区的基础。按伽达默尔(Gadamer)的话来说,这使任何理解的"视域融合"变得困难得多,因为 ASD 患者通过"社会逻辑"实验反而使这些隐含的假定共性明确化。

这种解释的困难受现象学差异影响进一步复杂化——也就是说,他们的情感体验和表达〔一个得到广泛接受的区别,虽然不同的情感理论家所给的概念不同(参见 Solomon, 2003)〕往往和典型相差甚远。ASD 作者描述其他人在周围时的感受,这种感受是少见又往往难以忍受的,鲜明而复杂的(Tidmarsh and Volkmar, 2003:518)。关于她自己感知失真的体验,普林斯-休斯(Prince-Hughes, 2004)写道,"我住在一个万花筒中(……看)到人们破碎的彩色碎片",他们的面孔就像"侵入性刺激导致的模糊物体爆炸"(67, 169)。她的解释是相当典型的,这种感觉的混乱可能涉及其他各种界限的模糊。卡姆兰·纳什(Kamran Nazeer, 2006)在他的自传叙述中解释说:"联觉的发病率很高,也就是思想关联了与颜色相关的特定声音、味道或质地(69)。"鉴于这些"常识"性区别的融合可能引起人们眼睛、胳膊和腿乱七八糟混杂在一起,那么毫无疑问,通常与它们的存在有关的情感是极其负面的,这种情感往往涉及导致回避的恐惧感和焦虑感,其方式让人想起恐惧陌生环境的社交回避(Davidson, 2003)。

现象与诠释的挑战能够彼此复合的原因,是在语言的表达、沟通和身体复杂性层面上,对于 ASD 患者来说,语言的体验是非常困难和艰巨的,"你需要理解语气、手势以及上下文,做到词能达意"(Nazeer,

2006:11)。在一段对自己观点的较轻松的解释中,纳什(Nazeer)声称"与陌生人发起对话是自闭症患者的极限运动版本"(31)。

  ASD 作者的叙述让我们看到反社会倾向不一定意味着自闭症患者是无情的。事实上情况可能相反,自闭症感觉的强度可能说明其他人(感到)的东西太多了:"MM"是一位对米勒(Miller, 2003) 收集资料有贡献的人,她说明了常见的误解,她说:"人们认为因为我比他人更需要安静的环境,所以我是一个自私的婊子(……但是)我需要安静的环境,不是因为我铁石心肠,而是因为我可以听到在我或站或坐或躺的空间里每个人的每个请求(MM, Miller, 2003:30)。"像许多 ASD 的作者一样,她太敏感并受到他人行为及情感的过度刺激。MM 继续解释她与他人相处可能会疲惫不堪,同时强调她的首选不是孤独:"我在人群中只能待一阵子,如果我不能离开,我会受不了的,而那天剩下的时间里我会独自待在安静的房间里,从而错过和树木、岩石、溪流相处的机会,和人相比,它们跟我说话轻柔多了(30)。"

  威廉斯(Williams, 1994)同样感受到这种社交回避寻求不同的连接类型,而不是孤独本身。她写道:"友谊的回报似乎是一个病态的笑话:亲密、依恋、归属感。亲密使我内心震动,迫使我不得不跑。依恋痛苦地提醒我自己的弱点和不足,依恋是对安全的威胁。归属感是关于事物和自然的,而不是关于人的(113)。"因此我们开始看到,尽管 ASD 作者珍惜受保护的时间和地域,但是对于安全感,他们需要的空间并不一定是"空"的孤独空间(或"堡垒")。① 也许无人居住,但他们渴望的环境仍然可以与非人的不同事物一起存活,在其陪伴下,可以体验到一系列丰富多彩的积极情感。换句话说,他们形成了不寻常的或非典型的情感地理学。大多数 ASD 作者都意识到这一非典型性。格朗丹(Grandin, 1996) 写道,"我的非自闭症朋友告诉我与他人的关系是大多数人活着的目的,但我很依恋我的事业和某些地方"(140),并再次说"我不是和人之间而是和地方之间存在着强烈的情感纽带"(92)。甚

---

① "空的堡垒"(The Empty Fortress)这个标题是给贝特尔海姆(Bettelheim, 1967) 令人争议的关于他描述为保护性自闭症外壳的说明的。

至,也许特别是面对极端感知失真时,只要没有来自他人的要求或"有意义"的压力,自然的对象和场所可以变得深刻、愉快而有趣。ASD作者叙述了在非人类世界令人催眠的美丽方面得到愉快庇护的体验。沙子在她的手指间滑落的感觉——它移动中的外观和质感——可以让格朗丹(Grandin,1996)度过许多快乐的时光,"每一粒沙都不一样(……)当我审视它们的形状和轮廓时,我进入恍惚状态,把我和身边的景象、声音割裂开来"(44)。

虽然这种"互动"看来显然是片面的,但是其他人的关系似乎是更加"社会"性质的,至少在某种意义上他们涉及对其他人不同寻常的开放性,以及假设某种相互关系。例如普林斯-休斯(Prince-Hughes,2004)指出,"我能感觉到岩石、树木、草地、山丘的性格"(50)。在她自己引人注目的话中,威廉斯(Williams,2003)写道:"我是一个与其他事物交往的孩子:与泥土、树木、草交往(……)我深情地感受着世界。在我自己的世界里我很高兴,我迷恋任何不需要直接面对的事物,这会让我活得简单(16)。"

看来,多种多样的非人类的其他事物往往符合这些标准,允许ASD作者简单地待着并觉得自己很舒服,甚至很快乐,然而临床医生认为他们的感情与正常的不同。

自闭症友谊和感觉不同

温迪·劳森(Wendy Lawson, 2005)的自传描述了所谓的与非人类的其他事物之间的非典型情感关系,这种情感关系在她孩提时代开始形成:"虽然我无法与其他孩子交流(甚至也不能与大多数其他人交流,不论他们年龄大小),可与动物的交流却是不同的(28)。"她详细描写了一个特定的伴侣般的动物,就是与她形影不离的金杰混种狗:"在我十几岁的时候,我的狗的名字叫生锈,它是我最忠实的伙伴,我们一起开拓人生,就像唯一信赖的朋友知道的那样(……)它从未改变。我们了解彼此,甚至无需语言沟通。除了我对它的认可和我的陪伴之外,它对我一无所求(52)。"

劳森(Lawson, 2005)与她的朋友分享她体验的理解甚至有对家庭"亲密"成员的排斥和困惑的内容:"学狗叫似乎对我来说完全正常(44)。"这种与伴侣般的动物之间的沟通联系在自闭症的叙述中并不少见,如琼·卡恩斯·米勒(Jean Kearns Miller, 2003)所说的那样:"我由我们的暹罗猫养大。与理解人类的语言相比,我能更好地理解它的语言,在我说英语前,我说话的方式是暹罗式的,而且我认为猫是我真正的母亲,因为比起理解人类来,我更能理解它(54)。"

后一段引用摘自最初出现在互联网论坛的自闭症女患者的作品选集。在书中重述的一个线索中,参与者讨论的问题是是否他们"与动物或与世界的无生命方面有长期合作关系,这种关系跟与人类的关系一样(或更加)强/重要"(Miller, 2003:54)?有几个是这样做的,一位名叫温迪(Wendy)的受访者写道,"我和猫说话,就好像它们是人一样,因为我感到它们能理解我。如果我把它们当朋友,它们就会成为朋友"(Miller, 2003:45)。另外,戴安娜(Diane)说:"我迷恋猫。但是,我们的父母和其他人曾试图带走这些使我们的心灵开放的迷恋之物,这是不是很可悲?在成长过程中(甚至现在仍然)我的家人经常批评我对猫过于喜爱(Miller, 2003:45)。"可以理解的是,父母通常希望他们的孩子像其他孩子一样活动和交友,ASD作者经常写到家庭试图强迫他们按根本不适合他们的规范性模式活动。这样做的理由可能是出于好意和关心,但是他们对此往往也很敏感。古尼拉·格兰(Gunilla Gerland, 2003)的书中包含以下启示:"玩蚯蚓是我的一大乐趣(……)我抚摸和亲吻它们。我把它们在我的花园里挖出来,小心翼翼地拍着它们。我的母亲不赞成我爱蚯蚓,要我少亲近它们(36)。"格兰(Gerland, 2003)的母亲劝她不要吻虫子,但她没有回应:"我的母亲做了一个好的决定——家里应该买一只猫,这起作用了。我爱我们的猫(……)爱猫的方式是完整性的爱,很适合我(36)。"当格兰(Gerland)幼稚的感情出现比较正常的转变时,她母亲自然很高兴——"抚摸一只猫让人更容易接受"(37)——事实上与毛茸茸的猫成为朋友是很常见的童年关系。然而对于ASD作者来说,往往与非典型的动物产生关系,而不是传统上被视为合适的"伴侣"般的动物。

坦普尔·格朗丹(Temple Grandin)在一些结合了自传和学术研究方法的出版物中描述了她与牛的移情关系(e.g., Grandin, 1996, 2005)。① 她声称这些"动物救了我"(2005:4),并竭力解释,和人相比,她和牛的关系更亲近。有时候,她认为她更像这些动物——不仅仅是因为她喜欢它们或与人相比对它们的感觉更强。她指的是一个强大的联系:

> 在自闭症患者和动物之间:自闭症患者大多也有简单的情感。这就是为什么正常人把我们描述成无辜的。自闭症患者的感受是直接的、开放的,就像动物的感情。我们不会隐藏我们的感情,我们并不矛盾(Grandin, 2005:89)。

> 自闭症患者能以动物的思维方式思考。当然,我们也能以人的思维方式思考——我们与正常人的区别没那么大。自闭症是从动物发展到人类路上的一个站点,这使像我这样的自闭症患者处于一个完美的位置来把"动物语言"译成英文(6-7)。

格朗丹(Grandin, 2005)承认,"有些人可能认为谈论自闭症患者是侮辱人的事"(89),和大多数ASD作者相比,她的确进一步强调她的感觉在这种潜在的区别性、动物性的方面不同于人类。而且,"我的感觉更简单、更明显,像牛一样"(Grandin and Scariano, 1996:92)。但是,界定"常识",这种对比具有潜在的侮辱性质,与此相关的人本前提,就其方式而言,格朗丹(Grandin)的言论可能导致那些自闭症患者"不完全像人",她的叙述,像其他那些ASD作者一样,实际上为本不可用的自闭症情感地域提供了一个解释性的开放出口。

格朗丹(Grandin)明确将自闭症定位为理解动物和(非-ASD)人类能力的一个"站点",并解释该位置为"翻译"。米勒(Miller)也声称说英语之前说猫语,他们自己有非-ASD患者往往缺乏的理解动物的能力,

---

① 虽然加拿大作家格伦·古尔德(Glenn Gould)对ASD诊断的候选资格是一个有些争议的问题,他的行为确实让评论家反思这种可能性。有趣的是,一位传记作家谈到过他喜欢花时间和牛待在一起,对着牛唱歌(Ostwald, 1997:93)。

因此无法了解别人。劳森（Lawson）写道,尽管（或者因为）彼此间缺乏语言沟通,但她和她的狗能互相理解。这些作者表达了自己和其他动物之间的亲近感——触摸虫子时感到"爱""亲密"和"喜悦";与狗之间"信任"和"友谊"的关系;与猫的关系定位为像母亲般的——都与解释学的亲密程度直接相关;也就是说,与ASD作者自我描述的理解动物的体验相关,与翻译动物世界和自己之间沟通的能力相关。他们提出的这个理解的视野融合反映了他们的生活、日常行为和举止的情感地理,它提供并划定了一个舒适的区域。

在（解释学）背景下,这样的翻译能力,是作为（即现象叙述）的解释和对ASD患者体验的不同感受和关系（即底层原因）的解释被提出的。换句话说,他们的解释学背景与移情关联的现象学体验是分不开的,这种体验被认为超越了人类语言的诠释限度。在大多数情况下〔尽管对于这个问题格朗丹（Grandin）比往常态度更明确〕,与那些缺乏（人类）语言的对象进行沟通所需的翻译可以描述一种共同的感觉,对于无论是牛、猫、蠕虫或狗这样的动物,理解它们自己如何感觉。占主导地位的人本主义方法无疑会觉得这种说法不可信,把它看作只是误解自然的不确定性解释的一个例子,把它看作自我投射或一厢情愿的一个例子。但是,现象学的观点不在于这样的理解实际上是否是可能的——例如格朗丹（Grandin）是否确实比任何非ASD人士更能理解牛的感受——而在于这种体验以及这种自我理解,定义了她的世界的轮廓。一旦我们摆脱这种体验如何与"现实"相联系这样的问题,我们就能根据它们影响ASD患者情感地理的方式,从而专注于他们的"现实效果",因为正是这些感受给了他们空间,来构成和理解他们与其他动物、地方,可能还有人的世俗关系。他们如何过自己的生活——以及在格朗丹（Grandin）收集的动物如何结束自己生命的具体案例中——因为她负责北美一半的屠宰场的设计（Grandin,2005:7）——不是学者会忽略的东西。有趣的是,尽管事实上雇用一个自称能移情地理解牛"感受"的人似乎是一种奇怪的模式,但是格朗丹（Grandin）凭这方面的能力工作是因为她已说服了至少一部分非ASD人士,她的诠释以及她的现象学主张是有效的。

动物魔法和万物有灵论的影响

ASD 的本质与动物/地方的接触也体现了 ASD 对自我认同的理解,并往往构成发展这种非 ASD 人士想当然的社会自反性的关键方面。动物自身的建构关系以一种非常重要的方式往往居于首位,而与非人类事物相关的感觉体验的现象学,后来才被自闭症个体看作人际关系可能性的教育性阐释。ASD 作者描述的与非人类事物关系的现象学掩盖了不合理的人格化指控。对社会关系的理解(以通常的、狭隘的人类感觉)通过先于非人事物接触的视角得到解释。例如,ASD 作者普林斯-休斯(Prince-Hughes, 2004),她像格朗丹(Grandin)一样,也是一位学者,写了大量关于她与大猩猩亲密关系和后续动物行为学研究的著作。即使当她是一个孩子时,她的非人类的伙伴们也不是完全典型的,她写道:她没有花时间在一匹宠物小马上,而是和"一群摩根老马,它们在拖车对面马路边几百英亩的野地里漫游。我和它们的关系以及它给我的情感寄托是我后来与大猩猩之间亲密关系的预示。我看着它们,了解它们的生活习惯,任何时候都知道在哪里可以找到它们"(49)。

普林斯-休斯(Prince-Hughes)与其他人描述的情感寄托和强烈的快感往往源于"自然的其他事物"留给 ASD 作者空间保持真我本色。动物要求最少,几乎不需要判断:毕竟,"没有动物会是一个势利小人"(Kojeve, in Agamben 2004:11)。可以感受到动物目光的肯定,而不是削弱自我感和自我价值感。它们温柔的认可和(几乎无条件的)接受似乎可以延伸到自然环境和"对象"那里,作为与一些 ASD 作者自身相关的"真正的其他事物",由它们得到体验。例如威廉斯(Williams, 2003)说:"我感觉树木在陪着我。我无法区分树木和人给我的陪伴的感觉,只是树木的陪伴更让我感到容易相处。我不是要爬树,树木给我的陪伴就像两个朋友一起分享生命(……)我与树木的体验是社会性的(40)。"

这实际上非常接近于环保人士试图保护原始森林免遭砍伐或道路建设的那种体验(Merrick,1996)。威廉斯(Williams, 2003)继续阐述这种自在感觉的风格，在某些地方，明显让人想起海德格尔（Heidegger）的现象学著作："我曾经常常到前院我们的老棕榈树前哭泣，静静地告诉它我绝望和愤怒的感受，但也会坐在它象鼻般的树干下共同度过美好的时光，心情很好。和人不同，树木活在自己联系自己的世界里。和人类自己联系他人的世界不同，树木本质上是间接接触的和美好的'简单存在'（40）。"

在某些现象学著作中，这种表达风格的相似性可能是偶然的，但关注现象的细节和联系的感觉而非分离的"社会性"，这确实提到了对世界的体验性开放，一种拥有，也就是经常迷失在喧嚣的社会生活中的，海德格尔（Heidegger, 1988）指出的"迷失在自我日常平凡生活中"（307），一个涉及往复的态度让我们觉得是世界的一部分而不是与世界相分离的。如果我们持这样的立场，我们就不再是旁观者，而是在接受感情（情感）传播。此外，在这方面与ASD作者的叙述产生共鸣，"没什么比真正的安宁更具传播性"（Jacoby, in Behnke 1999：109）。许多ASD作者的叙述描述了接受这种传播和差异性的感觉，"我能感受到我周围岩石、树木、草地、山丘的性格"（Prince-Hughes，2004：50），"我似乎能够从过去发生在土地上的往事中感觉到树木、岩石、水和声音"（MM, in Miller 2003：49）。

这种万物有灵论的存在和媒介的感觉，甚至个性的本质，不仅能被强烈感觉到，而且也被高度重视，并震撼人心。根据MM说话的思路，阿娃（Ava）接着写道："我们很多人都明显感觉到与岩石、植物和动物的联系。对于我来说，这不仅仅关系到智力，它是我在心灵、情感和身体深处对激情和生活统一的体验（比如，我对熟悉的树的反应）。与对生活的爱、尊重和责任的感觉一起，这是自然世界里最简单而纯粹的体验，但也牵涉到了人类生活的复杂性和广大的宇宙奇观（Ava, in Miller 2003：49）。"

同样，这似乎很容易让人联想到资深生态学家和激进环保主义者的叙述（Smith, 2001）。对于阿娃（Ava）来说，非人类的世界真的是太棒了，她把与它联系的感觉描述为她宗教体验的基础。然而这些与自然世界的关系确实"延伸"发展到了人性化，而这种从自然中了解文化的感觉也存在于他人的叙述中。米勒(Miller,2003)对此评论如下:"一个也许令人吃惊的建议是,通过我们与非人类世界的早期关系,我们甚至可能学到移情和其他道德属性,尽管迷恋非人类事物这样的共同NT(神经状态)假设会让我们承担变得像机器人的风险(54)。"

ASD作者通过感受真正互惠的与自然的关系,学会贴近和欣赏人性。如上所述,如果对非人类世界的"性格"感觉是第一位的,如果我们只看到这些叙述的表面价值,那么他们无法表明人文主义所认为的理解人类性格的错误方向,这超出了他们可以接受的(人类或接近人类)限制。这是恰恰相反的。通过感受到与自然界的互动并得到其庇护,这成为自我意识,发展成为其他人和他们期望的社会意识。普林斯-休斯(Prince-Hughes, 2004)详细描写了从动物那里学到了社会性,它们为她的学习创造了一个足够安静的氛围,这个"地方"远离与人类长期接触所形成的负面情感,她说:"我很幸运,找到了一个逃避慢性焦虑的地方。大猩猩对我有巨大的镇静作用……它们社会的微妙之处和平静神态让我心情放松,我能真切地观察它们在做什么。我首次看到了社会的因果关系。当我意识到它们的行为很像人类的行为时,我知道我会从它们那里学习一切我需要知道的事情。我开始谨慎地运用我从大猩猩那里学到的东西……我开始取得了一些成功。我实际上交到了一些朋友(117)。"

非人类的其他事物有能力教我们学习情感的概念不只局限于那些自闭症作者的著作。然而,超过人本中心主义的典型生活世界范围之外的情感理论家是并不多见的。现象学家阿方索·林吉斯(Alphonso Lingis, 1999)就是其中一位,他提出的问题以不止一种方式阐明了许多被认为是底层的东西:"不是动物的情感让我们的感觉可以容易理解吗(……) 我们情感的力量不是其他动物的那种吗(44)?"在阐述我们早期的情感联系时,林吉斯(Lingis)对婴儿作了如下描述:"(他们)第一次从蹒跚学步转变成活泼跳脱、穿过草坪、跳来跳去的知更鸟。当他们看到公园里的鸽子毫不费力地从地面飞到阳光普照的天空之中,他们开始感受到浮力。当他们看到退休警察在公园里散步并试图抚摸宠物狗时,他们开始感觉到患了关节炎的老狗的抑郁情感。当他们看到小鸡被人拿走时,母鸡突然发威用嘴去喙,他们感受到母鸡的义愤。当他们看到邻居院子里锁着的狗愤怒咆哮时,他们感受到狗恶狠狠的愤怒情感,于是在他们受到限制或约束时,也会通过咆哮宣泄这些感觉(44-5)。"

占主导地位的现代西方世界观没有看到我们与非人类的其他事物之间的情感力量和潜力。借鉴 ASD 和其他边界断裂观点的经验教训,我们可能会开始质疑在何种程度上,典型的生活会以奇怪的无法识别的方式,变得受限、情感枯竭和"异化",就像我们可能会重新考虑自闭症患者似乎活在"他们自己的世界里"的观点。ASD 作者明确对这一观点提出质疑,参考他们与非人类世界的个人体验,他们认为事实上非自闭症的生活世界变得狭隘化,变得自我(或至少是以人类)为中心,从而不和其他事物的交互往来。再来看看格朗丹(Grandin,2005)的阐述:"我总是觉得有点好笑,正常的人总是说自闭症儿童'生活在自己的小世界里'。当你与动物一起生活一阵子,你就会开始意识到你也能同样这么说正常人。这是一个宏大而美丽的世界,但是很多正常的人几乎不能接受。这就像狗能听到声音的完整音域而我们不能一样。自闭症患者和动物都看到了视觉世界的完整视域,而正常人却不能或不愿看到它(24)。"

或许,关注 ASD 作者的著作也能为非 ASD 的人们提供重新思考自己的社会关系和情感地理的方法,重新认识在有奇妙感觉的非人类世界面前接受敬畏和兴奋感觉的可能。而不是把接触大自然看作来自人类日常活动的干扰,我们也可以"抓住"情感传播的可能性,无论可能性有多小。受人本主义预设灌输的文化尤其如此,它对非人类其他事物缺乏现象或阐释的开放性:"大多数人是无知的,因为他们听不到也看不到周围的事物。但我能靠听觉感知到岩石和树木(MM, in Miller 2003:54)。"或许在这个层面上,至少也能够理解为什么 ASD 患者可以,至少在某些情况下,被那些通过不同能力而非失能的层面体验它们的人考虑到——甚至在导致一些 ASD 作者指向"每日天堂"的层面(Williams, 2004),或是"自闭症的奇妙世界"的层面(Cowhey, 2005:125):"人们认为我在高温中站一个半小时来观察昆虫是一件疯狂的事。我认为是他们疯了。因为如果不站在一旁观察,他们就错过了如此美丽和令人兴奋的体验(Lawson, 2005:115)。"这正是有多少神经更正常的人——例如,那些喜欢爬山的人——在描述他们的体验时结合了"自然"世界,如果从来没有受过社会的影响,相对来说这个"自然"世界是避免或抵制社会的不断干涉的。

结语

在现象学和解释学的开放性方面,研究那些 ASD 患者自传体著作,表明有可能把卓越见解的广泛含义理解为这些著作描述的各种不同情感体验。这些作者对临床上和非专业著作中盛行的观点提出质疑,那些观点即自闭症涉及情感枯竭甚至没有情感。此外,它关注到,非人类的其他事物的特点是至少存在于某些 ASD 作者中的令人惊讶的"社会"情感地域。大约有一半的个人叙述显示,虽然在感觉上存在的差异往往使别人反感那些 ASD 患者的高度敏锐的感觉,但是非人类事物可以在一定程度上,可以体验到它们会成为很有意义的快乐同伴,保护 ASD 患者个性的发展,甚至把教育性的见解引向人类文化,这种人类文化会促进社会(人类)的接触(即使这些接触仍然是困难的,永远不会成为"第二自然")。由于本章的重点是那些特别强调这一点的文本,考虑到文本研究本质的必然选择,显然不可能用这种材料来概括作为整体的 ASD 体验的本质。尽管如此,它确实把重要的见解提供给了许多 ASD 患者,同时与这些非人类环境相关的感觉的深度和广度是真正不平凡的。认识到这一点还可能让一些非 ASD 患者想起在"我们"自己想当然的日常接触中常常缺乏的东西,给他们机会来认识现代西方社会引人注目(和令人感动)的历史存在局限性。

参考文献

Aboraya, A., E. Rankin, C. France, A. El-Missiry, and C. John. 2006. 'The reliability of psychiatric diagnosis revisited: The clinician's guide to improve the reliability of psychiatric diagnosis.' *Psychiatry* (*Edgemont*) 3:41-50.

Adkins, 1. 2005. 'The new economy, property and personhood.' *Theory, Culture and Society* 22(1):111-30.

Agamben, G. 2004. *The open: Man and animal*. Palo Alto, CA: Stanford University Press.

Ahmed, S. 2000. *Strange encounters: Embodied others in post-coloniality*. London: Routledge.

— 2004. *The cultural politics of emotion*. New York: Routledge.

— 2004a. '*Affective economies*.' Social Text 22(2):117-39.

— 2004b. 'Collective feelings: Or. the impression left by others.' *Theory, Culture and Society* 21(2):25-42.

— 2006. *Queer phenomenology: Orientations, objects, others*. Durham, NC: Duke University Press.

— 2008. 'Introduction: The happiness turn.' *New Formations* 63:7-14.

Aldrich, R. 2004. 'Homosexuality and the city: An historical overview.' *Urban Studies* 41(9):1719-37.

Alvesson, M., and Y. Billing. 1992. 'Gender and organization: Towards a differentiated understanding.' *Organization Studies* 13

(12):73-102.

Amerine. R., and J. Bilmes. 1990. 'Following instructions.' In *Representation in scientific practice*. Ed. M. Lynch and S. Woolgar. Cambridge, MA: MIT Press.

American Psychiatric Association. 1952. *Diagnostic and statistical manual: Mental disorders*. Washington, DC: American Psychiatric Association, Mental Hospital Service.

—1968. *Diagnostic and statistical manual of mental disorders*. 2d ed. Washington, DC: American Psychiatric Association.

—1980. *Diagnostic and statistical manual of mental disorders*. 3d ed. (DSM-III). Washington. DC: American Psychiatric Association

—1987. *Diagnostic and statistical manual of mental disorders*. 3d ed. Rev. (DSM-III-R). Washington, DC: American Psychiatric Association

—1994. *Diagnostic and statistical manual of mental disorders*. 4th ed. (DSM-IV). Washington, DC: American Psychiatric Association.

—2000. *Diagnostic and statistical manual of mental disorders*. 4th ed. Text rev. (DSM-IV-TR). Washington. DC: American Psychiatric Association.

Aminzade, J., and D. McAdam. 2001. 'Emotions and contentious politics.' In *Silence and voice in the study of contentious politics*. Ed. R. Aminzade, J. A. Goldstone, D. McAdam, E. J. Perry, W. H. Sewell, and C. Tilly. Cambridge: Cambridge University Press.

Ansell-Pearson, K., and J. Mullarkey, eds. 2002. *Bergson: Key writings*. London: Continuum.

Appleby, G.A. 2001a. 'Ethnographic study of gay and bisexual working-class men in the United States.' *Journal of Gay and Lesbian Social Services* 12(3-4):51-62.

—2001b. 'Ethnographic study of twenty-six gay and bisexual working-class men in Australia and New Zealand.' *Journal of Gay and Lesbian Social Services* 12(3-4):119-32.

Archer, M. 2000.*Being human: The problem of agency*. Cambridge: Cambridge University Press.

Ariès, P. 1975. *Western attitudes towards death: From the middle ages to the present*. Baltimore: Johns Hopkins University Press.

Aristotle, 1998. *Nicomachean ethics*. Ed. W. Kaufman. New York: Dover.

Arvidsson, A. 2006.*Brands: Meaning and value in media culture*. London: Routledge.

Ashford, B., and R. Humprhey. 1995. 'Emotion in the workplace: A reappraisal.'*Human Relations* 48(2):97-125.

Ashkenazy, E. 2009. 'Understand autism-first language.' *Change.org*. 15 January 2009. Retrieved from http://autism.change.org/actions/view/understand_autism-firsUanguage.

Attwood, T., and T. Grandin 2006. *Aspergers and girls*. Arlington, TX: Future Horizons.

Austrin, T., and J. Farnsworth. 2005. 'Hybrid genres: Fieldwork, detection and the method of Bruno Latour.' *Qualitative Research* 5(2):147-65.

Avrahami, E. 2007.*The invading body: Reading illness autobiographies*. Charlottesville: University of Virginia Press.

Badhwar, N.K. 1993. 'Altruism versus self-interest: Sometimes a false dichotomy.' *Social Philosophy and Policy* 10(1):90-117.

Bagatell, N. 2007. 'Orchestrating voices: Autism, identity, and the power of voices.'*Disability and Society* 22:413-26.

Baird, G., E. Simonoff, A. Pickles, S. Chandler, T. Loucas, D. Meldrum, and T. Charman. 2006. ' Prevalence of disorders of the autism spectrum in a population cohort of children in South Thames: The special needs and autism project (SNAP).' The *Lancet* 368

(9531):210–15.

Baker, D. L. 2006. 'Neurodiversity, neurological disability and the public sector: Notes on the autism spectrum.' *Disability and Society* 21(1):15–29.

Barbalet, J. 1998. *Emotion, social theory and social structure: A macrosociological approach*. Cambridge: Cambridge University Press.

— 2002. 'Introduction: Why emotions are crucial.' In*Emotions and Sociology*. Ed. J.M. Barbalet. Oxford: Blackwell.

— 2002a. 'Science and Emotions.' In *Emotions and Sociology*. Ed. J. M. Barbalet. Oxford: Blackwell.

— 2002b 'Moral indignation, class inequality and justice: An exploration and revision of Ranulf.' *Theoretical Criminology* 6(3):279–97.

Barker, M. 2005. 'Thisis my partner, and this is my partner's partner: Constructing a polyamorous identity in a monogamous world.' *Journal of Constructivist Psychology* 18(1) :75–88.

Barnett, M. 2005. 'Humanitarianism transformed.' *Perspectives on Politics* 3(4):723–40.

Baron-Cohen, S. 2003. *The essential difference: Male and female brains and the truth about autism*. New York: Basic Books.

Barrow, R. 1980.*Happiness*. Oxford: Martin Robertson.

Barthes, R. 1980. 'Deliberation.' Trans. Richard Howard.*Partisan Review* 4:532–43.

Baumgart, H. 1990. *Jealousy: Experiences and solutions*. Chicago: University of Chicago Press.

Beard, G. M. 1869. 'Neurasthenia, or nervous exhaustion.' *Boston Medical and Surgical Journal* 3:217–22.

—[1881] 1972.*America Nervousness, its causes and consequences: A supplement to nervous exhaustion (neurasthenia)*. New York:

Arno Press.

Beck, A. T., M. Ward, M. Mendelsolrn, J. Mock, and J. Erbaugh. 1961. 'An inventory for measuring depression.' *Archives of General Psychiatry* 4:561-71.

Beck, U. 2002. 'The cosmopolitan society and its enemies.' *Theory, Culture and Society* 19(1-2):17-44.

Becker, H. 1968. *Through values to social interpretation: Essays on social contexts, actions, types. and prospects.* New York: Greenwood Press.

—1963. *Outsiders: Stzidies in the sociology of deviance.* New York: Free Press.

Behnke, E. A. 1999. 'From Merleau-Ponty's concept of nature to an interspecies practice of peace.' *In Animal others: On ethics, ontology and animal life.* Ed. H.P Steeves. New York: SUNY Press.

Belenky, M., B. Mcvicker-Clinchy, N. Rule-Goldberger, and J. Mattuck-Tarule. 1986. *Women's ways of knowing: The development of self, voice, and mind.* New York: Basic Books.

Bendelow, G., and S. Williams. 1995a. 'Pain and the mind-body dualism: A sociological approach.' *Body and Society* 1(2):83-103.

—1995b. 'Transcending the dualisms: Towards a sociology of pain.' *Sociology of Health and Illness* 17(2):139-65.

Bennett, K. 2009. 'Challenging emotions.' *Area* 11:2-10.

Berger, P. 1963. *An invitation to sociology: A humanistic perspective.* New York: Anchor Books.

Bergson, H. [1889] 2001. *Time and free will: An essay on the data of immedz'ate consciousness.* Mineola, NY: Dover.

—[1902] 1998. *Creative evolution.* Mineola. NY: Dover.

—[1932] 1977. *The two sources of morality and religion.* Notre Dame: Notre Dame University Press.

—[1938] 1974. *The creative mind: An introdziction to metaphysics.*

New York: Citadel.

Berlant, L. 2000. 'The subject of true feeling: Pain, privacy and politics.' *In Transformations: Thinking throughfeminism*. Ed. Ahmed, J. Kilby, C. Lury, M. McNeil, and B. Skeggs. London: Routledge

- 2004.*Compassion*. New York: Routledge.

Biklen, D., ed. 2005. *Autism and the myth of the person alone*. New York: New York University Press.

Binnie, J., S. Holloway. S. Millington, and C. Young. 2006. 'Introduction: Grounding cosmopolitan urbanism: Approaches, practices and policies.' *In Cosmopolitan urbanism*. Ed. J. Binnie, J. Holloway, S. Millington, and C. Young. London: Routledge.

Bhugra, D. 1997. 'Coming out by South Asian gay men in theUnited Kingdom.' *Archives of Sextial Behaviour* 26(5):547-57.

Blackman, 1. 2008. 'Is happiness contagious?' *New Formations* 63: 15-32.

Blumer. H. 1969. *Symbolic interactionism*. Englewood Cliffs, NJ: Prentice-Hall.

Bogue, R. 2006. '*Fabulation. narration and the people to come.*' In Deleuze and Philosophy. Ed. C. Boundas. Edinburgh: Edinburgh University Press.

Bohan, J.S. 1996. 'Diversity and lesbian/gay/bisexual identities: Intersecting identities, multiple oppressions.' In*Psychology and sexual orientation: Coming to terms*. Ed. J.S. Bohan. New York: Routledge.

Bolton, S. 2009. 'Getting to the heart of the emotional labour process: A reply to Brook.' *Work, Employment and Society* 23 (3):549-60.

Bondi, 1. 2005. 'Making connections and thinking through emotions: Between geography and psychotherapy.' *Transactions of the*

Institute of British Ceographers 30:433-48.

— 2005. 'The place of emotions research: From partitioning emotion and reason to the emotional dynamics of research relationships.' In *Emotional Geographies*. Ed. L. Bondi, L. J. Davidson, and M. Smith. Aldershot: Ashgate.

Bourdieu, P. 1979 / 1984. *Distinction: A social critique of the judgement of taste*. London: Routledge

— 1986. 'From rules to strategies.' *Cultural Anthropology* 1(1) :110-20.

— 1987. 'The biographical illusion.' In *Working papers and proceedings of the centre for psychosocial studies*. Vol. 14. Chicago Centre for Psychosocial Studies.

— 1999. *The weight of the world: Social suffering in contemporary society*. Stanford: Stanford University Press.

— 2003. 'Participant objectivation.' *Journal of the Royal Anthropologica Institute* 9:281-94.

— 2008. *Sketch for a self-analysis*. Chicago: University of Chicago Press.

Bourdieu. P., and L. Wacquant. 1992. *An invitation to a reflexive sociology*. Chicago: University of Chicago Press.

Bourke, J. 2005. *Fear: A cultural history*. London: Virago.

Brandt, A. 2007. *The cigarette century: The rise. fall, and deadly persistence of the product that defined America*. New York: Basic Books.

Braun, B., and N. Castree. 2001. *Social nature: Theory. practice and politics*. Oxford: Blackwell.

Brennan, T. 2004. *The transmission of affect*. Ithaca: Cornell University Press.

Brewis, J. 2005. 'Signing my life away? Researching sex and organization.' *Organization* 12(4):493-510.

Brook, P. 2009. 'In critical defense of 'emotional labour': Refuting Bolton's critique of Hochschild's concept.' *Work, Employment and Society* 23(3):531-48.

Brown, B.S. 1978. 'Social and psychological correlates of help-seeking behaviour among urban adults.' *American Journal of Community Psychology* 6:425-39.

Brown, G. 2006. 'Cosmopolitan camouflage: (Post-)gay space in Spitalfields, East London.' In *Cosmopolitan urbanism*. Ed. J. Binnie, J. Holloway, S. Millington, and C. Young. London: Routledge.

Brown, L.M. 1994. *Raising their voices: The Politics of girls' anger*. Cambridge, MA: Harvard University Press.

— 1998. 'Standing in the crossfire: A response to Tavris. Gremmen, Lykes, Davis and Contratto.' *Feminism and Psychology* 4:382-98.

Brown, L.M., and C. Gilligan. 1992. *Meeting at the crossroads: Women's psychology and girls' development*. Cambridge. MA: Harvard University Press.

Bruni, A. 2005. 'Shadowing software and clinical records: On the ethnography of non-humans and heterogeneous contexts.' *Organization* 12(3):357-78.

Bryson, J. 1991. 'Modes of responses to jealousy-evoking situations.' In *The psychology of jealousy and envy*. Ed. P. Salovey. New York: The Guilford Press.

Burkitt, 1. 1997. 'Social relationships and emotions.' *Sociology* 31:37-55.

— 2002. 'Complex emotions: Relations. feelings and images in emotional experience.' In *Emotions and sociology*. Ed. J. Barbalet. Oxford: Blackwell.

Buss, D. 2000. *The dangerous passion: Why jealousy is as necessary as love or sex*. London: Bloomsbury Publishing.

Butt, L. 2002. 'The suffering stranger: Medical anthropology and international morality.' *Medical Anthropology* 21: 1-24.

Cahill, S. E. 1999. 'Emotional capital and professional socialization: The case of mortuary science students (and me).' *Social Psychology Quarterly* 62:101-16.

Callon, M. 1986. 'The sociology of an actor network.' In *Mapping the dynamics of science and technology*. Ed. M. Callon, J. Law. and S. Rip. London: Macmillan.

Callon, M., C. Méadel, and V. Rabeharisoa. 2002. 'The economy of qualities.' *Economy and Society* 31 (2):194-217.

Cancian, F. M. 1987. *Love in America: Gender and self-development*. New York: Cambridge University Press.

Cancian, F.M., and S.L. Gordon. 1988. 'Changing emotion norms in marriage: Love and anger in U.S. women's magazines since 1900.' *Gender and Society* 2(3):303-42.

Cariou, M. 1976. *Bergson et lefait mystique*. Paris: Aubier Montaigne.

Cass, V. 1984a. 'Homosexual identity: A concept in need of definition.' *Journal of Homosexuality* 7(2-3):105-26.

—1984b. 'Homosexual identity formation: Testing a theoretical model.' *Journal of Sex Research* 20:143-67.

Cavell, S. 1979 / 1999. *The claim of reason: Wittgenstein, skepticism. morality, and tragedy*. Oxford: Oxford University Press.

Caygill, H. 1995. *A Kant dictionary*. Oxford: Blackwell

—2006. 'Kant and the relegation of the passions.' In *Politics and the passions*, 1500-1850. Ed. V Kahn, N. Saccamano, and D. Coli. Princeton: Princeton University Press.

Charmaz, K. 2000. 'Experiencing chronic illness.' In *The handbook of social studies in health and medicine*, 277-92. Ed. G.

Albrecht, R. Fitzpatrick. and S. Scrimshaw. London: Sage.

Cheah, P., and B. Robbins, eds. 1998. *Cosmopolitics: Thinking and feeling beyond the nation*. Minneapolis: University of Minnesota Press.

Chirrey, D.A. 2003. ' "I hereby come out": What sort of speech act is coming out?' *Journal of Sociolinguistics* 7(1):24–37.

Chong, Kelly H. 2008. 'Coping with conflict, confronting resistance: Fieldwork emotions and identity management in a South Korean evangelical community' *Qualitative Sociology* 31(4):369–90.

Chouliaraki, L. 2010. 'Post–humanitarianism: Humanitarian communication beyond a politics of pity' *International Journal of Cultural Studies* 13:107–26.

Clanton, G. 1996. 'A sociology of jealousy.' *International Journal of Sociology and Social Policy* 16(9–10):171–89.

Clanton, G., and D. Kosins. 1991. 'Developmental correlates of jealousy' In *The psychology of jealousy and envy*. Ed. P. Salovey New York: The Guilford Press.

Clanton, G., and L. Smith. 1977. *Jealousy*. Englewood Cliffs, NJ: Prentice Hall.

Clark, C. 1987. 'Sympathy biography and sympathy margin.' *American Journal of Sociology* 93(2):290–321.

—1990. 'Emotions and micropolitics in everyday life: Some patterns and paradoxes of "place." ' Ln*Research agendas in the sociology of emotions*. Ed. T. Kemper. Albany, NY: SUNY Press.

Clarke, J.N. 2004. *Health, illness and medicine in Canada*. Don Mills, ON: Oxford.

Clay-Warner, J., and D. Robinson, eds. 2008. *Social structure and emotions*. SanDiego. CA: Elsevier.

Cloward, R.A., and L.E. Ohlin. 1960. Delinquency and opportunity: A theory of delinquent gangs. New York: Free Press.

Code, L. 1991. *What can she know? Feminist theory and the construction of knowledge.* Ithaca. NY: Cornell University Press.

Coffey, A. 1999. *The ethnographic self.: Fieldwork and the representation of identity.* London: Sage.

Cohen, A. 1955. *Delinquent boys: The culture of the gang.* New York: Free Press.

Cohen, S., and L. Taylor. 1992. *Escape attempts: The theory and practice of resistance in everyday life.* London: Routledge.

Cohler, B.J. 2004. 'The experience of ambivalence within the family: Young adults "coming out" gay or lesbian and their parents.' *Contemporary Perspectives in Family Research* 4:255-84.

Collins, M. 2003. *Modern love : An intimate history of men and women in twentieth century Britain.* London: Atlantic Books.

Collins, R. 1975. *Conflict sociology: Towards an explanatory science.* New York: Academic Press.

— 1981. 'On the micro-founda tions of macro-sociology.' *American Journal of Sociology* 86:984-1014.

— 2004. *Interaction ritual chains.* Princeton. NJ: Princeton University Press.

Connoll, W.E. 2008. *Capitalism and Christianity, American style.* Du tham, NC: Duke University Press.

Copp, M. 1998. 'When emotion work is doomed to fail: Ideological and structural constraints on emotion management.' *Symbolic Interaction* 21:299-328.

Corrigan, P. 2004. 'How stigma interferes with mental health care.' *American Psychogist* 59:614-25.

Cotterill, P. 1992. 'Interviewing womcn: Issues of friendship, vulnerability and power.' *Women's Studies International Forum* 15: 593-606.

Coupland, C., A.D. Brown, K. Daniels, and M. Humphreys. 2008.

'Saying it with feejing: Analyzing speakable emotions.' *Human Relations* 61(3):327-53.

Cowhey, S.P. 2005. *Going tltrough the motions: Coping with autism*. Baltimore. MD: Publish America.

Cox, S., and C. Gallois. 1996. 'Gay and lesbian identity development: A social identity perspective.' *Journal of Homosexuality* 30(4):1-30.

Crawford, J., S. Kippax. J. Onyx, U. Gault, and P. Benton. 1992. *E-motion and gender*. London: Sage.

Crossiey, N. 1998. 'Emotions and communicative action.' In*Emotions in soc-ial life: Critictzl themes and Contemporary issues*. Ed. C. Bendelow and S.J. Williams. London: Routlecigc.

Csordas, T. 1994. 'Introduction: The body as representation and being-in-the-world.' In *Embodiment and experience*. Ed. T. Csordas. Cambridge: Cambridge University Press.

Curtis, S., W. Gesler, G. Smith, and S. Washburn. 2000. 'Approaches to sampling and case selection in qualitative research: Fxamples in the geography of health.' *Social Science and Medicine* 50:1001-14.

Czarniawska, B. 2004. Narratives in social science research. London: Sage.

—2006. 'Doing gender unto the other: Fiction as a mode of studying gender discrimination in organizations.' *Gender, Work and Organization* 13(3):234-53.

Damasio, A. 1995.*Descartes' error: Emotion, reason, and the human brain*. New York: Quill, Harper Collins.

—2000.*The feeling of what happens: Body, emotion and the making of consciousness*. London: Vintage.

Darwin, C. 1 872.*The expression of the emotions in man and animal*. London: Oxford University Press.

Davidson, A. 1993. 'Religion and the distortions of human reason: On Kant's *Religion within the limits of reason alone.*' In Pursuits of reason: Essays in honor of Stanley Cavell. Ed. T. Cohen, P. Guyer, and H. Putnam. Lubbock: Texas Tech University Press.

Davidson, J. 2003. *Phobic geographies: The phenomenology and spatiality of identity.* Aldershot: Ashgate.

- 2007. 'In a world of her own...': Re-presentations of alienation in the livesand writings of women with autism.' *Gender, Place and Cliture* 14(6): 659-77.

- 2008a. 'Autistic cultures online: Virtual communication and cultural expression on the spectrum.' *Social and Cultural Ceography* 9(7): 791-806.

- 2008b. 'More labels than a jam jar...': The gendered dynamics ofdiagnosis for girls arid women with autism.' In *Power and illness.* Ed. P. Moss and K. Teghtsoonian. Toronto: University of Toronto Press.

Davidson, J., L. Bondi, and M. Smith. 2005. 'Introduction: Geography's "emotional turn."' In *Emotional geographies.* Ed. J. Davidson, L. Bondi, and M. Smith. Aldershot: Ashgate.

Davidson J., and M. Smith. 2009. 'Autistic autobiographies and more-than-human emotional geographies.' *Environment and Planning D: Society and Space* 27(5): 898-916.

De Beauvoir, S. 1997. *The second sex.* Trans. H. M. Parshley. Lo'ndon: Vintage Books.

De Visser, R., and McDonajd, D. 2007. 'Swings and rounclabouts: Management of jealousy in heterosexual "Swinging" Couples.' *British Journal of Social Psychology* 46: 459-76.

Deleuze, G. 1966/1988. *Bergsonism.* New York: Zone.

- 1969/1990. *The Logic of Sense.* New York: Columbia University Press

- 1983/1986. Cinema 1: *The movement-image*. Minneapolis: University of Minnesota Press.
- 1985/1989. Cinema 2: *the Time-Image*. Minneapolis: University of Minnesota Press.
- 2004. 'Cours sur le chapitre III de L'évolution créatrice de Bergson.' In Annalesbergsoniennes II: Bergson, Deleuze, la phénoménology. Ed. F. Worms. Paris: PUF.

Denzin, N.K. 1983. 'A note on emotionality, self and interaction.' American Journal of Sociology 89:402-9.
- 1984. *On understanding emotion*. San Francisco: Jossey-Bass.
- 1985. 'Emotion as lived experience.' *Symbolic Interaction* 8(2):223-40
- 1990. 'On understanding emotion: The interpretive-cultural agenda.' In*Research agendas in the sociology of emotions*. Ed. T. Kemper. New York: SUNY Press.

Dhaouadi, M. 1990. 'Ibn Khaldun: The founding father of eastern sociology' *International Sociology* 5(3):319-35.

Dixon, J., C. Gordon, and T. Khomusi. 1995. 'Sexual symmetry in psychiatric diagnosis.' *Social Problems* 42:429-48.

Dixon, T. 2003. *From passions to emotions: The creation of a secular psychological category*. Cambridge: Cambridge University Press.

Doka, K. 1989. *Disenfranchised grief.: Recognizing hidden sorrow*. Lexington, MA: Lexington books.
- 2002.*Disenfranchised grief: New directions. challenges and strategies for practice*. Champaign, IL: Research Press.

Doucet, A. 2006.*Do men mother? Fathering and domestic responsibilities*. Toronto: University of Toronto Press.
- 2008. ' "On the other side of gossamer walls": Reflexive and relational knowing.'*Qualitative Sociology* 31 (1) : 73-87.

Doucet, A., and N. S. Mauthner. 2002. 'Knowing responsibly:

Ethics, Feminist epistemologies and methodologies. ' In *Ethics in qualitative research*. Ed. M. Mauthner, M. Birch, J. Jessop, and T. Miller. London: Sage.

— 2006. 'Feminist methodologies and epistemologies.' In*Handbook of 21st century sociology*. Ed. C. D. Bryant and D. Pleck. Thousand Oaks. CA: Sage.

— 2008. 'What can be known and how? Narrated subjects and the Listening Guide.'*Qualitative Research* 8(3):399 – 409.

Dunner, J. 1964. *Dictionary of political science*. London: Vision Press.

Durkheim, E. [1912] 1961. *The elementary forms of religious life*. New York: Collier Books.

Easton, D., and C. Liszt. 1997. *The ethical slut: A guide to infinite sexual possibilities*. Eugene, OR: Greenery Press.

Ekman, P. 1973. *Darwin and facial expression*. New York: Academic Press.

— 1984. 'Expression and the nature of emotion.' In*Approaches to emotion*. Ed. K. Scherer and P. Ekman. Hillsdale. NJ: Lawrence Erlbaum Associates

— 1992. 'An argument for basic emotions.'*Cognition and Emotion* 6: 169 – 200.

Ekman. P., ed. 1982. *Emotions in the humanface*. Cambridge: Cambridge University Press.

Elias. N. 1978.*The civilizing process. Vol. 1: The history of manners*. New York: Urizen Books.

— 1982.*The civilizing process. Vol. 2: State formation and civilization*. New York: Pantheon Books.

— 1994.*The civilizing process. Vol 1: The History of manners*. 2d ed. Oxford: Blackwell.

— 1996. *The Germans: Power struggles and the development of habitus in the nineteenth and twentieth centuries*. Trans. E. Dunning and S. Mennell. Cambridge: Polity Press.

— 1998. 'Informalization and the civilizing process.' In *The Norbert Elias reader: A biographical selection*. Ed. J. Goudsblom and S. Mennell. Oxford: Blackwell.

Elias N., and Eric Dunning. 1986. *The quest for excitement: Sport and leisure in the civilizing process*. Oxford: Basil Blackwell.

Eliason, M.J. 1996. 'Identity formation for lesbian, bisexual and gay persons: Beyond a "minoritizing" view.' *Journal of Homosexuality* 30(3):31–58.

Ellis, D., and J. Cromby 2009. 'Inhibition and reappraisal within emotional disclosure: The embodying of narration.' *Counselling Psychology Quarterly* 22(3):319–31.

Ellison, J. 1999. *Cato's tears and the making of Anglo-American emotion*. Chicago: University of Chicago Press.

Emerson, R., R. Fretz, and L. Shaw. 1995. *Writing ethnographic fieldnotes*. Chicago and London: University of Chicago Press.

Emerson, R.W. [1841] 2000. 'Self reliance.' In *Essential writings*. Ed. M. Oliver. New York: Random House.

Erickson, B., P. Abanese. and S. Drakulic. 2000. 'Gender on a jagged edge: The security industry. its clients and the reproduction an d revision of gender.' *Work and Occupations* 27(3):294–318.

Erickson, R. 2009. 'The emotional demands of nursing.' In *Nursing policy research: Turning evidenced-based research into health policy*. Ed. G. Dickinson and L. Flynn. New York: Springer.

Erikson, K.T. 1966. *Wayward puritans: A study in the sociology of deviance*. New York: Macmillan.

Esterberg, K.G. 1997. *Lesbian and bisexual identities: Constructing communities, constructing selves*. Philadelphia: Temple University Press.

Evans, K. 2002. *Negotiating the self: Identity, sexuality, and emotion in learning to teach*. New York: Routledge.

Eyerman, R., and B.S. Turner. 1998. 'Outline of a theory of generations.' *European Journal of Social Theory* 1(1):91–106.

Fairclough, N. 1995. *Critical discourse analysis: The critical study of language*. London: Longman.

Fan, Y. 2005. 'Ethical branding and corporate reputation.' *Corporate Communications: An International Journal* 10(4):341–50.

Fausto-Sterling, A. 2000. *Sexing the body: Gender politics and the construction of sexuality*. New York: Basic Books.

Field, F. 2003. *Neighbours from hell: The politics of behaviour*. London: Politico's.

Figert, A.E. 1995. 'The three faces of PMS: The professional, gendered, and scientific structuring of a psychiatric disorder.' *Social Problems* 42:56–73.

Fineman, S. 1993. 'Organizations as emotional arenas.' In *Emotion in organizations*. Ed. S. Fineman. London: Sage.

— 2004. 'Getting the measure of emotion-and the cautionary tale of emotional intelligence.' *Human Relations* 57(6):719–40.

Fineman, S., and A. Sturdy. 1999. 'The emotions of control.' *Human Relations* 52(5):631–63.

Finch, J. 1984. ' "It's great to have someone to talk to": The ethics and politics of interviewing women.' In *Social researching: Politics, problems, practice*. Ed. C. Bell and H. Roberts. London: Routledge and Kegan Paul.

Flam, H. 2005. '"Emotions" map: A research agenda.' In *Emotions and social movements*. Ed. H. Flam and D. King. London: Routledge.

Floyd, F.J., and T.S. Stein. 2002. 'Sexual orientation identity formation among gay, lesbian, and bisexual youths: Multiple patterns of milestone experiences.' *Journal of Research on Adolescence* 12(2): 167–91.

Flyvbjerg, B. 2006. 'Five misunderstandings about case-study research.' *Qualitative Inquiry* 12(2):219–45.

Foucault, M. 1965. Madness and civilization: A history of insanity in the age of reason. New York: Vintage Books.

—1976 / 1978. *The history of sexuality. Vol. I : An introduction.* New York: Pantheon Books.

Francis, L. E. 1997. 'Ideology and Interpersonal Emotion Management: Redefining Identity in Two Support Groups.' *Social Psychology Quarterly* 60:153–71.

Freund, P. 1998. 'Social performances and their discontents: The biopsychosocial aspects of dramaturgical stress.' In *Emotions in Social Life*. Ed. G. Bendelow and S.J. Williams. London and New York: Routledge.

Frey, B.S., and A. Stutzer. 2002. *Happiness and economics: How the economy and institutions affect human well-being*. Princeton, NJ: Princeton University Press.

Friedman, L.M. 1999. *The horizontals society*. New Haven: Yale University Press.

Friedman, M. 1993. *What are friends for? Feminist perspectives on personal relationships and moral theory*. Ithaca, NY: Cornell University Press.

Frith, U. 1996. '*Asperger and his syndrome.*' In *Autism and asperger syndrome*. Ed. U. Frith. Cambridge: Cambridge University Press.

Furedi, F. 2004. *Therapy culture: Cultivating vulnerability in an uncertain age*. London: Routledge.

Gadamer, H-G. 1998. *Truth and method*. New York: Continuum.

Gailus, A. 2006. *Passions of the sign: Revolution and language in*

Kant, Goethe, and Kleist. Baltimore: Johns Hopkins University Press.

Gaita, R. 2002. *The philosopher's dog: Friendships with animals*. New York: Random House.

Game, A. 1997 'Sociology's emotions.' *Canadian Review of Sociology and Anthropology* 34(4):385-99.

Garb, H. N. 1997. 'Race bias, social class bias. and gender bias in clinical judgment.'*Clinical Psychology: Science and Practice* 4:99-120.

Geertz. C. 1973. 'Thick description: Towards an interpretive theory of culture.' In *The interpretation of cultures: Selected essays*. Ed. C. Geertz. New York: Basic Books.

— 1988. 'Being there: Anthropology and the scene of writing.' In *Works and lives: The anthropologist as author*. Ed. C. Geertz. Palo Alto. CA: Stanford University Press.

George, M. 1994. 'Riding the donkey backwards: Men as the unacceptable victims of marital violence.' *Journal of Men's Studies* 3(2):137-59.

Gerland, G. 2003. *A Real person: Life on the outside*. London: Souvenir Press.

Gesler, W. 2003.*Healing places*. Lanham. MD: Rowman and Littlefield.

Gevers, I. 2000. 'Subversive tactics of neurologically diverse cultures.' *Journal of Cognitive Liberties* 2(1):43-60.

Gherardi, S., D. Nicolini. and A. Strati. 2007. 'The passion for knowing.'*Organization* 14(3):315-29.

Gibbs, A. 2001. 'Contagious feelings: Pauline Hanson and the epidemology of affect.' *Australian Humanities Review*. December 2001. Retrieved from http: www. lib. latrobe. edu. au/AHR/archive/lssue-December-2001/gibbs. html.

Gibbs, J.P. 1965. 'Norms: The problem of definition and classification.' *American Journal of Sociology* 70:586 – 94.

Giddens, A. 1992. *The transformation of intimacy: Love, sexuality and eroticism in modern societies*. Cambridge: Polity Press.

Gijswijt-Hofstra, M., and R. Porter, eds. 2001. *Cultures of neurasthenia: From Beard to the First World War*. New York: Rodopi.

Gilligan, C. 1982. *In a different voice: Psychological theory and women's development*. Cambridge. MA: Harvard University Press.

— 1988. 'Remapping the moral domain: New images of the self in relationship.' In *Mapping the moral domain: A contribution of women's thinking to psychological theory and education*. Ed. C. Gilligan. J.V Ward, and J.M. Taylor, with B. Bardige. Cambridge, MA: Harvard University Press.

Gilligan, C., N. P Lyons, and T. J. Hanmer. 1990. *Making connections: The relational worlds of adolescent girls at Emma Willard School*. Cambridge: Harvard University Press.

Gilligan, C., R. Spencer, K.M. Weinberg, and T. Bertsckv 2006. 'On the Listenin8 Guide: A voice-centred relational method.' In *Emergent methods insocial research*. Ed. S.N. Hesse-Biber and P. Leavy. Thousand Oaks. CA: Sage.

Glendon, M.A. 1991. *Rights talk: The impoverishtnent of political discourse*. New York: The Free Press.

Gobé, M. 2001. *Emotional branding: The new paradigmsfor connecting brands to people*. New York: Allworth Press.

Goffman, E. 1961. *Encounters: Two studies in the sociology of interaction*. New York: Bobbs-Merrill.

— 1963. *Stigma*. Englewood Cliffs, NJ: Prentice Hall. Gordan, A. 1996. *Chostly matters: Haunting and the sociological imagination*. Minneapolis: University of Minnesota.

Gordon, S.L. 1989. 'The socialization of children's emotions: Emotional culture, exposure, and competence.' In *Children's understanding of emotions*. Ed. C. Saami and P. Harris. New York: Cambridge University Press.

Gordon, T., J. Holland, and E. Lahelma. 2000. *Making spaces: Citizenship anddifference in schools*. Basingstoke: Macmillan.

Gould, D.B. 2002. 'Life during wartime: Emotions and the development of ACT UP.' *Mobilization* 7(2):177-200.

Gould, T. 2000.*The lifestyle: A look at the erotic rites of swingers*. Toronto and New York: Vintage.

Goussinsky, A. 2008.*In the name of love: Romantic ideology and its victims*. Oxford: Oxford University Press.

Gove, W.R. 2005. 'The career of the ment'ally ill: An integration of psychiatric, labeling/social construction, and lay perspectives.' *Journal of Health and Social Behaviour* 45:357-75.

Grandin, T. 1996. *Thinking in pictures: And other reports from my life with autism*. New York: Vintage Books.

—2005.*Animals in translation: Using the mysteries of autism to decode animal behaviour*. Orlando: Harcourt.

Grandin, T., and M.M. Scariano. 1996. *Emergence labelled autistic*. New York: Warner Books.

Green, L., and Grant, V 2008. 'Gagged grief and beleaguered bereavements?': An analysis of multidisciplinary theory and research relating to same sex partnership bereavement. *Sexualities* 11(3): 275-300.

Grosz, E. 1994. *Volatile bodies: Towards a corporealfeminism*. Bloomington: Indiana University Press.

Guerrero, L., M. Trost, and S. Yoshimura. 2005. 'Romantic jealousy: Emotions and communicative responses.' *Personal Relationships* 12: 233-52.

Gusfield, J. 1963.*Symbolic crusade: Status politics and the American temperance movement*. Urbana: University of Illinois Press.

Haas, J. 1977. 'Learning real feelings: A study of high steel ironworkers' reactions to fear and danger.' *Sociology of Work and Occupations* 4:147-69.

Haddon, M. 2004. *The curious incident of the dog in the night-time*. Toronto: Anchor Canada.

Hadot, P. 2001/2009. *The present alone is our happiness: Conversations withleannie Carter and Arnold I. Davidson*. Stanford: Stanford University Press.

Halford, S., and P. Leonard. 2006. *Negotiating gendered identities at work: Place, space and time*. New York: Palgrave Macmillan.

Halbertal, T.H. 2002. *Appropriately subversive: Modern mothers in traditional religions*. Cambridge, MA: Harvard University Press.

Hall, S. 1986. 'Gramsci's relevance for the study of race and ethnicity.' *Journal of Communication Inquiry* 10:5-27.

Hannerz, U. 1996. *Transnational connections*. London: Routledge.

Harding, J., and E. D. Pribram. 2002. 'The power of feeling: Locating emotions in culture.' *European Journal of Cultural Studies* 5(4):407-26.

— 2004. 'Losing our cool; Following Williams and Grossberg on emotions.' *Cultural Studies* 18(6):863-83.

Haritaworn, J., C. Lin, and C. Kleese. 2006. 'Poly/logue: A critical introduction to polyamory' *Sexualities* 9(5):515-29.

Hart, D., and M.K. Matsuba. 2007. 'The development of pride and moral life.' In *The self conscious emotions*. Ed. J. Tracy. R. Robbins. and J.P. Tagney New York: The Guilford Press.

Haug, F. 1987. *Female sexualisation: A collective work of memory*. Trans. E. Carter. London: Verso.

Haylett, C. 2006. 'Working-class subjects in the cosmopolitan city.' In *Cosmopolitan Urbanism*. Ed. J. Binnie, J. Hollowayr S. Millington. and C. Young. London: Routledge.

Heaphy, B., C. Donovan. and J. Weeks. 2004. 'A different affair? Openness and nonmonogamy in same sex relationships.' In *The state of affairs: Explorations in infidelity and commitment*. Ed. J. Ducombe, K. Harrison, G. Allan, and D. Marsden. Hillsdale, NJ: Lawrence Erlbaum Associates.

Heidegger, M. [1926]1962. *Being and time*. San Francisco: Harper Collins.

— 1988.*Being and time*. Oxford: Blackwell.

— 2001.*The fundamental concepts of metaphysics: World, finitude, solitude*. Bloomington: Indiana University Press.

Heinz, B., L. Gu, A. Inuzuka, and R. Zender. 2002. 'Under the rainbow flag: Webbing global gay identities.' *Internationnl Journal of Sexuality and Gender Studies* 7(2-3):107-24.

Held, V 1999. 'Liberalism and the ethics of care.' In*On feminist ethics and politics*. Ed. C. Card. Lawrence: University Press of Kansas.

Hendrickson, David C. 1999. The ethics of collective security. In*Ethics and international affairs: A reader*, 221-41. 2d ed. Ed. Joel H. Rosenthal. Washington, DC: Georgetown University Press.

Herdt, G., and B. Koff. 2000. *Something to tell you: The roadfamilies travel zvhen a child is gay*. New York: Columbia University Press.

Hesse-Biber, S.N., and Patricia L. Leavy 2006. *Emergent methods in social research*. Thousand Oaks, CA: Sage.

Hill, C. 1972. *The world turned upside down: Radical ideas during the English Revolution*. New York: Viking Press.

Hobsbawm, E.J. 1959.*Primitive rebels: Studies in archaicforms of social movement in the nineteenth and twentieth centuries*. Manchester: Manchester University Press.

Hochschild, A. 1975. 'The sociology of feeling and emotion: Selected possibilities.' In *Another Voice*. Ed. M. Millman and R. Kanter. Garden City, NY: Anchor.

- 1979. 'Emotion work, feeling rules, and social structure.' *American Journal of Sociology* 85:51-75.

- 1983. *The managed heart: Commercialization of humanfeeling*. Berkeley: University of California Press.

- 1989. *The second shift: Working parents and the revolution at home*. Berkeley: University of California Press.

- 1990. 'Ideology and emotion management: A perspective and path for future research.' In *Research agendas in the sociology of emotions*. Ed. T. Kemper. Albany, NY: SUNY Press.

- 2007. 'Exploring the managed heart.' In *The emotions: A Cultural reader*. Ed. H. Wulff. New York: Berg.

Holland, J. 2007. 'Emotions and research.' *International Journal of Social Research Methodology* 10:195-209.

Hollway, W. 2008a. 'Turning psychosocial? Towards a UK network.' *Psychoanalysis, Culture and Society* 13(2):199-204.

- 2008b. 'The importance of relational thinking in the practice of psycho-social research: Ontology, epistemology, methodology and ethics.' In *Object relations and social relations*. Ed. S. Clarke, P. Hoggett, and H. Hahn. London: Karnac.

Hollway, W., and T. Jefferson. 2000. *Doing qualitative research differently: Free association, narrative and the interview method*. London: Sage.

Holstein, J.A., and G. Miller. 1990. 'Rethinking victimization: An interactional approach to victimology.' *Symbolic Interaction* 13(1):103-22.

Holt, M., and C. Griffin. 2003. 'Being gay, being straight and being yourself: Local and global reflections on identity, authenticity and the lesbian and gay scene.' *European Journal of Cultural Studies* 6(3):404 – 25.

hooks, b. (2000) *Feminist theory: From margin to centre*. London: Pluto Press.

Hubbard, Gill, Kathryn Backett-Milbum, and Debbie Kemmer. 2001. 'Working with emotion: Issues for the researcher in fieldwork and teamwork.' *International Journal of Social Research Methodology* 4:119 – 37.

Hume, D. 1949.*Treatise of human nature*. Oxford: Clarendon Press.

– 1975.*Enquiries concerning human understanding and concerning the principles of morals*. Oxford: Clarendon Press.

Hupka, R. 1984. 'Jealousy: Compound emotion or label for a particular situation?'*Motivation and Emotion* 8:141 – 55.

Illouz, E. 1997. *Consuming the romantic utopia: Love and the cultural contradictions of capitalism*. Berkeley: University of Califomia Press.

– 2007.*Cold in timacies*. Cambridge: Polity Press.

– 2008.*Saving the modern soul: Therapy, emotions and the culture of self-help*. Berkeley: University of California Press.

Izzard, C. 1977. *Human emotions*. New York: Plenum.

– 1984. 'Emotion-cognition relationships and human development.' In *Emotions, cognition and behaviour*. Ed. C. Izzard. J. Kagmanu and R. Zajonc. Cambridge: Cambridge University Press.

Jackson, K., and L.B. Brown. 1996. 'Lesbians of African heritage: Coming out in the straight community.' *Journal of Gay and Lesbian Social Services* 5(4):53 – 67.

Jackson, S. 1993. 'Even sociologists fall in love: An exploration in the sociology of emotions.' *Sociology* 27(2):201 – 20.

Jaffe, A. 2000.*Scenes of sympathy: Identity and representation in Victorian fiction*. Ithaca, NY: Comell University Press.

Jaggar, A., and S. Bordo, eds. 1992. *Cender/body/knozvledge: Feminist reconstructions of being and knowing*. New Brunswick. NJ: Rutgers University Press.

Jamieson, L. 2004. 'Intimacy, negotiated nonmonogamy, and the limits of the couple.' In *The state of affairs; Explorations in infidelity and comm itment*. Ed. J. Ducombe, K. Harrision, G. Allan, and D. Marsden. Hillsdale, NJ: Lawrence Erlbaum Associates.

Jeffery, R. 1979. 'Rubbish: Deviant patients in casualty departments.' *Sociology of Health and Illness* 1(1):90–107.

Johns, D.J., and T.M. Probst. 2004. 'Sexual minority identity formation in an adult population.' *Journal of Homosexuality* 47(2): 81–90.

Johnson, J.G., M.B. First, S. Block, L.C. Vanderwerker. K. Zwin, B. Zhang, and H. G. Prigerson. 2009. 'Stigmatization and receptivity to mental healthservices among recently bereaved adults.' *Death Studies* 33(8): 691–711.

Jones, R. S. P, C. Quigney, and J. C. Huws. 2003. 'First-hand accounts of sensory perceptual experiences in autism: A qualitative analysis.' *Journal of Intellectual and Developmental Disability* 28 (2): 112–21.

Jones, R.S.P. A. Zakrl, and J.C. Huws. 2001. 'First-hand accounts of emotional experiences in autism: A qualitative analysis.' *Disability and Society*. 16(3):393–401.

Jones, S.J., and Beck, E. 2007. 'Disenfranchised grief and monfinite loss as experienced by the families of death row inmates.' *OMEGA* 54(4):281–99.

Jones, T.C., and N.M. Nystrom. 2002. 'Looking back ... looking forward: Addressing the lives of lesbians 55 and older.' *Journal of Women and Aging* 14(3–4):59–76.

Jutel, A. 2009. 'Sociology of diagnosis: A preliminary review.' *Soci-*

ology of Health and Illness 31:278 - 99.

Kain, P.J. 1988.*Marx and ethics*. Oxford: Clarendon Press.

Kant, 1. [1787] 1996a. *Critique of pure reason*. New York: Hackett.

-[1798] 1996b. *The conflict of thefaculties*. Cambridge: Cambridge University Press.

-[1788] 2002.*Critique of practical reason*. New York: Hackett.

-[1790] 1987.*Critique ofjudgment*. New York: Hackett.

-[1793] 2009.*Religion within the bounds of bare reason*. New York: Hackett.

- 1967. *Philosophical correspondence*, 1759 - 99. Ed. and Trans. A. Zweig. Chicago: University of Chicago Press.

- 2004. *Critique of practical reason*. Trans, T.K. Abbott. New York: Dover.

- 2005. *Ground work for the metaphysics of morals*. Ed. L. Denis. Trans. T.K. Abbott. Toronto: Broadview Editions.

Katz, J. 1988. *Seductions of crime*. New York: Basic Books.

Katz, S.J., R.C. Kessler, R.G. Frank, P. Leaf, E. Lin, and M. Edlund. 1997. 'The use of outpatient mental health services in theUnited States and Ontario: The impact of mental morbidity and perceived need for care.' *American Journal of Public Health* 87: 1136 - 43.

Kellow, M.M.R. 2009. 'Hard struggles of doubt: Abolitionists and the problem of slave redemption.' In *Humanitarianism and suffering: The mobilization of empathy*. Ed. R. A. Wilson and R. D. Brown. New York: Cambridge University Press.

Kemper, T. 1978. *A social interactional theory of emotions*. New York: Wiley

- 1987. 'How many emotions are there? Wedding the social and the autonomic components.' *American Journal of Sociology* 93(2): 263 - 89.

— 2004. 'The differential impact of emotions of rational schemes of social organization: Reading Weber and Coleman.' Advances in *Group Processes* 21(3):223 – 44.

Kemper, T., and R. Collins. 1990. 'Dimensions of microinteraction.' *American Journal of Sociology* 96(1):32 – 68.

Kendon, A. 1990. *Conducting interaction*. New York: Cambridge University Press.

— 2004. *Gesture: Visible action as utterance*. Cambridge and New York: Cambridge University Press.

Kennedy, D. 2004. *The dark side of virtue: Reassessing international humanitarianism*. Princeton. NJ: Princeton University Press.

Kenney, J. S. 1999. *Coping with grief: Survivors of murder victims*. Unpublished doctoral thesis. Hamilton, ON: McMaster University

— 2002a. 'Metaphors of loss: Murder, bereavement, gender. and presentation of the victimized "self."' *International Review of Victimology* 9:219 – 51.

— 2002b. 'Victims of crime and labeling theory: A parallel process?' *Deviant Behaviour* 23:235 – 65.

— 2004. Human agency revisited: The paradoxical experiences of victims of crime. *International Review of Victimology* 11:225 – 57.

Kenney, J.S., and D. Clairmont. 2009. 'Using the victim role as both sword and shield: The interactional dynamics of restorative justice sessions.' *Journal of Contemporary Ethnography* 38(3):279 – 307.

Kerfoot, D., and D. Knights. 1998. 'Managing masculinity in contemporary organizational life: A "man"agerial project.' *Organization* 5(1):7 – 26.

Kessler, R.C., K.A. McGonagh, S. Zhao. C.B. Nelson, M. Hughes. S. Eshleman, U. Wittchen. and K.S. Kendler. 1994. 'Lifetime and

12-month prevalence of DSM-III-R psychiatric disorders in the United States: Results from the National Comorbidity Survey.' *Archives of General Psychiatry* 51:8-19.

— 2003. 'Scredning for serious mental illness in the general population.' *Archives of General Psychiatry* 60:184-9.

— 2005. 'Prevalence, severity, and comorbidity of 12-month DSM-IV disorders in the National Comorbidity Survey Replication.' *Archives of General Psychiatry* 62:617-27.

Khaldun, L. 1989. *The Muqaddiinah: A72 introduction to history*. Trans. F. Rosenthal. Princeton, NJ: Princeton University Press.

Kipnis, L. 2003. *Against love: A Polemic*. New York: Vintage Books.

Kirk, S. A., and H. Kutchins. 1992. *The selling of DSM: The thetoric of science in psychiatry*. New York: Aldine de Gruyter.

Kirsch, G. E. 2005. 'Friendship, friendliness, and feminist fieldwork.' Signs: *Journal of Women in Culture and Society* 30: 2163-72.

Kitsuse, J.I. 1980. 'Coming out all over: Deviants and the politic's of social problems.' *Social Problems* 28(1):1-12.

Kitzinger, C., and S. Wilkinson. 1995. 'Transitions from heterosexuality to lesbianism: The discursive production of lesbian identities.' *Developmental Psychology* 31:95-104.

Kleese, C. 2006. 'Polyamory and its "others": Contesting the terms of non-monogamy' *Sexualities* 9(5) :515-29.

— 2007.*The spectre of promiscuity: Gay male and bisexual non-monogamies and polyamories*. Aldershot: Ashgate.

Klein, N. 1999.*No Logo*. Toronto: Knopf Canada.

Kleinman, S., and M.A. Copp. 1993. *Emotions and fieldwork*. Sage.

Kleinman, A., and B. Good, eds. 1985. *Culture and depression: Studies in the anthropology and cross-cultural psychiatry of affect and disorder*. Berkeley: University of California Press.

Kleinman, A., and J. Kleinman. 1985. 'Somatization: The interconnections in Chinese society among culture, depressive experiences, and the meanings of pain.' *In Culture and depression: Studies in the anthropology and cross-cultural psychiatry of affect and disorder*. Ed. A. Kleinman and B. Good. Berkeley: University of California Press.

Knights, D., and E. Surman. 2008. 'Editorial: Addressing the gender gap in studies of emotion.' *Gender, Work and Organization* 15(1): 1–8.

Knorr-Cetina, K. 1997. 'Sociality with objects: Social relations in postsocial knowledge societies.' *Theory, Culture and Society* 14(4):1–30.

— 1999. *Epistemic cultures: How the sciences make knowledge*. Cambridge. MA: Harvard University Press.

Knowles, C. 2006. 'Handling your baggage in the field: Reflections on research relationships.' *International Journal of Social Research Methodology* 9:393–404.

Kozol, W. 2008. 'Visual witnessing and women's human rights.' *Peace Review: A Journal of Social Justice* 20:67–75.

Kring. A. 2000. 'Gender and anger.' In*Gender and emotion: Social psychological perspectives*. Ed. A. H. Fischer. Cambridge: Cambridge University Press.

Kuhn, A. 2002. *Family secrets: Acts of memory and imagination*. London: Verso.

— 2007. 'Photography and cultural memory: A methodological exploration.' *Visual Studies* 22:283–92.

Labriola, K. 2009. 'Unmasking the green-eyed monster: Managing jealousy in open relationships.' *Cat and Dragon*. Retrieved from www.polycat.org/ node/46, 1 June 2009.

De Laet, M., and A. Mol. 2000. 'The Zimbabwe bush pump: Mechanics of a fluid technology.' *Social Studies of Science* 30(2): 225–63.

Landri, P. 2007. 'The pragmatics of passion: A sociology of attachment to mathematics.' *Organization* 14(3):413–35.

Lapoujade, D. 2005. '*The normal and the pathological in Bergson.*' MLN 120(5):1146–55.

Laqueur, T. 1989. 'Bodies, details, and the humanitarian narrative.' In *The new cultural history*. Ed. L. Hunt. Berkeley: Univ ersity of California Press.

— 2009. 'Mourning, pity and the work of narrative in the making of "humanity" ' In *Humanitarianism and suffering: the mobilization of empathy*. Ed. R. A. Wilson and R. D. Brown. New York: Cambridge University Press.

Latouche, S. 1996. *The Westernization of the world*. Trans. R. Morris. Cambridge, UK: Polity Press.

Lash, S. 2002.*Critique of information*. London: Sage.

Latham, A. 2006. 'Sociality and the cosmopolitan imagination: National, cosmopolitan and local imaginaries inAuckland. New Zealand.' In *Cosmopolitan urbanism*. Ed. J. Binnie, J. Holloway, S. Millington, and C. Young. London: Routledge.

Latour, B. 1987.*Science in action*. Milton Keynes: Open University Press.

— 1996.*Aramis or the love of technology*. Cambridge. MA: Harvard University Press.

— 2004.*Politics of nature: How to bring the sciences into democracy*. Cambridge, MA: Harvard University Press.

Law, J. 2002. 'Objects and spaces.' *Theory, Culture and Society* 19 (5–6): 91–105.

— 2004.*After method: Mess in social science research*. London: Routledge.

Law, J., and V Singleton. 2005. 'Object lessons.' *Organization* 12 (3):331-55.

Lawlor, 1. 2003. *The challenge of Bergsonism*. London: Continuum.

Lawson, W. 2005. *Life behind glass: A personal account of autism spectrum disorder*. London and Philadelphia: Jessica Kingsley Publishers.

Layard, R. 2005. *Happiness: Lessons from a new science*. London: Allen Lane.

LeDoux, J. 1998. *The emotional brain*. New York: Phoenix Paperbacks.

Lefebvre, A. 2008. *The image of Law: Deleuze, Bergson, Spinoza*. Palo Alto, CA: Stanford University Press.

— 2011. 'Human rights in Deleuze and Bergson's later philosophy.' *Theory & Event* (14):3..

— 2012. 'Bergson and human rights.' In *Bergson, politics, religion*. Ed. A. Lefebvre and M. White. Durham, NC: Duke University Press.

-forthcoming. 'Human rights in Deleuze and Bergson's later philosophy' In *Deleuze and jurisprudence*. Ed. L. de Sutter and K. McGee. Edinburgh: Edinburgh University Press.

Lemert, E. 1951. *Social pathology*. New York: McGraw-Hill.

Leventhal, H., and L. Patrick-Miller. 2000. 'Emotions and physical illness: Causes and indicators of vulnerability ' In *Handbook of emotions*. Ed. M. Lewis and J.M. Haviland-Jones. New York: Guilford Press.

Levine, H. 1997. 'A further exploration of the lesbiart identity development process and its measurement.' *Journal of Homosexuality* 34(2):67-78.

Lewis, M. 2007. 'Self-conscious emotional development.' In *The self-conscious emotions*. Ed. J. Tracy. R. Robbins, and J.P. Tagney New York: The Guilford Press.

Li, L., and M. Orleans. 2001. 'Coming out discourses of Asian American lesbians.' *Sexuality and Culture* 5(2):57-78.

Lidchi, H. 1999. 'Finding the right image: British development NGOs and the regulation of imagery.' In *Culture and global change*. Ed. T. Skelron and T. Allen. London: Routledge.

Lindsey, B.B., and W. Evans. 1927. *Companionate marriage*. New York: Boni and Liveright.

Lingis, A. 1999. 'Bestiality' In *Animal others: On ethics, ontology and animaL life*. Ed. H.P. Steeves. New York: SUNY Press.

Link, B.G., and J.C. Phelan. 2010. 'Labeling and Stigma.' In *A handbook for the study of mental health: Social contexts, theories, and systems*. 571-87. 2d ed. Ed. T.L. Scheid and T.N. Brown. New York: Cambridge University Press.

Link, B.G., J.C. Phelan, M. Bresnahan, A. Stueve. and B.A. Pescosolido. 1999. 'Public conceptions of mental illness: Labels, causes. dangerousness, and social distance.' *American Journal of Public Health* 89: 1328-33.

Linstead, S. 2001. 'Comment: Gender blindness or gender suppression? A comment on Fiona Wilson's research note.' *Organization Studies* 21(1) : 297-303.

Little, J. 2003. ' "Riding the rural love train" : Heterosexuality and the rural community ' *Sociologia Ruralis* 43(4):401-15.

Lively, K.J. 2000. 'Reciprocal emotion management: Working together to maintain stratification in private law firms.' *Work and Occupations* 27:32-63.

Locke, J. 1997. *An essay concerning human understanding*. London: Penguin Books.

Lorde, A. 1982. *Zami: A new spelling of my name*. London: Sheba

Feminist Publishers.

— 1984. *Sister outsider: Essays and speeches*. Trumansburg, NY: The Crossing Press.

— 1997. *The cancer journals*. San Francisco: Aunt Lute Books.

Loring, M., and B. Powell. 1988. 'Gender, race, and DSM-III: A study of the objectivity of psychiatric diagnostic behaviour.' *Journal of Health and Social Behaviour* 29:1–22.

Loseke, D. 1993. 'Constructing conditions, people, morality and e-motion: Expanding the agenda of constructionism.' In *Constructionist controversies: Issues in social problems theory*. Ed. G. Miller. and J.A. Holstein. New York: Aldine.

Lucey, H., J. Melody, and V. Walkerdine. 2003. 'Project 4:21 transitions to womanhood: Developing a psychosocial perspective in one longitudinal study.' *International Journal of Social Research Methodology* 6:279–84.

Lukas, Scott. 2007. 'The therued space: Locating culture, nation, and self.' In*The themed space: Locating culture, nation, and self*. Ed. S. Lukas. Lanham, MD: Lexington Books.

Lupton, D. 1998. *The emotional self: A sociocultural exploration*. London: Sage.

Lury, C. 1999. 'Marking time with Nike: The illusion of the durable.' Public Culture 11 :499–526.

— 2000. 'The united colors of diversity.' In*Global nature, global culture*. Ed. S. Franklin, C. Lury, and J. Stacey. London: Sage.

— 2004. *Brands: The logos of the global economy*. London: Routledge.

Luther, M. [1525]1969. On the bondage of the will. In *Luther and Erasmus: Free will and salvation*. Ed. G. Rupp and P.S. Watson. Philadelphia: Westminster Press.

Lynch, J.M. 2004. 'The identity transformation of biological parents in lesbian/gay stepfamilies.' *Journal of Homosexuality* 47(2):91-107.

Lynch, J.M., and K. Murray. 2000. 'For the love of the children: The coming out process for lesbian and gay parents and step-parents.' *Journal of Homosexuality* 39(1):1-24.

Lynch, M., and S. Woolgar. eds. 1988. *Representation in scientific practice*. Cambridge, MA: MIT Press.

Lyotard, J.F. 1986/2009. *Enthusiasm: The Kantian critique of history*. Palo Alto, CA: Stanford University Press.

Maffesoli, M. 1996. *The time of the tribes: The decline of individualism in mass society*. London: Sage.

Mallon, G.P. 2001. 'Oh, Canada: The experience of working-class gay men in Toronto.' *Journal of Gay and Lesbian Social Services* 12(3-4):103-17.

Marrati, P. 2006. 'Mysticism and the foundation of the open society: Bergsonian politics.' In*Political theologies: Public religions in a post-secular world*. Ed. H. de Vries and L. Sullivan. New York: Fordham University Press.

Marion, J.L. 2003/2007. *The erotic phenomenon*. Chicago: Chicago University Press.

Markus, H.R., and S. Kitayama. 1991. 'Culture and the self: Implications for cognition, emotion, and motivation.' *Psychological Review* 98:224-53.

Marshall, T.H. 1963. 'Citizenship and social class.' In *Sociology at the crossroads and other essays*. Ed. T.H. Marshall. London: Heinemann.

Maruna, S. 2001.*Making good: How ex-convicts reform and rebuild their lives*. Washington, DC: American Psychological Association.

Massumi, B. 1996. 'The autonomy of affect.' In*Deleuze: A critical reader*. Ed. P. Patton. Oxford: Blackwell.

Mauthner, N.S., and A. Doucet. 1998. 'Reflections on a voice centred relational method of data analysis: Analysing maternal and domestic voices.' In *Feminist dilemmas in qualitative research: Private lives and public texts*. Ed. J. Ribbens and R. Edwards. London: Sage.

– 2003. 'Reflexive accounts and accounts of reflexivity in qualitative data analysis.' *Sociology* 37(3):413–31.

Mauthner, N.S., and A. Doucet. Forthcoming. *A guide through qualitative analysis: Listening, seeing and reading qualitative data*. London: Sage.

Mayes, R., and A.V Horwitz. 2005. 'DSM-III and the revolution in the classification of mental illness.' *Journal of the History of the Behavioural Sciences* 41:249–67.

McCormack, C. 2004. 'Storying stories: A narrative approach to in-depth interview conversations.' *International Journal of Social Research Methodology* 7:219–36.

McDonald, G. J. 1982. 'Individual differences in the coming out process for gaymen: Implications for theoretical models.' *Journal of Homosexziality* 8(1):47–60.

McDonald, S. 2005. 'Studying actions in context: A qualitative shadowing method for organizational research.' *Qualitative Research* 5(4):455–73.

McKenna, K.Y., and J.A. Bargh. 1998. 'Coming out in the age of the Internet: Identity "demarginalization" through virtual group participation.' *Journal of Personality and Social Psychology* 75(3):681–94.

McMahon, D.M. 2006. *Happiness: A history*. New York: Atlantic Monthly Press.

McMahon, M. 1996. 'Significant absences.' *Qualitative Inquiry* 2:320–36.

McNeil, D. 1992. *Hand and mind: What gestures reveal about thought*. Chicago: University of Chicago Press.

— 2005.*Gesture and thought*. Chicago: University of Chicago Press.

Mead, M. 1977. 'Jealousy: Primitive and civilized.' In*Jealousy*. Ed. G. Clanton and L. Smith. Englewood Cliffs. NJ: Prentice Hall.

Mee, J. 2000. 'William Blake, songs of innocence and experience.' In *A companion to literature from Milton to Blake*. Ed. D. Womersley Oxford: Blackwell.

Meisiek, S., and X.Yao. 2005. 'Nonsense makes sense: Humor in social sharirtg of emotion at the workplace.' In *Emotions and organizational behaviour*. Ed. C. Hartel, W. Zerbe, and N. Ashkanasy. Hillsdale. NJ: Lawrence Erlbaum Associates.

Meltzer, B.N., and G.R. Musolf. 2002. 'Resentment and ressentiment.'*Sociological Inquiry* 72(2):240 – 55.

Merleau-Ponty, M. 1960.*Eloge de la philosophie, et autres essais*. Paris: Gallimard.

Merrick. 1996. *Battle for tkze trees*. Leeds: Godhaven.

Meštrovicÿaa, S.G. 1997. *Postemotional society*. London: Sage.

Miller, J.B. 1976/1986. *Towards a new psychology of women*. London: Penguin Books.

Miller, J.K. 2003.*Women from another planet: Our lives in the universe of autism*. Bloomington, IN: Dancing Minds.

Miller, K., J. Considine, and J. Garner. 2007. ' "Let me tell you about my job": Exploring the terrain of emotion in the workplace.' *Management Communication Quarterly* 20(3):231 – 60.

Miller, W.I. 1997. *The anatomy of disgust*. Cambridge, MA: Harvard University Press.

Millett, K. 1970.*Sexual politics*. Garden City, NY: Doubleday.

Mint, P. 2004. 'The power dynamics of cheating: Effects on polyamory and bisexuality. '*Journal of Bisexuality* 4(3 – 4):55 – 76.

— 2007. 'The strange credibility of polyamory.' *Freaksexual*. Retrieved from http://freaksexual.wordpress.com/2007/11/27/the-strange-credibility-of-polyamory/.

Mirowsky, J., and C.E. Ross. 2003. *Social causes of psychological distress*. Hawthorne, NY: Aldine de Gruyter.

Molloy, H., and L. Vasil. 2002. 'The social construction of Asperger's Syndrome: The pathologising of difference?' *Disability and Society* 17(6):659–69.

Moor, L. 2003. 'Branded spaces: The scope of new marketing.' *Journal of Consumer Culture* 3(1):39–60.

— 2008. 'Branding consultants as cultural intermediaries.' The *Sociological Review* 56(3):408–28.

Moran, D. 2000. *Introduction to phenomenology*. London: Routledge.

Morgan, D., and I. Wilkinson. 2001. 'The problem of suffering and the sociological task of the theodicy' *European Journal of Social Theory* 4(2):199–214.

Morris, J.F. 1997. 'Lesbian coming out as a multidimensional process.' *Journal of Homosexuality* 33(2):1–22.

Moustakas, C. 1994. *Phenomenological research methods*. Thousand Oaks, CA: Sage.

Mullan, J. 1988. *Sentiment and sociability: The language of feeling in the eighteenth century*. Oxford: Oxford University Press.

Munt, S.R., E.H. Bassett and K. O'Riordan. 2002. 'Virtually belonging: Risk, connectivity, and coming out on-line.' *International Journal of Sexuality and Gender Studies* 7(2–3):125–37.

Myers, G. 1999. *Ad worlds*. London: Arnold.

Nadesan, M. 2005. *Constructing autism: Unravelling the 'truth' and understanding the social*. New York: Routledge.

Nagel, T; 1974. 'What is it like to be a bat?' The *Philosophical Review* 4:435–50.

Nash, J.M. 2002. 'The secrets of autism: The number of children diagnosed with autism and Asperger's in the US is exploding. Why? *Time Magazine* 159 (18):47-56.

Nava, M. 2002. 'Cosmopolitan modernity: Everyday imaginaries and the register of difference.' *Theory, Culture and Society* 19(1-2): 81-100.

—2007.*Visceral cosmopolitanism: Gender, culture, and the normalisation of difference*. Oxford: Berg.

Nazeer, K. 2006.*Send in the idiots: Or how we grew to understand the world*. London: Bloomsbury.

Ngai, S. 2005.*Ugly feelings*. Cambridge, MA: Harvard University Press.

Nietzsche, F. 1968.*The will to power*. Trans. W. Kaufman and R.J. Hollingdale. New York: Vintage Books.

—[1887] 1989.*On the genealogy of morals*. Trans. W. Kaufmann and R.J. Hollingdale. New York: Vintage Books.

—2007.*On the genealogy of morality*. Ed. K. Ansell-Pearson. Trans. C. Diethe. Cambridge: Cambridge University Press.

Norum, K. 2000. 'Black (w)holes: A researcher's place in her research.' *Qualitative Sociology* 23:319-40.

Nussbaum, B. 1990.*Love's knowledge: Essays on philosophy and literature*. Oxford: Oxford University Press.

—2001. *Upheavals of thought: The intelligence of emotions*. Cambridge: Cambridge University Press.

Oakley, A. 1981. 'Interviewing women: A contradiction in terms.' In*Doing feminist research*. Ed. H. Roberts. London: Routledge and Kegan Paul.

Oldenburg, R. 1989.*The great good place*. New York: Marlowe and Company.

O'Malley, P., and S. Mugford. 1994. 'Crime, excitement and modernity' In Varieties of criminology. Ed. G. Barak. New York: Praeger.

O'Neill, J.L. 1999. *Through the eyes of aliens: A book about autistic people*. London: Jessica Kingsley

Osborne, L. 2002. *American normal: The hiddert world of Asperger's Syndrome*. New York: Copernicus Books.

O'Shaughnessy, J., and N. O'Shaughnessy. 2003.*The marketing pozver of emotion*. Oxford: Oxford University Press.

Ostwald, P. F. 1997. *Glenn Gould: The ecstasy and tragedy of genius*. New York:W.W. Norton.

Oswald, R.F. 2000. 'Family and friendship relationships after young women come out as bisexual or lesbian.' *Journal of Homosexuality* 38(3): 65 - 83.

Parkinson, B. 2005.*Emotion in social relations: Cultural, group and interpersonal processes*. New York: Psychology Press.

Parks, C. A., T. L. Hughes, and A. K. Matthews. 2004. 'Race/ethnicity and sexual orientation: Intersecting identities.' *Cultural Diversity and Ethnic Minority Psychology* 10(3):241 - 54.

Parrott, W. 1991. 'The emotional experiences of envy and jealousy.' In*The psychology of jealousy and envy*. Ed. P. Salovey. New York: The Guilford Press.

Payton, A.R. 2009. 'Mental health, mental illness, and psychological distress: Same continuum or distinct phenomena?' *Journal of Health and Social Behaviour* 50:213 - 27.

Peterson, A. 2004.*Engendering emotions*. New York: Palgrave Macmillan.

Phelan, S. 1993. '(Be)coming out: Lesbian identity and politics.' Signs 18(4):765 - 90.

Philo, C., and C. Wilbert, eds. 2000. *Animal spaces, beastly places: New geographies of human-animal relations*. London: Routledge.

Pierce, J. L. 1995. *Gender trials: Emotional lives in contemporary tawfirms*. Berkeley: University of California Press.

Pine, J., and J. Gilmore. 1999. *The experience economy*. Boston: Harvard Business School Press.

Pines, A. M. 1998. *Romantic jealousy: Causes, symptoms, cures*. London: Routledge.

Plummer, K. 2001. *Documents of life 2: An invitation to critical humanzsm*. London: Sage.

Plutchik, R., and H. Kellerman, eds. 1980. *Emotion: Theory, research and experience. Vol. 1: Theories of emotion*. New York: Academic Press.

Polanyi, K. 1957. *The great transfonnatioiz*. Boston: Beacon Press.

Power, C. 2003. 'Freedom and sociability for Bergson.' *Culture and Organization* 9(1):59–71.

Prince-Hughes, D. 2002. *Aquamarine blue 5: Personal stories of college students with autism*. Athens. OH: Swallow Press.

—2004. *Songs of tlze gorilla natioiz: My journey through autism*. New York: Harmony Books.

Probyn, E. 2005. *Blush: Faces of shame*. Minneapolis: University of Minnesota Press.

Purvis, T., and A. Hunt. 1993. 'Discourse. ideology, discourse, ideology, discourse, ideology …' *British Journal of Sociology* 44: 473–99.

Radloff, L.S. 1977. 'The CES-D Scale: A self-report depression scale for research in the general population.' *Applied Psychological Measurement* 1 : 385–401.

Radway, J. 1991. *Reading the romance: Women, patriarchy, and popztlar literature book description*. Chapel Hill: University of North Carolina Press.

Rafaeli, A., and M. Worline. 2001. 'Individual emotion in work organizations.' *Social Science Information* 40(1):95-123.

Raissiguier, C. 1997. 'Negotiating school, identity and desire: Students speak out from theMidwest.' *Educational Foundations* 11(1):31-54.

Ramsay, K. 1996. 'Emotional labour and qualitative research: How I learned not to laugh or cry in the field.' In *Methodological imaginations*. Ed. E.S. Lyon and J. Busfield. Basingstoke: Macmillan.

Ranulf, S. 1938 / 1964. *Moral indignation and middle class psychology: Sociological study*. New York: Schocken Books.

Rawls, J. 1989/1999. 'Themes in Kant's moral philosophy.' In*Collected papers*. Ed. S. Freeman. Cambridge, MA: Harvard University Press.

Reinharz, S. 1992. *Feminist methods in social research*. Oxford: Oxford University Press.

Riessman, C. 2008.*Narrative methodsfor the human sciences*. Thousand Oaks, CA: Sage.

Ritchie, A., and M. Barker. 2006. 'There aren't words for what we do or how we feel so we have to make them up: Constructing polyamorous language in a culture of compulsory monogamy.' *Sexualities* 9(5):515-29.

Robins, L.N., and D.A. Regier. eds. 1991. *Psychiatric disorders in America: The epidemiologic catchment area study*. New York: The Free Press.

Robinson, D., J. Clay-Warner. and T. Everett. 2008. 'Introduction.' In *Social structure and emotions*. Ed. J. Clay-Warner and D. Robinson. San Diego, CA: Elsevier..

Robinson, V 1999. 'My baby just cares for me: Feminism, heterosexuality and non-monogamy.' *Journal of Cender Studies* 6(2):143-58.

Robnett, B. 2004. 'Emotional resonance, social location, and strategic framing.' *Sociological Focus* 37(3): 195-212.

Rousseau, J. 1993. *Emile*. Trans. B. Foxley. London: Everyman.

Rosaldo, M. 1980. *Knowledge and passion: Ilongot notions of self and social life*. Cambridge: Cambridge University Press.

Rose, N. 1989. *Coverning the soul: The shaping of the priuate self*. London: Routledge.

Rosenfield, S., M.C. Lennon, and H.R. White. 2005. 'The self and mental health: Self-salience and the emergence of internalizing and externalizing problems.' *Journal of Health and Social Behaviour* 46:323-40.

Rubin, G.S. 1993. 'Thinking sex: Notes for a radical theory of the politics of sexuality.' In *The lesbian and gays studies reader*. Ed. H. Abelove, M.A. Barale, and D.M. Halperin. New York: Routledge.

Rubington, E., and M. Weinberg. 2005. *Deviance: The interactionist perspective* (9E). Boston: Pearson.

Ruddin, L. 2006. 'You can generalize stupid! Social scientists. Bent Flyvbjerg, and case study methodology. ' *Qualitative Inquiry* 12 (4) : 797-812.

Rust, P.C. 1993. '"Coming out" in the age of social constructionism: Sexual identity formation among lesbian and bisexual women.' *Gender and Society* 7(1):50-77.

Ryan, P. 2003. 'Coming out, fitting in: The personal narratives of some Irish gay men.' *Irish Journal of Sociology* 12(2):68-85.

Sacks, O. 1995. *An anthropologist on Mars*. Picador: London.

Sachs, W., ed. 1992. *The development dictionary*. London: Zed Books.

Salovey, P. 1991. *The psychology of jealousy and envy*. New York: The Guildford Press.

Samuels, E. 2003. '*My body, my closet: Invisible disability and the limits of coming-out discourse.*' GLQ 9(1–2):233–55.

Sandelands, L., and C. Boudens. 2000. 'Feeling at work.' In *Emotion in organizations*. Ed. S. Fineman. London: Sage.

Sartre, J. P. 1949. *The emotions: Outline of a theory*. New York: Philosophical Library.

Saurette, P. 2005. *The Kantian imperative: Humiliation, common sense, politics*. Toronto: University of Toronto Press.

Sauvagnargues, A. 2004. 'Deleuze avec Bergson: Le cours de 1960 sur *L'évolution créatrice*.' In *Annales bergsoniennes II: Bergson, Deleuze, la phénoménology*. Ed. F. Worms. Paris: PUF.

Savage, M., G. Bagnall, and B. Longhurst. 2005. *Globalization and belonging*. London: Sage.

Savin-Williams, R.C., and L.M. Diamond. 2000. 'Sexual identity trajectories among sexual-minority youths: Gender comparisons.' *Archives of Sexual Behaviour* 29:607–27.

Scarry, E. 1985. *The body in pain: The making and unmaking of the world*. Oxford: Oxford University Press.

Schatzki, T. 2005. 'Peripheral vision: The site of organizations.' *Organization Studies* 26(3):465–84.

– 2006. 'On organizations as they happen.' *Organization Studies* 27 (12):1863–73.

Scheff, T. 1966. *Being mentally ill: A sociological theory*. Chicago: Aldine.

– 1984. *Being mentally ill: A sociological theory*. 2d ed. New York: Aldine de Gruyter.

– 1990. 'Socialisation of emotions: Pride and shame as causal gents.' In *Research agendas in the sociology of emotion*. Ed. T. Kemper. Albany: SUNY Press.

– 2000. Shame and the social bond: A sociological theory. *Sociological Theory* 18(1):85–99.Scheler, M. [1912]1961.Ressentiment. Glencoe, IL: Free Press.

— 2008. *The nature of sympathy*. Trans. P. Heath. New Brunswick, NJ: Transaction Publishers.

Schickel, R. 1985. *Intimate strangers: The culture of celebrity*. Garden City, NY: Doubleday.

Schneider, B. E. 198f 'Coming out at work: Bridging the private/public gap.' *Work and Occupations* 13(4):463-87.

Schrock, D., D. Holden, and L. Reid. 2004. 'Creating emotional resonance: Interpersonal emotion work and motivational framing in a transgender community.' *Social Problems* 51(1):61-81.

Schultz, H., and D.J. Yang. 1997. *Pour your heart into it: How Starbucks built a company one cup at a time*. New York: Hyperion.

Schutz, A. 1962. 'On multiple realities.' In *Collected papers*. Vol. 1. The Hague: M. Nijhoff.

Schwartz, R.D., and J.H. Skolnick. 1962. 'Two studies of legal stigma.' *Social Problems* 10(fall):133-8.

Scott, J.C. 1990. *Domination and the arts of resistance: Hidden transcripts*. New Haven: Yale University Press.

Scott, M.B., and S.M. Lyman. 1968. 'Accounts.' *American Sociological Review* 33:46-62.

Schwartz, R.D., and J.H. Skolnick. 1962. 'Two studies of legal stigma.' *Social Problems* 10 (fall):133-8.

Seale, C. 1999. *The quality of qualitative research*. London: Sage.

The Second Cup Ltd. 2008. 'Second Cup coffee bean passport: Discover the world.' Brochure. Second Cup, Winnipeg, 1 September 2008.

Sedgwick, E. 1990. *Epistemology of the closet*. Berkeley: University of California Press.

— 2003. *Touching feeling: Affect, performativity, pedagogy*. Durham, NC: Duke University Press.

Seed, J., J. Macy, P. Fleming, A. Naess and D. Pugh. 1988. *Thinking like a mountain: Towards a council of all beings*. Philadelphia: New Society Publishers.

Sheff, E. 2005.'Polyamorous women, sexual subjectivity and power.' *Journal of Contemporary Ethuography* 34(3):251-83.

Sherman, N. 1998. 'Empathy, respect, and humanitarian intervention.' *International Affairs* 12(1):103-19.

Sherry, M. 2004. 'Overlaps and contradictions between queer theory and disability studies.' *Disability and Society* 19(7):769-83.

Shields, R. 1992. 'Spaces for the subject of consumption.' In *Life style shopping*. Ed. R. Shields. London: Routledge.

Shields, S. A., and B. A. Koster. 1989. ' Emotional stereotyping of parents in childrearing manuals, 1915-1980.' *Social Psychology Quarterly* 52:44-55.

Shilling, C. 1997. 'Emotions, embodiment and the sensation of society.' *The Sociological Review* 45(2):195-219.

- 2002. 'The two traditions in the sociology of emotions.' In *Emotions and sociology*. Ed. J. Barbalet. Oxford: Blackwell.

- 2003. *The body and social theory*. London: Sage.

Shore, S. 2003. *Beyond the wall: Personal experiences with autism and Aspergers Syndrome*. Shawnee Mission, KA: Autism Asperger Publishing Company.

Shweder, R.A. 1994. '"You're not sick, you're just in love":Emotion as an interpretive system.' *In The nature ofemotion: Fundamental questions*. Ed. P. Ekman and R.A. Davidson. Oxford: Oxford University Press.

Silverman, C.2008. 'Critical review, fieldwork on another planet: Social science perspectives on autism.' *BioSocieties* 3:325-41.

Simmel, G .1955.*Conflict and web of affiliations*. Glencoe, IL: Free Press.

Simon, R. W., and L. E. Nath. 2004. 'Gender and emotion in theUnited States: Examining emotion culture in the U.S.: Do men and women differ in self-reports of feelings and expressive behaviour?' *American Journal of Sociology* 109:1137–76.

Sims, D. 2005. 'You bastard: A narrative exploration of the experience of indignation within organizations.' *Organization Studies* 26(11):1625–40.

Sinclair, J. 2009. 'Why I dislike "person first" language.' J. Sinclair personal website. Retrieved 15 January 2009 from http://web.syr.edu/%7Ejisincla/person_first.htm.

Smith, A. [1759] 2006. *The theory ofmoral sentiments*. New York: Dover.

— 1984. *The theory of moral sentiments*. Indianapolis: Liberty Fund.

— 2000. *The theory of moral sentiments*. New York: Prometheus Books.

Smith, A.C., and S. Kleinman. 1989. 'Managing emotions in medical school: Students' contacts with the living and the dead. *Social Psychology Quarterly* 52:56–69.

Smith, M. 1999. 'To speak of trees: Social constructivism, environmental values, and the future of deep ecology.' *Environmental Ethics* 21(4):359–76.

— 2001. *The ethics of place: Radical ecology, post-modernity and social theory*. Binghampton, NY: SUNY Press.

— 2005. 'Lost for words? Gadamer and Benjamin on the nature of language and the "language" of nature.' *Environmental Values* 10(1):59–75.

Smith, S. 1996. 'Taking it to a limit one more time: Autobiography and autism.' In *Getting a lfe: Everyday uses ofautobiography*. Ed. S. Smith and J. Watson. Minneapolis: University of Minnesota Press.

Smith, S., and J. Watson, eds. 2001. *Reading autobiography: A guide for interpreting life narratives*. Minneapolis: University of Minnesota Press.

— 2006. *Getting a life: Everyday uses of autobiography*. Minneapolis: University of Minnesota Press.

Solnit, R. 2000.*Wanderlust: A history of walking*. New York: Viking.

Solomon, R.C. 2003.*What is an emotion?* Oxford: Oxford University Press.

Somers, M.R. 1994. 'The narrative constitution of identity: A relational and net work approach.' *Theory and Society* 23:605-50.

Soulez, P. 1989.*Bergson politique*. Paris: PUF.

Spickard, J. 2001.'Tribes and cities: Towards an Islamic sociology of religion.' *Social Compass* 48(1):103-16.

Spielberger, C.D., and S.J. Sydeman. 1994. 'State-Trait Anxiety Inventory and State-Trait An ger Expression Inventory.' In *The use of psychological testing for treatment planning and outcome assessment*. Ed. M.E. Maruish. Hillsdale, NJ: Lawrence Eribaum Associates.

Spinoza, B. [1677] 2002. *The ethics*. New York: Hackett.

Spector, M., and J. Kitsuse. 1977. *Constructing social problems*. Menlo Park, CA: Benjamin/Cummings.

Stacey, J. 1991. 'Can there be a feminist ethnography?.' In *Women's words*. Ed. S.B. Gluck and D. Patai. New York: Routledge.

Starbucks Coffee Company.2002a. 'The world of coffee: A guide to Starbucks© whole bean selections.' Brochure. Toronto: Starbucks Coffee Company.

— 2002b. 'Commitment to Origins™: Starbucks involvement in coffee-origin countries.' Brochure. Toronto: Starbucks Coffee Company.

Stearns, C.Z., and P.N. Stearns. 1985. 'Emotionology: Clarifying the history ofemotions and emotional standards.' *American Historical Review* 90:813-36

— 1986. *Anger: The strugglefor emotional control in America's history*. Chicago: University of Chicago Press.

Stearns, P. N. 1989. *Jealousy: The evolution ofan emotion in American history*. New York: New York University Press.

— 1990. 'The rise of sibling jealousy in the twentieth-certury.' *Symbolic Interaction* 13:83-101.

— 1993. 'History of emotion: The issue of change.' In *Handbook of emotion*. 2d ed. Ed. J. Haviland-Jones and M. Lewis. New York: The Guilford Press.

— 1994. *American cool: Constructing twentieth-century emotional style*. New York: New York University Press.

— 1999. *Battleground ofdesire: The strugglefor self-control in modern America*. New York: New York University Press.

— 2000. 'History of emotions: Issues of change and impact.' In *Handbook of emotions*. 2d ed. Ed. M. Lewis and J. Haviland-Jones. New York: Guilford Press.

Stenross, B., and S. Kleinman. 1989. 'The highs and lows of emotional labor: Detectives' encounters with criminals and victims.' *Journal of Contemporary Ethnography* 17:435-52.

Stolzman, T. 2000. 'Social dimensions of mental illness.' In *Social issues and contradictions in Canadian society*. Ed. B. Singh Bolaria. Toronto: Harcourt-Brace.

Sturdy, A. 2003. 'Knowing the unknowable? A discussion of methodological and theoretical issues in emotion research and organizational studies.' *Organization* 10(1):81-105.

Suchman, L. 2005. 'Affiliative objects.' *Organization* 12(3): 379-99.

Susman, WI. 1984. *Culture as history: The transformation of Amer-*

ican society in the twentieth century. New York: Pantheon.

Swidler, A. 1986. 'Culture in action: Symbols and strategies.' *American Sociological Review* 51:73-86.

Sykes, G., and D. Matza. 1957. 'Techniques of neutralization: A theory of delinquency.' *American Sociological Review* 22:664-70.

Szasz, T. S. 1960. 'The myth of mental illness.' *American Psychologist* 15:113-8.

— 1994. 'Mental illness is still a myth.' *Society* (May/June):34-9.

Szatmari, P. 2004. *A mind apart: Understanding children with autism and Asperger Syndrome*. New York and London: The Guilford Press.

Sznaider, N. 1998. 'A sociology of compassion: A study in the sociology of morals.' *Cultural Values* 2(1):117-39.

Tagney, J.P., J. Stuewig, and D. Mashek. 2007. 'What's moral about selfconscious emotions?' In *The self-conscious emotions*. Ed. J. Tracy, R. Robbins, and J.P. Tagney. New York: The Guilford Press.

Talay-Ongan A., and K. Wood. 2000. 'Unusual sensory sensitivities in autism: A possible crossroads.' *International Journal of Disability, Development and Education* 47(2):201-12.

Taorrruno, T. 2008. *Opening up: Aguide to creating and sustaining open relationships*. San Francisco: Cleis Press.

Taylor, V. 1995. 'Self-labeling and women's mental health: Postpartum illness and the reconstruction of motherhood.' *Sociological Focus* 1:23-47.

— 2000. 'Emotions and identity in women's self-help movements.' In *Selfidentity, and social movements*. Ed. S. Stryker and T.J. Owens. Minneapolis: University of Minnesota Press.

Taylor, V., and N.C. Raeburn. 1995. 'Identity politics as high-risk activism: Career consequences for lesbians, gay. and bisexual sociologists.' *Social Problems* 42(2):252 - 73.

Tereda, R. 2001. *Feeling in theory: Emotion after the death of the subject*. Cambridge, MA: Harvard University Press.

Tester, K. 2001.*Compassion, morality and the media*. Buckingham, UK: Open University Press.

Thagard, P. 2002. 'The passionate scientist: Emotion in scientific cognition.' In *The cognitive basis of science*. Ed. P. Carruthers, S. Stich, and M. Segal. Cambridge: Cambridge University Press.

Thoits, PA. 1985. 'Self-labeling processes in mental illness: The role of emotional deviance.' *American Journal of Sociology* 92: 221 - 49.

— 1990. 'Emotional deviance: Research agendas.' In *Research agendas in the sociology of emotions*. Ed. T. Kemper. Albany: SUNY Press.

— 1995. 'Stress, coping and social support processes: Where are we? What next?' *Journal of Health and Social Behaviour* (Extra Issue):53 - 79.

— 2005. 'Differential labeling of mental illness by social status: A new look at an old problem.' *Journal of Health and Social Behaviour* 46:102 - 19.

— 2009. 'Gender, emotional deviance, and psychological distress: The role of gender-role ideology.' Unpublished manuscript. Indiana University, Department of Sociology

Thoits, P.A., and R.J. Evenson. 2008. 'Differential labeling of mental illness by social status revisited: Patterns before and after the rise of managed care.' *Sociological Forum* 23:28 - 52.

Theodosius, C. 2006. 'Recovering emotion from its management.'*Sociology* 40(5):893 - 910.

— 2008. *Emotional labour in health care: The unmanaged heart of nursing*. Abingdon, UK: Routledge, Taylor and Francis.

Thien, D. 2005. 'After or beyond feeling? A consideration of affect and emotion in geography' *Area* 37(4):450 – 56.

Thompson, C.J., and Z. Arsel. 2004. 'The Starbucks brandscape and consumers' (anticorporate) experiences of glocalization. *Journal of Consumer Research* 31(3):631 – 42.

Thomson, R., and J. Holland. 2005. 'Thanks for the memory: Memory books as a methodological resource in biographical research.' *Qualitative Research* 5:201 – 19.

Thomson, R., and J. McLeod. 2009. *Researching social change: Qualitative approaches*. London: Sage.

Thrift, N. 2009. *Non-representational theory*. London: Routledge.

Tidmarsh, L., and F.R. Volkmar. 2003. 'Diagnosis and epidemiology of Autism Spectrum Disorders.' *The Canadian Journal of Psychiatry* 48(8):517 – 25.

Tim Hortons. 2008. 'The story of Tim Hortons.' *Tim Hortons*. Retrieved from http://www.timhortons.com 6 January 2008.

Todd, J. 1986. *Sensibility: An introduction*. London: Methuen.

Tolich, M.B. 1993. 'Alienating and liberating emotions at work: Supermarket clerks' performance of customer service. *Journal of Contemporary Ethnography* 22:361 – 81.

Tolman, D.L. 2002. *Dilemmas of desire: Teenage girls talk about sexuality*. Cambridge. MA: Harvard University Press.

Tracy, J., and R. Robbins. 2007. 'The self in the self-conscious emotions: A cognitive appraisal approach.' In *The self-conscious emotions*. Ed. J. Tracy, R. Robbins, and J.P. Tagney New York: The Guilford Press.

Tronto, J.C. 1993. *Moral boundaries: A political argumentfor an ethic of care*. New York: Routledge.

Turkle, S. 2004. *The second self: Computers and the human spirit*. Cambridge: MIT Press.

Turner, B. S. 2002. 'Cosmopolitan virtue, globalization and patriotism.' *Theory, Culture and Society* 19(1-2):45-63.

Turner, J. 2010. 'The stratification of emotions: Some preliminary generalizations.' *Sociological Inquiry* 80(2): 168-99.

Turner, J., and J. Stets. 2005. *The sociology of emotions*. Cambridge: Cambridge University Press.

Urry, J. 1995. *Consuming places*. London: Routledge.

— 2000. *Sociology beyond societies*. London: Routledge.

Uslaner, E. 2001. 'Producing and consuming trust.' *Political Science Quarterly* 115(4):569-90.

Valentine, G., and T. Skelton. 2003. 'Finding oneself, losing oneself: The lesbian and gay "scene" as a paradoxical space.' *International Journal of Urban and Regional Research* 27(4):849-66.

Van Maanen, J. 1988. *Tales of the field: On writing ethnography*. Chicago: University of Chicago Press.

Veaux, F. 2009. 'Jealousy management for love and profit: Or, how to fix a broken refrigerator.' *Xeromag*. Retrieved from http://www.xeromag.com/fvpoly.html, 1 June 2009.

Veroff, J., R. A. Kulka, and E. Douvan. 1981. *Mental health in America: Patterns of help-seeking from 1957 to 1976*. New York: Basic Books.

Viano, E. C. 1989. 'Victimology today: Major issues in research and public policy.' In *Crime and its victims: International research and public policy*. Ed. E. C. Viano. New York: Hemisphere.

De Vries, H. 1999. *Philosophy and the turn to religion*. Baltimore: Johns Hopkins University Press.

— 2002. *Violence and metaphysics: Philosophical perspectives from Kant to Derrida*. Baltimore: Johns Hopkins University Press.

Wacquant, L. 2009a. 'Habitus as a topic and as a tool: Reflections on becoming a prizefighter.' In *Ethnographies revisited: Constructing *theory in the field*. Ed. A. J. Puddephatt, W. Shaffir, and S. W. Kleinknecht. London: Routledge.

— 2009b. 'The body, the ghetto and the penal state.' *Qualitative Sociology* 32: 101–29.

— 2009c. Personal e-mail communication, 5 March.

Wahl, O.F. 1997. *Media madness: Public images of mental illness*. Piscataway, NJ: Rutgers University Press.

Wainwright, D., and M. Calman. 2002. *Work stress: The making of a modern epidemic*. Buckingham, UK: Open University Press.

Walkerdine, V., H. Lucey, and J. Melody. 2001. *Growing up girl: Psychosocial explorations of gender and class*. Basingstoke: Paigrave.

— 2002. 'Subjectivity and qualitative method.' In *Qualitative research in action*. Ed. T. May. London: Sage.

Waltz, M. 2005. 'Reading case studies of people with autistic spectrum disorders: A cultural studies approach to disability representation.' *Disability and Society* 20(4): 421–35.

Ward, J., and D. Winstanley. 2003. 'The absent presence: Negative space within discourse and the construction of minority sexual identity in the workplace.' *Human Relations* 56(10): 1255–80.

Watzlawik, M. 2004. 'Experiencing same-sex attraction: A comparison between American and German adolescents.' *Identity: An International Journal of Theory and Research* 4(2): 171–86.

Wax, R.H. 1971. *Doing fieldwork: Warnings and advice*. Chicago: University of Chicago Press.

Way, N. 1998. *Everyday courage: The lives and stories of urban teenagers*. New York: New York University Press.

— 2001. 'Using feminist methods to explore boys' relationships.' In *From subjects to subjectivities: A handbook of interpretive and participatory methods*. Ed. D. Tolman and M. Bryden-Miller. New

York: New York University Press.

Weeks, J. 2003. *Sexuality*. 2d ed. London: Routledge.

— 2008. 'Traps we set ourselves.' *Sexualities Journal* (11 February): 27 – 33.

Weitzman, G. 1999. 'What psychology professionals should know about polyamory.' *Polyamory*. Retrieved from http://www.polyamory.org/joe/polypaper.htm, I June 2009.

— 2006. 'Therapy for clients who are bisexual and polyamorous.' *Journal of Bisexuality* 6(1 – 2): 137 – 64.

Welton, D., ed. 1999. *The essential Husserl*. Bloomington: Indiana University Press.

Wentworth, W., and D. Yardley. 1994. 'Deep sociality a bioevolutionary perspective on the sociology of emotions.' In *Social perspectives on emotion*. Ed. D. Franks, W. Wentworth, and J. Ryan. Greenwich: JAI Press.

Weston, K. 1995. 'Get thee to a big city: Sexual imaginary and the great gay migration.' *GLQ* 2: 253 – 77.

Whaley, A.L. 1997. 'Ethnicity/race, paranoia, and psychiatric diagnoses: Clinician bias versus sociocultural differences.' *Journal of Psychopathology and Behavioural Assessment* 19: 1 – 20.

White, G., and P. Mullen. 1989. *Jealousy: Theory, research and clinical strategies*. New York: The Guilford Press.

Whitley, E., and M. Darking. 2006. 'Object lessons and invisible technologies.' *Journal of Information Technology* 21(3): 176 – 84.

Willey, L.H. 1999. *Pretending to be normal: Living with Asperger's Syndrome*. London: Jessica Kingsley Publishers.

Williams, A. 1999. *Therapeutic landscapes*. Lanham, MD: University Press of America.

Williams, D. 1992. *Nobody nowhere: The extraordinary autobiography of an autistic*. New York: Random House.

― 1994. *Somebody somewhere: Breaking free from the world of autism.* New York: Random House.

― 1996. *Autism: An inside-out approach.* London: Jessica Kingsley Publishers.

― 2003. *Exposure anxiety, the invisible cage: An exploration of self-protection responses in the Autism Spectrum and beyond.* London: Jessica Kingsley Publishers.

― 2004. *Everyday heaven: Journeys beyond the stereotypes of autism.* London: Jessica Kingsley Publishers.

― 2006. *The jumbled jigsaw: An insider's approach to the treatment of Autistic Spectrum "fruit salads."* London: Jessica Kingsley Publishers.

Williams, R. 1977. *Marxism and literature.* Oxford: Oxford University Press.

Williams, S. 1998. 'Emotions, cyberspace and the "virtual" body: A critical appraisal.' In *Emotions in social life: Critical themes and contemporary issues.* Ed. G. Bendelow and S. Williams. London: Routledge.

― 2000. 'Emotions and health: Rethinking the inequalities debate.' In *Health, medicine and society: Key theories future agendas.* Ed. S. J. Williams, J. Gabe, and M. Calnan. London: Routledge.

― 2000. 'Reason, emotion, and embodiment: Is "mental" health a contradiction in terms?' *Sociology of Health and Illness* 22: 559-81.

― 2001. *Emotion and social theory: Corporeal reflections on the (ir)rational.* London: Sage.

Williams, S., and C. Bendelow. 1996. 'The "emotional" body.' *Body and Society* 2(3): 125-39.

Wilson, R.A., and R.D. Brown. 2009. 'Introduction.' In *Humanitarianism and suffering: The mobilization of empathy.* Ed. R. A.

Wilson and R.D. Brown. New York: Cambridge University Press.

Wolf, D. 1996. *Feminist dilemmas in fieldwork*. Boulder, CO: Westview Press.

Wolfe, A. 1998. 'What is altruism?' In *Private action and the public good*. Ed. W.W. Powell and E.S. Clemens. New Haven: Yale University Press.

Wolfe, L. 2003. 'Jealousy and transformation in polyamorous relationships.' *Dr. Leanna Wolfe*. Retrieved from http://drleannawolfe.com/Dissertatjon. pdf, 24 June 2003.

Wolfe, S.J., and J.P. Stanley. 1980. *The coming out stories*. Watertown, MA: Persephone Press.

Wolfinger, N.H. 2002. 'On writing fieldnotes: Collection strategies and background expectancies.' *Qualitative Inquiry* 2(1):85–95.

Wollstonecraft, M. 1975. *A vindication of the rights of women*. New York: W.W. Norton.

Woodward, K. 2004. 'Calculating compassion.' In *Compassion: The culture and politics of an emotion*. Ed. L. Berlant. New York: Routledge.

Woolf, V. 1953. *Mrs. Dalloway*. New York: Harvest Books.

World Health Organization. 1992. *The lCD-10 classification of mental and behavioural disorders: Clinical descriptions and diagnostic guidelines*. Geneva: World Health Organization.

Wosick-Correa, K. 2008. 'Contemporary fidelities: Sex, love and commitment in romantic relationships.' *Dissertation Abstracts International, Humanities and Social Sciences* 68(09):408 pp.

Wouters, C. 1989. 'The sociology of emotions and flight attendants: Hochschild's managed heart.' *Theory, Culture and Society* 6(1):95–123.

—1992. 'On status competition and emotion management: The study of emotions as a new field.' *Theory, Culture and Society* 9(1):

229-52.

— 2001. 'The integration of classes and sexes in the twentieth century: Etiquette books and emotion management.' In *Norbert Elias and human interdependencies*. Ed. T. Salumets. Montreal: McGill-Queen's University Press.

— 2007. *Informalization: Manners and emotions since 1890*. London: Sage.

Yates, C. 2007. *Masculine jealousy and contemporary cinema*. London: Palgrave Macmillan.

Yin, R. 2003. *Case study research: Design and methods*. London: Sage.

Young, C., M. Diep, and S. Drabble. 2006. 'Living with difference? The "cosmopolitan city" and urban reimagining in Manchester, UK.' *Urban Studies* 43(10):1687-1714.

Young, J. 2007. *The vertigo of late modernity*. London: Sage.

Zeldin, T. 1973. *France 1848-1945. Vol. I: Ambition, love and politics*. Oxford: Clarendon Press.

Zembylas, M., and L. Fendler. 2007. 'Reframing emotion in education through lenses of parrhesia and care of the self.' *Studies in Philosophy and Education* 26(4):319-33.

Zyman, S. 2001. 'Foreword.' In *Emotional branding: The new paradigms for connecting brands to people*. Ed. M. Gobé. New York: Allworth Press.

书　　名	情感社会学
原 书 名	Emotions Matter：A Relational Approach to Emotions
作　　者	［加拿大］戴尔·斯宾塞　凯文·沃尔比　艾伦·亨特
译　　者	张　军　周志浩
责任编辑	刘　芳
出版发行	凤凰出版传媒集团
	凤凰出版传媒股份有限公司
	江苏凤凰教育出版社（南京市湖南路1号A楼　邮编210009）
苏教网址	http://www.1088.com.cn
照　　排	南京凯建图文制作有限公司
印　　刷	扬州市文丰印刷制品有限公司（电话：0514-84225777）
厂　　址	扬州北郊天山镇兴华路25号（邮编225653）
开　　本	787毫米×1092毫米　1/16
印　　张	21.5
版　　次	2015年8月第1版　2015年8月第1次印刷
书　　号	ISBN 978-7-5499-5386-8
定　　价	40.00元
网店地址	http://jsfhjycbs.tmall.com
新浪微博	http://e.weibo.com/jsfhjy
邮购电话	025-85406265，85400774　短信 02585420909
盗版举报	025-83658579

苏教版图书若有印装错误可向承印厂调换
提供盗版线索者给予重奖